教育部哲学社会科学系列发展报告（培育）项目
江苏省高校哲学社会科学优秀创新团队研究成果
国家自然科学基金青年项目（71303094）研究成果

中国食品安全网络舆情发展报告（2016）

Introduction to 2016 China Development Report on Online Public Opinion of Food Safety

洪 巍 邓 婕 吴林海 等 著

中国社会科学出版社

图书在版编目（CIP）数据

中国食品安全网络舆情发展报告．2016/洪巍等著．—北京：中国社会科学出版社，2016.12

ISBN 978-7-5161-9708-0

Ⅰ．①中…　Ⅱ．①洪…　Ⅲ．①食品安全—互联网络—舆论—研究报告—中国—2016　Ⅳ．①TS201.6

中国版本图书馆 CIP 数据核字（2016）第 325914 号

出版人　赵剑英
责任编辑　卢小生
责任校对　周晓东
责任印制　王　超

出　　版　中国社会科学出版社
社　　址　北京鼓楼西大街甲 158 号
邮　　编　100720
网　　址　http：//www.csspw.cn
发 行 部　010-84083685
门 市 部　010-84029450
经　　销　新华书店及其他书店

印　　刷　北京明恒达印务有限公司
装　　订　廊坊市广阳区广增装订厂
版　　次　2016 年 12 月第 1 版
印　　次　2016 年 12 月第 1 次印刷

开　　本　710×1000　1/16
印　　张　16.25
插　　页　2
字　　数　276 千字
定　　价　70.00 元

处于风口浪尖上的中国食品安全舆情：认识规律，正确引导人文关怀[*]

（代序）

食品安全和网络舆情都属当下中国最引人注目也是最值得关注的事项，一旦它们有了交集，就更加需要花大力气去研究。摆在我们面前的《中国食品安全网络舆情发展报告》（以下简称《报告》）为公众和研究者提供了丰富的材料、提出了富有启发的思路和观点。

如今互联网已成为公开透明的利益表达和利益博弈场所，成为各种突发事件和热门话题极其重要的信息集散地。2000 年，食品安全事件成为网络热点事件。此后，尤其是 2011 年、2012 年，公众对食品安全的网络负面舆情倍加关注，甚至群情鼎沸。当科学素养和独立判断能力尚不足以解惑之时，人们难免会感慨："在中国，还有什么能吃?"甚至在网络上言辞激烈地批评政府监管不力。有时，科学家就食品安全问题发表理性意见，却会被刻薄地斥责为包庇政府或为企业开脱，甚至被调侃为"砖家""叫兽"。但是，在这看似"一边倒"的混沌的信息背后，透过那些乱箭伤人的情感表达，以及负面舆情的无序发展，还是能发现，网络舆情的发展其实包含着独特的运行逻辑：在网民多种意见、观点的交相呈现和反复激荡中，理性的声音必然会逐渐上升，最终会形成多元互补格局。务必记住，网络舆情研究既要忠于事实，解读社情民意，又不能被网上的喧哗、流言甚至谣言所牵引，随波逐流。社会管理者必须运用更高的智慧，把握网络舆论的深层规律，以便正确应对和引导网上随时可能喷薄而出的舆论能量。

本《报告》在中国食品安全舆情研究的历史上应具标志性。它紧紧抓住近年来出现的相关典型事件，对食品安全网络舆情的内生机理、传播

* 此序言是刘大椿教授为《中国食品安全网络舆情发展报告（2012）》所作。

规律、预警和引导机制做了细致的研究，揭示了食品安全网络舆情的社会影响力和深层机理，致力于引导公众理性地看待中国社会的食品安全舆情，具有很高的学术价值和重大的现实意义。《报告》还给社会管理者以现实的启迪：食品安全网络舆情的引导不是仅凭悲天悯人的情怀就能处理好的，而是既要热心体会民生冷暖，也要冷眼观察舆论的潮起潮落；只有认识到网络舆情的生成、传播的内在特征，客观地评估政府与新闻媒体、网络民意的互动效果，认真审视新闻发布、民众诉求应对、官员问责等事项，才能真正有效地引导舆论的良性发展，提高公众的科学素养和研判能力。对于媒体而言，客观、公正的资料采集、整理、分析、总结、评论，及时寻找对策并与民众进行交流沟通，才能将最为合理的评价传递给受众，引导群众理性应对风险，避免社会心理恐慌。

食品安全是事关民生的大问题，《报告》以新媒体环境下中国食品安全的网络舆情现状为立足点，整合传播学、管理学、社会学、计算机科学、信息科学等多学科研究视角，娴熟地运用定量与定性相结合的方法，不仅在理论研究上卓有建树，而且对我国食品安全网络舆情的公众认知、态度的倾向性以及政府应对的得失等方面开展了广泛的应用研究。《报告》着重实证研究，通过大量的问卷和问题来厘清食品安全网络舆情的焦点、强度、演变轨迹。《报告》不回避当今公众对食品安全事件太深的无奈和太沉的期待，体现了研究者对实事求是精神的坚守和强烈的人文关怀，令人感动。

网络支撑起的虽是虚拟空间，然而表达的常为关乎民生的现实社会问题。在虚实之间，互联网正成为提升当代社会凝聚力的平台。善待网民，信任人民，提高公众素养，此乃当务之急。愿《报告》的出版，有助于减少“转型期社会”的震荡和阵痛，打破官民间习见的精神隔膜，促进中国食品安全事业的和谐发展。倘如此，则《报告》功莫大焉。

中国人民大学一级教授、图书馆馆长刘大椿

2012 年 10 月 3 日于北京

目　录

中篇　食品安全网络舆情实证研究

下篇　食品安全网络舆情理论研究

图目录

表目录

导　论

《中国食品安全网络舆情发展报告（2016）》（以下简称《报告》）是江南大学江苏省食品安全研究基地第五次出版的关于食品安全网络舆情的年度报告。《报告》在论述我国食品安全网络舆情发展状况的基础上，探讨网民在食品安全网络舆情中的认知与行为特点，分析食品安全网络舆情中谣言信息的传播过程，研究食品安全网络舆情的预测与引导方法。本章通过介绍研究背景、研究主线、研究方法、研究内容与主要结论等方面内容，力求全面、清晰地展现《报告》的整体概况。

一　研究背景

2015 年，在政府和社会各界的不懈努力下，我国食品安全状况继续呈现“整体稳定、趋势向好”的良好态势。然而，食品安全是一个复杂的系统问题，难以在短期内完全解决，食品安全风险治理任重道远。我国食品企业众多，仅依靠政府部门难以实现全面、实时的食品安全监管，需要充分发挥社会力量的作用，形成食品安全社会共治。食品安全网络舆情是公众参与食品安全监管的重要平台。深入探讨食品安全网络舆情的演变规律与监管引导策略，促进食品安全网络舆情健康有序发展，对于推进食品安全社会共治，提高食品安全风险治理水平意义重大。

二　研究主线

基于网民在食品安全网络舆情中的核心地位，以网民为食品安全网络舆情研究的切入点，《报告》继续遵循“食品安全网络舆情的现实发展状况与特征分析——基于网民视角的食品安全网络舆情实证研究——食品安全网络舆情的演变机理与监管引导机制理论研究”的研究主线，深入探讨食品安全网络舆情的重要问题。具体来说，《报告》主要从以下三个方面探讨食品安全网络舆情的发展特征与基本规律：

第一，在收集与整理2015年主要的食品安全网络舆情的基础上，探讨食品行业的网络舆情发展状况，基于食品抽检结果分析我国各类食品的情况以及存在的主要问题，并对2015年主要的食品安全网络谣言进行研究，分析食品安全网络谣言的传播过程。

第二，基于全国范围的问卷调查，分析网民对食品安全的认知与行为、食品安全网络舆情对食品安全风险感知的影响、网民参与食品安全风险治理的行为意愿，探讨网民食品安全风险感知以及参与食品安全风险治理行为意愿的影响因素。

第三，运用管理学、网络科学、伦理学等多个学科的理论与方法，深入分析食品安全网络舆情的演化机理，努力探寻食品安全网络舆情的监管与引导机制。具体内容包括运用马尔科夫链研究食品安全网络舆情热度预测；运用伦理学理论研究食品安全网络舆情伦理秩序建构；运用大数据理论探讨食品安全风险社会共治等。

三　研究方法

《报告》主要采用的研究方法如下：

（一）文献归纳法

在《报告》的研究过程中回顾与分析了大量的研究文献，这些重要研究文献有助于了解国内外相关领域的研究前沿与热点问题，在研究思路与方法方面具有重要的借鉴意义。此外，《报告》还使用国家相关部门与研究机构的统计数据与研究结论以及重要媒体的新闻报道，力求进一步提高《报告》的科学性、时效性以及可读性。

（二）调查研究法

调查研究法是《报告》所使用的重要研究方法，也是《报告》的重要特色之一。在持续追踪与研究食品安全网络舆情网民行为特征的基础上，结合本年度食品安全网络舆情研究所关注的重点问题，研究团队对调查问卷进行设计。2015 年 7—8 月，在全国范围内选取涵盖我国东部、西部、南部、北部、中部地区的 12 个省份共 48 个规模不同的城市开展问卷调查，研究网民对食品安全的认知与行为、食品安全网络舆情对食品安全风险感知的影响、网民参与食品安全风险治理的行为意愿等重要问题。

（三）案例分析法

《报告》在研究过程中也采用了案例分析法，例如，以 2015 年的热点食品安全网络舆情——2015 年“僵尸肉”事件为例研究微博谣言传播网络的结构特征。案例分析法的运用不仅有助于加深对相关热点食品安全网络舆情的认识，还可以提高《报告》研究结论的可信度。

（四）模型计量法

《报告》在研究过程中还采用了模型计量法，以提高研究的科学性与严谨性，例如运用计划行为理论结合调研数据研究网民参与食品安全风险治理行为意愿的影响因素；运用社会网络分析方法研究食品安全微博谣言传播网络的网络结构特征等。

四 研究内容

《报告》共分为 13 章，主要包括食品安全网络舆情发展状况（上篇）、食品安全网络舆情实证研究（中篇）和食品安全网络舆情理论研究（下篇）三大部分。其中，上篇主要分析 2015 年食品行业的网络舆情发展状况，探讨我国各类食品的情况以及存在的主要问题，并对 2015 年主要的食品安全网络谣言进行了研究；中篇主要运用问卷调查数据研究食品安全网络舆情中网民的认知与行为特征；下篇主要运用管理学、网络科学、伦理学等多个学科的理论与方法，进一步探讨食品安全网络舆情的演化机理以及监管与引导机制。

（一）上篇

上篇 食品安全网络舆情发展状况，包括以下三章内容：

第一章 2015 年食品安全网络舆情行业研究。本章通过收集与整理 2015 年食品行业的网络舆情，分析食品行业网络舆情的发展状况。

第二章 基于食品抽检结果的食品安全状况分析。本章通过整理与分析国家食品药品监督管理总局与江苏省食品药品监督管理局的食品抽检结果，探讨我国各类食品的情况以及存在的主要问题。

第三章 2015 年食品安全网络谣言研究。论述 2015 年主要的食品安全网络谣言，分析食品安全网络谣言传播过程，探讨食品安全网络谣言应对策略。

（二）中篇

中篇 食品安全网络舆情实证研究，包括以下三章内容：

第四章 食品安全网络舆情公众调查报告。本章基于问卷调查数据，深入分析网民对食品安全的认知与行为、食品安全网络舆情对食品安全风险感知的影响、网民参与食品安全风险治理的行为意愿等问题。

第五章 网民参与食品安全风险治理行为意愿的影响因素。本章运用计划行为理论，基于问卷调查数据，研究网民参与食品安全风险治理行为意愿的影响因素。

第六章 食品安全网络舆情对网民食品安全风险感知的影响。本章利用问卷调查数据，研究食品安全网络舆情对网民食品安全风险感知的影响。

（三）下篇

下篇 食品安全网络舆情理论研究，包括以下七章内容：

第七章 基于社会网络分析的食品安全微博谣言研究。本章运用社会网络分析方法研究食品安全微博谣言网络结构特征、识别和挖掘关键节点及核心团体，探究食品安全微博谣言传播的网络结构、子群内外关系对谣言传播的影响等问题。以 2015 年“僵尸肉”事件为实证研究对象，分别进行网络结构分析、凝聚子群分析，挖掘网络中的关键节点。

第八章 基于马尔科夫链的食品安全舆情热度预测。本章基于 2015 年的食品安全热点舆情事件，搜集舆情事件在主要微博、主流食品安全论坛中的发帖量、转载量以及回复量，运用熵权法计算评价指标权重，采用马尔科夫链构造状态转移矩阵，预测食品安全舆情事件的趋势变化区间。

第九章 食品安全网络舆情伦理秩序建构。本章在论述现有食品安全网络舆情治理的不足的基础上，探讨了网络舆情伦理秩序建构的关键要素。

第十章 基于微博的食品安全事件网络舆情动态监控体系。本章针对食品安全网络舆情监控，分析了舆情话题发现、舆情话题演化、舆情预警与干预的相关理论和方法。

第十一章　网络舆情大数据与食品安全风险社会共治。本章结合2015年的食品安全网络舆情事件，分析当前食品安全网络舆情的一些新形势、新特点，并从社会共治的治理角度出发，研究政府如何借助食品安全网络舆情的大数据分析，来引导公众、媒体等参与食品安全风险治理，从而降低食品安全风险，提高食品安全治理能力。

第十二章　食品安全风险交流模式研究。本章通过介绍国外食品安全风险交流模式，提出国外食品安全风险交流经验对我国的启示。

第十三章　微博中意见领袖的识别研究。本章论述意见领袖的分类，探讨意见领袖的识别方法，为发挥意见领袖在食品安全网络舆情引导中的积极作用提供支撑。

五　主要结论

本部分主要对《报告》最重要的研究性结论进行介绍，以方便读者能够对2015年我国食品安全网络舆情的发展概况有一个清晰的认识。

（一）大部分受访网民比较认可食品安全状况的改善且比较有信心

从调查结果中可以看出，与过去相比（如2015年），大部分受访网民对食品安全的总体状况的改善比较认可。正因为对食品安全总体状况的评价较高，公众对未来食品安全状况也比较有信心。可见，我国食品安全状况不断好转，且“整体稳定、趋势向好”的总体态势也逐渐被公众所认可。公众对食品安全状况良好态势的认可有助于提高政府的公信力，从而进一步推动食品安全风险治理工作的开展。

（二）大部分受访网民规避食品安全风险、降低食品安全事件可能产生的伤害的能力不强且认为目前食品安全风险较高

调查结果显示，大部分受访网民对自身规避食品安全风险、降低食品安全事件可能产生的伤害的能力的评价不高，这可能与食品安全事件成因复杂、专业性强而公众的食品安全知识相对匮乏有关。此外，虽然大部分受访网民对食品安全状况的改善比较认可且比较有信心，但是仍然认为我国目前食品安全风险较高，这可能是因为食品安全风险治理具有复杂性、长期性、艰巨性等特征，难以在短期内完成，食品安全事件时有发生，从而导致公众所感知到的风险较高。因此，一方面，需要通过宣传、培训等

手段不断提高公众食品安全专业知识水平与食品安全风险应对能力；另一方面，需要进一步加强食品安全风险治理，为公众营造良好的食品安全环境。

（三）大部分受访网民通过网络平台参与食品安全事件讨论的频率不高且更关注网络中的负面信息

对于通过网络平台参与食品安全事件讨论的频率，受访网民表示不是太高；对于网络中有关食品安全事件的信息，受访网民表示对负面信息的关注度高于对正面信息的关注度。网络是公众获取食品安全事件的相关信息，表达意见、情绪、态度等的重要渠道；通过网络平台参与食品安全事件讨论，对于政府了解社情民意、推动食品安全治理具有重要意义。网络中有关食品安全事件的负面信息，容易引起公众的食品安全恐慌心理；公众对负面信息的关注度更高，则更容易受到负面信息的影响。食品安全网络舆情是公众参与食品安全监管的重要平台，需要构建健康有序的食品安全网络舆情平台，引导公众积极、理性地参与食品安全事件讨论；此外，还需要净化网络环境，努力消除网络中的虚假信息，并不断培养公众的信息甄别能力，促使公众科学地看待食品安全网络舆情信息。

（四）大部分受访网民参与食品安全风险治理的意愿较高

调查显示，大部分受访网民对于参与食品安全风险治理的意愿较高，对参与食品安全风险治理的行为比较支持，也会劝说别人参与食品安全风险治理，同时表示会参与食品安全风险治理。在食品安全风险治理过程中，面对数量庞大的监管对象，政府的监管力量相对有限，公众作为重要的补充力量，对于实现全面、实时的食品安全监管具有重大意义。需要进一步拓宽公众参与食品安全风险治理的渠道，不断完善食品安全风险治理公众参与机制，努力提高公众食品安全科学素养，充分发挥公众在食品安全风险治理过程中的重要作用。

（五）食品安全微博谣言传播网络整体较为稀疏，缺乏凝聚力，行动者联系不够紧密，网络中可能存在较多的结构洞

正是由于食品安全事件是关乎民生的重大事件，在很大程度上使食品安全微博谣言传播网络较为稀疏。因此，应扩大食品安全网络谣言的监控范围，且应站在广大公众的角度采用通俗易懂而非过于专业生硬的言论进行引导。此外，不显著的“小世界效应”在一定程度上影响着谣言信息的快速传播与扩散，因此，政府及相关部门应该准确把握应对谣言的时机，力争将谣言扼杀在谣言中，避免谣言的大范围传播，降低谣言的社会影响。

（六）“本质先于存在”的原则代替“存在先于本质”的原则

“存在先于本质”在存在主义哲学中是指人类生存之外没有天经地义的道德和灵魂，道德和灵魂都是在人的生存中创造出来的，人没有遵守的必要，但有选择的自由。然而，网络世界却不能完全坚持“存在先于本质”的伦理原则，不仅是因为网络世界的虚拟性太强，也是更多地基于网络的个人英雄主义过于泛滥。网络世界的体验不同于现实世界的体验，在现实世界中，每个人可以通过自己的观察、了解和思考掌握自己需要学习认识的对象，可以通过全方位的感官和思维体验去把握自己所处的现实环境。但是，网络世界的信息往往处于不对称状态，这让一些网络大咖、意见领袖的意见往往成为左右网络世界网民对事物认识的关键。通过网络大咖和意见领袖个人意志的加工，某些信息往往容易丧失掉自己的客观性和中立性，从传播扩散的开始就打上了“个人意志”的深刻烙印。网络舆情与社会舆情相比，从发起者到传播途径都是有着根本差别的。社会舆情有一定阶层占主导地位，发起并控制，在传播途径上主要依靠人员聚集传播；然而，网络舆情的发起者和主导者都是没有归属或者归属模糊的大众群体，在传播上也具有虚拟性，难以辨别真假，这些使相对社会舆情而言，网络舆情的生成机理十分复杂。如果还是坚持“存在先于本质”的自由放任原则，就难以控制相关舆情。必须坚持“本质先于存在”的道理，将以往的事后制裁变为事前规制，并注重对网络领袖意志的矫正，以采取适当的积极的干预取代无大事发生就消极不作为的行为。

（七）以技术实在论的伦理观作为网络舆情的伦理支撑

在网络空间中，舆论的表达往往呈现非理性化。网络舆情的实践中，非理性往往压制理性成为主导舆情扩散传播的关键。基于网络舆情的这种特殊性，应用于现实社会的伦理规范和法律体系的规制作用似乎孤掌难鸣，而市场受到网络世界虚拟特性的影响，所发挥的作用也是微乎其微。网络舆情本身在实践的过程中就具有盲目性和非理性，因此，不可能形成自觉的网络伦理规范，必须要突出技术在解决网络困境的重要作用，因为网络本身就是技术发展的产物，完全可以通过技术本身的提升去解决因为技术运用所造成的问题。这实际上是一种技术实在论的网络伦理思想，通过技术（代码）体系、规范体系和市场体系的有效配合，将技术（代码）

作为促成道德自律的主要方式，来应对其他方法的不足与缺陷；同时借助法律和市场的力量，对网络技术运用进行合理限制，使网络发展健康有序。

（八）政府监管部门应当改变从前对网络舆情的“监控”心态，而是积极分析和利用网络舆情数据所包含的有用信息，借助网络舆情数据推动食品安全的社会共治

当前的食品安全网络舆情形势下，互联网平台的责任和义务正在成为网络舆情的一个新的关注点。大型互联网平台作为网络舆情的承载体，将食品安全的各责任主体连接了起来，这为网络舆情数据赋予了新的意义。网络舆情数据不再仅仅反映公众对食品安全问题和政府监管工作的看法，而是更加广泛地涵盖了各主体间的责任、诉求、关系、约束等。要想充分利用网络舆情数据的价值并发挥其作用，需要加强政府部门和互联网平台的合作，特别是推动数据层面的合作，建立起有效的监督反馈机制，一方面，实现对互联网平台上食品企业和零售商的实时监管，敦促其加强自律意识；另一方面，实现对媒体和公众责任的规范，遏制食品安全谣言的产生和传播，使监管真正落到实处。在此基础上，才能进一步探讨如何将社会共治理念与大数据技术手段相结合，建立一个完善、全面的食品安全监管体系，使多方监管力量有效融合。

上　　篇

食品安全网络舆情发展状况

第一章

2015 年食品安全网络舆情行业研究*

本章基于食品行业的划分，选取肉制品、油制品、乳制品、白酒、饮料等食品安全事件发生频率较高的食品行业，对 2015 年相关食品行业网络舆情的发展状况进行研究。

一　肉制品行业网络舆情

（一）肉制品网络舆情的发展现状

相比于 2014 年，2015 年肉制品行业在注水肉、过期肉等方面发生的食品安全网络舆情事件较少，但病死猪和瘦肉精事件依然层出不穷，而且今年新出现了注胶虾和孔雀绿石违法添加物事件，走私肉和冷冻肉也成为今年的焦点事件。总体来说，2015 年的肉制品行业一部分情况得到改善的同时，也出现一些新的事件，也有一些情况形势更为恶劣。

2015 年，肉制品行业的主要食品安全舆情事件如下：

1. 病死猪

（1）跨 11 省 1000 余吨特大制售病死猪犯罪网络。2015 年 1 月 12 日，公安部部署指挥湖南、广西等 11 省份警方，先后打掉 11 个犯罪团伙、抓获 110 余名犯罪嫌疑人，捣毁涉案窝点 30 余个，查封扣押病死猪肉及问题肉品 1000 余吨，涉案总值逾亿元。自 2008 年以来，犯罪团伙利用生猪保险理赔补偿政策，以勾结、收买保险公司保险员等方式获取病死猪信息，然后从养殖场或农户手中低价收购病死猪，将本应做无害化处理的病死猪屠宰分割，勾结监管部门少数公职人员开具检疫合格证后进入正规购买、食用渠道，或就地销售，或贩卖至外省市，或加工成腊肉、火腿

---

* 如无特别说明，本章的有关案例、数据均来源于网络上的新闻报道。

肠、熟食，或提炼加工成食用油，销售范围涉及湖南、河南、广西等11个省份。①

（2）大量收购病死生猪生产加工。2015年1月21日，广东省清远市佛冈县法院公开宣判一起大量收购病死生猪并加工成腊肉等熟肉制品进行销售的案件。被告人在果园内私设屠宰场，将在从化、清城等地大量收购回来的病死猪进行屠宰、分割，以猪场作为病死猪肉制品加工场，将购买到的病死猪肉加工生产成假牛肉、肉膏、排骨粒、瘦肉片、猪脚等肉制品，并运往广州销售。②

（3）河北山东部分地区检疫存在问题致使病猪流入金锣。2015年3月18日，央视《焦点访谈》曝光河北、山东两省的生猪从收购到销售检验检疫存在问题，且有疑似病猪流入金锣集团德州工厂。在河北省深州市南史村，央视《焦点访谈》节目的记者暗访发现，猪贩子直接将患有口蹄病的生猪运送到屠宰场或者猪肉制品公司，无人监管。运送到屠宰场的生猪也没有经过任何的手续和检验，便被直接放入猪圈等待宰杀。记者随后发现猪圈的生猪都没有打耳标（耳标是作为检疫通过的认证标准）。金锣集团宣布其德州工厂立即停产，封存所有在产和库存产品。③

（4）商贩用病死猪肉冒充精肉高价出售。2015年3月21日，据现代快报报道，为了赚取高额利润，黑心商贩把10—30元收购来的病死猪冒充"精肉"，高价卖向上海、淮安等地。因犯生产、销售不符合安全标准的食品罪，宿迁市沭阳县男子徐某等7人被判刑。④

（5）佛山市病死猪团伙。2015年6月26日，佛山市公安局对一个涉及广州、佛山、肇庆、东莞的生产、销售病死猪犯罪团伙开展统一收网行动，捣毁广佛肇地区仓储、销售窝点4个，查获病死猪约15吨。该犯罪团伙以肇庆为基地向周边地区收购病死猪，进行屠宰分割后，运往佛山加

① 《1千余吨病死猪肉及问题肉品销往河南等11省区》，新浪网，2015－01－12，http：//health. sina. com. cn/news/2015－01－12/1004163994. shtml。

② 《大量收购病死生猪生产加工销售主犯获刑十年》，新华网，2015－01－22，http：//news. xinhuanet. com/food/2015－01/22/c_ 127408635. htm。

③ 《央视曝生猪收购黑幕　部分疑似病猪流入金锣》，搜狐网，2015－03－19，http：//news. sohu. com/20150319/n410000606. shtml。

④ 《商贩用病死猪肉冒充精肉高价出售》，新浪网，2015－03－21，http：//health. sina. com. cn/news/2015－03－21/0935168267. shtml。

工成猪肉成品后冷冻，随后择机运往广州、东莞的销售点进行批发销售。①

（6）收购病死猪转手屠宰销售。2015 年 8 月 5 日，最高人民检察院通报了刘伟、黄康等 19 人生产、销售不符合安全标准的食品案。2013 年 5 月，刘伟租用民房，收购病死、死因不明生猪，并非法屠宰、销售死猪。②

2. 冷冻肉

（1）6100 吨走私冻肉部分过期变质含瘦肉精。2015 年 6 月 20 日，据 CCTV—新闻频道报道，深圳市市场稽查局执法人员发现，位于深圳市龙岗区平湖街道的嘉鸣公司的仓库里，储存着大量进口冻肉。但这些冻肉却没有任何手续，也看不到任何中文标签标识，被换上的外包装写的是已经不再经营这个行业的“广西东兴百事心食品有限公司”。随后执法人员查获了 6100 多吨问题冻肉，成为目前全国最大的一起走私冻肉案件。这些冻肉不仅没有合法来源，甚至还有一部分是过期的问题肉。③

（2）长沙特大走私冻品案。2015 年 6 月 1 日，长沙海关破获一起特大走私冻品案，打掉以黎某、钟某等分别为首的 2 个涉嫌走私冻品团伙，查扣涉嫌走私冻牛肉、冻鸭脖、冻鸡爪等约 800 吨，价值约 1000 万元。据悉，这是湖南历年来查获的最大宗走私冻品案。④

（3）走私美国冻牛肉。2015 年 7 月 20 日，北青报记者暗访北京东三环和东二环附近的批发市场，发现走私牛肉成箱卖，在提到所谓的美国牛小排的来源时，他们都提到了玉泉营冷（国内规模最大、自动化程度最高的国有大型冷藏企业）。但事实却是无检疫标的国家冷库即玉泉营冷库不收，批发市场摊贩自备冷库。⑤

（4）重庆查处“僵尸肉”3000 余公斤。2015 年 8 月 4 日，据新华网

① 《广东查获大量“问题肉”：病死猪肉用甲醛浸泡》，中华网，2015－11－04，http：//news. china. com/domestic/945/20151104/20686308_ all. html。

② 《收购病死猪转手屠宰销售 19 被告被判有罪》，网易新闻，2015－08－07，http：//news. 163. com/15/0807/06/B0D52V2I00014AED. html。

③ 《6100 吨走私冻肉潜入中国部分过期变质含瘦肉精》，网易新闻，2015－06－20，http：//news. 163. com/api/15/0620/11/ASI5AG2Q0001124J. html。

④ 《走私“僵尸肉”上餐桌，谁之过?》，新华网，2015－06－23，http：//news. xinhuanet. com/fortune/2015－06/23/c_ 1115693971. htm。

⑤ 《记者暗访：走私美国冻牛肉藏身北京批发市场》，新华网，2015－07－20，http：//news. xinhuanet. com/fortune/2015－07/20/c_ 1115978479. htm。

重庆频道报道，大足区食药监局以打击过期冻品冻肉等为重点，开展了清查冷冻库市场的专项整治行动，检查国外进口食用冻肉制品 25598.83 公斤，发现问题食用冻肉制品 2318.83 公斤；检查外省入渝食用冻肉制品 13028 公斤，发现问题食用冻肉制品 1011 公斤。①

（5）合肥商贩推销“走私”冷冻肉。2015 年 8 月 5 日，据中安在线报道，记者走访了合肥一些冷冻肉批发商家，发现有些商家不仅出售“走私”冷冻生牛肉，还可以“搞到”检疫合格的标签以躲避检查，甚至生产日期也可以随便打印。而在运输环节上，冷冻肉品高温下冻了化、化了又冻的现象也相当普遍，令人担忧。②

（6）呼和浩特市查获 8000 多公斤问题冷冻肉。2015 年 8 月 6 日，内蒙古食品药品稽查局等执法部门对呼和浩特市部分冷库承储的冷冻肉品来源、数质量和销售去向等情况进行排查，3 家冷库和 1 家生产加工肉干制品的生产企业涉嫌存在违规问题，共查获问题冷冻肉 8000 多公斤。③

（7）海南公布 11 家走私冷冻肉企业。2015 年 8 月 7 日，海南省食药监局对全省 325 个冻库进行排查，对其中涉嫌存储销售走私肉类制品的 11 家企业进行了查处，查扣涉嫌走私肉类产品 1.6 吨，主要有凤爪、猪肚、鸡翅等食品品种，分别来自美国、巴西等 6 个国家。④

（8）海南海警查获约 200 吨涉嫌走私冷冻肉品。2015 年 9 月 16 日，海南海警支队近日在海口市依法查获约 200 吨涉嫌走私冷冻肉品，抓获涉案犯罪嫌疑人 31 人。这些冻品主要是鸡爪、猪蹄、牛肚、牛杂等，分别包装在不同颜色的包装袋里，且均无检验检疫相关证书。⑤

（9）厦门查处问题冷冻肉品 7 批次。2015 年 9 月 16 日，海西晨报记者从有关部门了解到，厦门加大力度清查冷冻肉，共抽 180 个批次，查处问题冷冻肉品 7 个批次（其中抽检不合格 5 个批次），涉及问题冷冻食品

---

① 《大足重拳整治冻肉制品市场 查处“僵尸肉”3 千余公斤》，新华网，2015－08－04，http：//www. cq. xinhuanet. com/2015－08/04/c_ 1116143710. htm。

② 《记者暗访合肥市场 商贩竟推销“走私”冷冻肉》，新华网，2015－08－05，http：//www. ah. xinhuanet. com/2015－08/05/c_ 1116148326. htm。

③ 《呼和浩特市查获 8000 多公斤问题冷冻肉》，中国质量新闻网，2015－08－12，http：//www. cqn. com. cn/news/pinpai/shipin/1067173. html。

④ 《海南公布 11 家涉嫌存储销售走私冷冻肉企业涉凤爪鸡翅等》，网易新闻，2015－08－13，http：//news. 163. com/15/0813/19/B0U0E14E00014SEH. html。

⑤ 《海南海警查获约 200 吨涉嫌走私冷冻肉品》，新华网，2015－09－16，http：//news. xinhuanet. com/legal/2015－09/16/c_ 1116583056. htm。

1145 公斤。这些冷冻食品涉及的问题主要是检测指标超标、没有落实索证索票或没有经过检验检疫、超过食品保质期限、标签标识不规范等。[①]

（10）波士顿龙虾肉实为“僵尸”虾。2015 年 12 月 24 日，据新华报业网报道，连云港市灌南县市场管理局近日查获一批假冒“波士顿”龙虾肉。当地一家名称为“连云港巧妇食品厂”的冷冻食品企业，涉嫌将过期龙虾肉更换包装，这些虾肉有的甚至已过期长达两年多。[②]

3. 瘦肉精

（1）通州流入私宰瘦肉精注水猪肉。2015 年 6 月 29 日，北京市食品药品稽查总队等执法人员对通州区砖厂北里一个窝点进行查抄，现场查处的生猪肉水分严重超标，系“注水肉”，而且含瘦肉精。经证实，该场所并未取得《定点屠宰许可证》，涉案人员 5 名在该地进行屠宰分割，再将猪肉运往通州区 3 个市场进行销售。被查猪被指泔水喂养，部分养猪户收泔水喂猪，形成产业链。[③]

（2）沃尔玛被检出“瘦肉精”猪肉。2015 年 7 月 28 日，国家食品药品监督管理总局公布了 2016 年 5—6 月畜禽肉抽检结果，显示抽检的 420 批次样品中，有 11 批次不合格。这其中有两批次产品检出国家明令禁止使用的“瘦肉精”。公告显示，标称生产企业名称为“北京森顺恒发商贸有限公司”的前臀尖以及哈尔滨大江食品有限公司生产的猪里脊肉都被检出“沙丁胺醇”。沙丁胺醇和西马特罗是俗称“瘦肉精”中的两种。根据公告，北京森顺恒发商贸有限公司的前臀尖供应到沃尔玛深国投百货有限公司哈尔滨友谊路分店。而记者通过调查发现，北京森顺恒发商贸有限公司地址签注地址和标称地址均不是其真实地址。[④]

（3）金锣肉制品被检出瘦肉精西马特罗。2015 年 9 月 2 日，据经济参考报报道，食药总局 9 月 1 日公布 2015 年 2—6 月食品抽检结果显示，临沂新程金锣肉制品集团有限公司兴隆分公司生产的猪后臀尖检出禁止使

---

① 《厦门清查 2014 年以前冷冻肉品　查处问题肉品 7 批次》，新华网，2015－09－16，http：//www.fj.xinhuanet.com/news/2015－09/16/c_ 1116572993.htm。

② 《连云港：过期两年的“僵尸”虾变身波士顿龙虾肉》，搜狐网，2015－12－25，http：//mt.sohu.com/20151225/n432533486.shtml。

③ 《通州每天流入数千斤私宰猪肉为注水猪含瘦肉精》，新华网，2015－06－29，http：//news.xinhuanet.com/food/2015－06/29/c_ 127961132.htm。

④ 《食话实说：沃尔玛被检出“瘦肉精”猪肉》，人民网，2015－07－31，http：//shipin.people.com.cn/n/2015/0731/c85914－27390754.html。

用的西马特罗。而且其复检仍不合格。①

（4）金华香肠检出瘦肉精。2015 年 10 月 13 日，据每经网—每日经济新闻报道，国家食品药品监督管理总局抽检 5 类食品，其中，上市公司金字火腿生产的金华香肠被检出禁止使用的兽药沙丁胺醇（瘦肉精的一种），公司回应：系猪肉原料带入。②

（5）祥隆宫牛仔板筋检出新型瘦肉精。2015 年 11 月 25 日，北京市食药监局通报，北京祥隆宫食品有限公司生产的“祥隆宫”牌香辣食品牛仔板筋被检出违禁物质莱克多巴胺。③

4. 注胶虾

（1）温州农贸市场现“注胶虾”。2015 年 7 月 15 日，温州市民郑女士在瑞安城区南门农贸市场购买了 3 只大虾，回家后发现大虾体内竟然被注射了不明胶状物。当日下午，瑞安市市场监管局玉海所介入调查，当事摊贩称虾是批发来的。④

（2）上海男子买到注胶虾。2015 年 8 月 19 日，中国经营报报道，有上海男子买到了注胶虾。冷冻虾解冻以后，一定会变得瘦小干瘪，分量也会减轻。所以，商贩会选择往虾头和腹部注射明胶，既可以增加虾等分量，还可以让冻虾卖相更好。⑤

5. 工业松香

（1）南京某猪头肉黑作坊用松香脱毛。2015 年 5 月 25 日，南京市民警在走访调查时获得举报称在广洋村有一个黑作坊，违规生产猪头肉，还用含多种毒素的松香为猪肉脱毛。一天加工十几只猪头肉，由妻子推车去菜场卖。⑥

---

① 《金锣肉制品被检出瘦肉精　复检仍不合格》，新浪财经，2015 - 09 - 02，http：//finance. sina. com. cn/consume/puguangtai/20150902/010023141676. shtml。

② 《金华香肠检出瘦肉精公司回应：系猪肉原料带入》，搜狐网，2015 - 10 - 13，http：//news. sohu. com/20151013/n423059108. shtml。

③ 《祥隆宫牛仔板筋检出新型瘦肉精　我国已禁止产销》，搜狐网，2015 - 11 - 25，http：//news. sohu. com/20151125/n428087204. shtml。

④ 《温州农贸市场现“注胶虾”　业内人称为增加重量》，搜狐网，2015 - 07 - 15，http：//news. sohu. com/20150715/n416791912. shtml。

⑤ 《上海男子买到注胶虾剖开虾　肉现明胶》，搜狐网，2015 - 08 - 19，http：//news. sohu. com/20150819/n419230805. shtml。

⑥ 《厕所旁现猪头肉黑作坊：用含多种毒素松香来脱毛》，中国日报中文网，2015 - 05 - 23，http：//www. chinadaily. com. cn/micro - reading/dzh/2015 - 05 - 23/content_ 13736013. html。

（2）福建漳州一肉食黑作坊用工业松香脱毛。2015年6月11日，据中国新闻网报道，2010年以来，陈某租用漳州市芗城区古塘村一场地作为加工生猪头的工作坊，她先收购已有检疫的生猪头来进行分解，再用加热的工业松香对部分收购的生猪头、猪耳朵等进行粘贴脱毛，使加工后的猪头皮等肉制品黏有工业松香的成分。①

6. 孔雀石绿

（1）罐头鲮鱼样本验出孔雀石绿。2015年8月30日，据中国新闻网报道，及香港特区政府网站消息，香港食物安全中心29日公布，在御品和珠江桥牌两个豆豉罐头鲮鱼样本中验出极微量孔雀石绿，正跟进事件。有关超市已按中心指令，停止出售两个批次的产品。②

（2）成都食用鱼检出孔雀石绿。2015年9月24日，据四川新闻网报道，近期，成都市食药监局发布的一则抽检通报显示，在大成都范围内19家餐饮店使用的水产品中，检查出违法添加物——孔雀石绿。商家称问题水产品是从外省运进的。③

7. 进口走私肉

（1）问题牛肉绕道越南进入武汉。2015年3月27日，据武汉晚报报道，未经任何检疫，一批来自我国禁止进口肉类的疫区国家的牛肉绕道越南入境。昨悉，犯罪嫌疑人先向境外供货商预付定金，随后境外供货商将货物发至越南海防港，等支付全部货款后，犯罪嫌疑人就联络广西东兴的专业走私运输团伙，将货物从中越边境绕关偷运入境，然后再运至武汉、郑州等地，通过当地肉类冻品销售商在各地市场销售。④

（2）越南生猪走私案。2015年8月14日，广西柳州市柳北区人民法院审判了一起检疫案。林廖奇是柳州市柳南区太阳村镇水产畜牧兽医站协检员，在他的帮助下，数千头越南生猪未经检疫进入柳州市场。这起典型案件揭开了猪肉走私背后的相关利益链条，暴露出检疫、屠宰等监管环节

① 《福建漳州一肉食黑作坊主被处刑罚》，新浪网，2015－06－11，http：//news. sina. com. cn/c/2015－06－11/203831940742. shtml。

② 《香港食安中心：两款罐头鲮鱼样本验出孔雀石绿》，网易新闻，2015－08－30，http：//news. 163. com/15/0830/11/B28T52UM00014JB6. html。

③ 《成都19家餐馆食用鱼检出孔雀石绿 多从外省运进》，中国新闻网，2015－09－23，http：//www. chinanews. com/cj/2015/09－23/7539871. shtml。

④ 《“问题牛肉”绕道越南进入武汉》，凤凰资讯，2015－03－27，http：//news. ifeng. com/a/20150327/43426041_ 0. shtml。

的节节失守。[①]

（3）2015 年 10 月 27 日，据法院查明，2015 年 1 月以来，武汉白沙洲大市场鸿凯食品经营部负责人方某通过非法渠道多次购进国家明令禁止销售的产自巴西、印度的牛肉、牛副产品，并部分用于销售。[②]

8. 假肉

（1）呷哺呷哺、小肥羊等被曝猪血冒充鸭血。2015 年 3 月 15 日，央视报道，呷哺呷哺、小肥羊等知名餐饮企业用低廉价格的猪血冒充鸭血；而街边麻辣烫甚至还非法添加强致癌物甲醛。有群众举报，北京市场九成的鸭血都是假鸭血。[③]

（2）“香记”牛肉产品是猪肉制。2015 年 11 月 26 日，据中国新闻网报道，近日，连云港市民王先生反映其在连云港一超市买到了澳门“香记”牛肉粒是猪肉。25 日，该超市牛肉粒供货商所在的南京市江宁区市场监管局的执法人员得到检验结果显示，现场 26 箱澳门“香记”牛肉产品均为猪肉。[④]

（3）临沂黑作坊用狐狸肉充狗肉等肉品。2015 年 12 月 23 日，王某等人因涉嫌生产有毒、有害食品罪，被费县人民检察院依法提起公诉。临沂市河东区的王某伙同家人开设了家庭黑作坊。黑作坊低价购进未经检疫的狐狸肉、貉子肉，非法加入“狗肉透骨香”等化学添加剂，使狐狸肉、貉子肉“变身”狗肉、羊肉、牛肉，并大量外销，产出价值 600 万假肉食。[⑤]

（4）南昌“垃圾肉”流入早餐店。2015 年 7 月 19 日，有媒体报道南昌很多肉摊摊主将垃圾肉（边角料猪肉、废弃猪肉或生猪淋巴结、胰腺、乳腺肉）便宜销售，销售对象大多是包子店、食堂和早餐店。一些小餐馆一般把这些肉掺杂在好肉里，做成包子馅或快餐菜，大部分垃圾肉的收

① 《广西一起检疫案　揭开越南生猪走私利益链》，人民网，2015 - 08 - 17，http：//politics. people. com. cn/n/2015/0817/c70731 - 27470165. html。

② 《进口牛肉不能“进口”男子卖“问题牛肉”被判刑》，新华网，2015 - 10 - 29，http：//news. xinhuanet. com/food/2015 - 10/29/c_ 1116972711. htm。

③ 《呷哺呷哺、小肥羊被曝猪血充鸭血　两家均未公布供应商》，人民网，2015 - 03 - 16，http：//shipin. people. com. cn/n/2015/0316/c85914 - 26697088. html。

④ 《南京一供货商所售“香记”牛肉产品竟是猪肉制》，凤凰资讯，2015 - 11 - 25，http：//news. ifeng. com/a/20151125/46391400_ 0. shtml。

⑤ 《狐狸肉充狗肉　临沂黑作坊产出价值 600 万假肉食》，新华网，2015 - 12 - 23，http：//www. sd. xinhuanet. com/2015 - 12/23/c_ 1117553996. htm。

购者是用它来熬猪油。①

（5）华润万家食品代工厂包子掺“假肉”。2015年11月4日，为华联餐厅、华润万家等便利超市供货的工厂是位于北京郊区的北京铃吉食品有限公司。“猪肉白菜包子”是该工厂畅销食品之一，然而，这款热卖包子的馅料中并不仅仅是猪肉和白菜，还掺入了大量的“假肉”。这种被工人称作“假肉”的物质是一种形似肉馅的豆制品，主要成分为大豆蛋白。超市在销售包子时也未按有关规定标明生产日期、保质期和生产经营者地址、联系方式等。②

9. 毒肉

（1）浙江氰化物毒狗肉。2015年7月22日，据现代金报报道，从2014年11月开始，在湖州安吉有一个专门做毒狗肉生意的26人犯罪团伙，内部有提供毒药氰化钠、进村毒狗、加工狗肉贩卖三种分工。这伙人在长兴、临安以及安徽、江苏等地也都作过案。此案已累计查获死狗400余条，毒狗肉约5吨。部分毒狗肉已经流向市场。③

（2）济南查获致癌黑鱼。2015年10月22日，济南历下区一大型超市销售的黑鱼在抽检时，被发现其体内呋喃唑酮代谢物超标数十倍。据介绍，该物质系渔业养殖曾用兽药，因其难以代谢，长期通过食物链摄入人体易引发各种疾病乃至癌症。④

（3）“美乐”牛肉酱含禁用致癌物。2015年11月4日，据财经网报道，国家食品药品监督管理总局上周通报，四川省远达集团富顺县美乐食品有限公司生产的美乐牛肉酱检出了不得添加的禁用品——罗丹明B。罗丹明B是一种具有鲜桃红色的人工合成的染料，后实验证明致癌，已禁止在食品中使用。⑤

（4）肉贩用硼砂保鲜。2015年11月9日，南宁两部门在检查中发

---

① 《南昌被曝“垃圾肉”流入早餐店 相关部门已介入调查》，凤凰资讯，2015-07-19，http://news.ifeng.com/a/20150719/44199298_0.shtml。

② 《超市食品代工厂卫生情况堪忧 包子掺“假肉”》，新华网，2015-11-04，http://news.xinhuanet.com/food/2015-11/04/c_128393496.htm。

③ 《浙江查获5吨氰化物毒狗肉 一部分已经流入市场》，新华网，2015-07-22，http://www.js.xinhuanet.com/2015-07/22/c_1115998199.htm。

④ 《济南查获致癌黑鱼体内违禁药物超标数十倍》，新浪网，2015-10-22，http://finance.sina.com.cn/consume/puguangtai/20151022/150923546157.shtml。

⑤ 《“美乐”牛肉酱含禁用致癌物》，新浪网，2015-11-04，http://news.sina.com.cn/o/2015-11-03/doc-ifxkfmhk6844236.shtml。

现，市场有肉摊主用硼砂保鲜猪肉。摊主表示，每隔几天就有人前来兜售硼砂，将其涂抹在还没卖出去的剩肉上，可保持猪肉色泽，防止脱水。①

10. 西安注水牛肉

2015 年 4 月 25 日，据华商报报道，在西安城西天台三路一个院子内，白色水箱里有高压水泵，水泵将水箱里的水直接通过大约 1 米长的白色水管从牛鼻子打到牛的胃里。相关涉事屠宰场 2013 年也被曝收过注水牛。②

11. 红肉致癌

2015 年 10 月 26 日，世界卫生组织下属的国际癌症研究机构评估了红肉和肉类加工品的致癌性，发布结论认为，食用红肉（生鲜红肉，即牛、羊、猪等哺乳动物的肉）可能致癌，因此将之列为“致癌可能性较高”的食物，列入第二级 A 类致癌因素，同时将肉类加工品（火腿、香肠、肉干等加工肉制品）列入第一级致癌因素。③

12. 其他相关事件

金锣火腿肠包装破损腐坏、未过保质期的双汇香肠霉变长毛事件、北京家乐福鲁谷店牛肉配过期油包、北京物美超市熟食改换日期标签再上架、北京家乐福广渠门店鸡肉坏掉后冲洗再卖、“来伊份”手撕肉条菌落总数超标、皇上皇腊肉过氧化值超标、山东 2015 年第三期抽检发现熟肉制品超量使用食品添加剂、唐人神五花腊肉和腊尚煌腊鸭不合格、“遛洋狗”五香牛肉干菌落总数超标、恭王造办北京烤鸭和“鑫盛发”牌哈尔滨红肠菌落总数超标、杭州“万隆酱鸭”菌落总数超标。广州市太和镇某无照小作坊使用工业盐加工鸡爪、广州甲醛“毒蚬肉”、上海郑文琪龙虾盖浇饭中毒事件、广州流动熟食过量亚硝酸盐事件、央视曝光南昌个体户收购潲水喂猪、拉萨市墨竹工卡县走私肉制品、“美乐”牛肉酱含禁用致癌物等。

（二）肉制品行业典型网络舆情分析

1. 病猪流入金锣事件

（1）事件概述。2015 年 3 月 18 日，央视《焦点访谈》曝光河北、山

① 《肉贩用硼砂保鲜：猪肉抹“白粉”后变鲜变嫩》，搜狐网，2015－11－09，http：//news. sohu. com/20151109/n425672172. shtml。

② 《西安现注水牛肉：一米长水管被插入牛鼻加压送水》，新浪网，2015－04－25，http：//news. sina. com. cn/c/2015－04－25/025631758282. shtml。

③ 《世界卫生组织：红肉致癌，那么该怎样给孩子吃肉?》，搜狐网，2015－10－29，http：//baobao. sohu. com/20151029/n424557971. shtml。

东两省的生猪从收购到销售检验检疫存在问题，且有疑似病猪流入金锣集团德州工厂。

在河北省深州市南史村，央视《焦点访谈》节目的记者暗访发现，猪贩子直接将患有口蹄病的生猪运送到屠宰场或者猪肉制品公司，而在交易现场并无检疫人员对生猪出具检疫证明，在送入一家名叫晨光精肉制品厂的屠宰厂时，本应进行的第二次检疫等手续再次缺位，生猪被直接放入猪圈等待宰杀。记者随后发现猪圈的生猪都没有打耳标（耳标是作为检疫通过的认证标准）。同时，在山东德州，同样有疑似患病的生猪被运送到金锣公司，这些生猪的《检验合格证明》与其显示的开具单位所提供的检疫证明存根存在出入。据报道，随后执法人员在德州金锣厂内发现大批生猪未按规定佩戴耳标。而生猪运送人员透露“检疫证明随便印，可以自己打”。

2015 年 3 月 19 日，金锣集团宣布其德州工厂立即停产，封存所有在产和库存产品，并积极配合政府相关部门调查。

（2）各界评论。

①监管部门的反应。2015 年 3 月 18 日，德州畜牧局连夜向各县市区下发“加强动物检疫工作”的紧急通知，称将严厉打击制售贩卖病死畜禽违法行为。河北省农业厅下发通知，称将根据调查情况，对违反动物防疫法律法规的单位和个人进行处罚，对相关责任人依法依规追究责任。河北省衡水市对深州市晨光公司进行停产整顿，对库存商品全部进行封存，对待宰生猪进行检验检疫。[①]

2015 年 3 月 19 日，德州市政府表示，正在对该市陵城区和临邑县个别经营业户、企业生猪检疫和屠宰问题进行彻查，封存金锣集团临邑分厂所有库存产品，并已对部分责任人采取强制措施。[②]

②网民观点。网民“独行侠 60”说：“央视曝光金锣集团德州公司病猪流入，本来应该生猪出栏时检疫，却没有做到。一小撮中国人能造成巨大的危害，良心何在？政府有关机构责任何在？”（2015 - 03 - 22，17：44，来自新浪微博）

---

① 《河北山东多地生猪检疫形同虚设　金锣等涉事停产》，新华网，2015 - 03 - 20，http：//news. xinhuanet. com/food/2015 - 03/20/c_ 1114701379. htm。

② 《金锣德州工厂被曝流入病猪　部分责任人被控制》，搜狐网，2015 - 03 - 20，http：//business. sohu. com/20150320/n410045588. shtml。

网民“fanzelong2008”说：“我们不要再吃带有‘口蹄疫’疫病猪制作的金锣牌火腿肠，金锣集团，请你拿出你的诚意来，请不要用资本的力量践踏你的良心，请不要用你强大的公司实力来掩盖事实的真相，请不要用你那所谓的危机公关来剥夺我们的知情权，请不要用你那无尽的贪婪来侵害我们的健康。”（2015－03－21，21：02，来自天涯论坛）

网民“搜狐游客”说：“一个县的质监人员，工商管理人员，食品监督人员等有200多人，而畜牧兽医人员只有30余人，要实行畜禽从养殖到餐桌的全程跟踪，可能吗?”（2015－03－21，23：58，来自搜狐新闻跟帖）

③病猪流入金锣事件网络舆情关注度发展趋势分析。在百度网站百度指数搜索栏中输入关键词“金锣病猪”，发现该关键词未被收录。将关键词修改为“金锣”，并将时间范围设定为2015年3—12月，搜索结果如图1－1所示。其中，横坐标为时间（单位：月），纵坐标为热度指数（单位：次）。

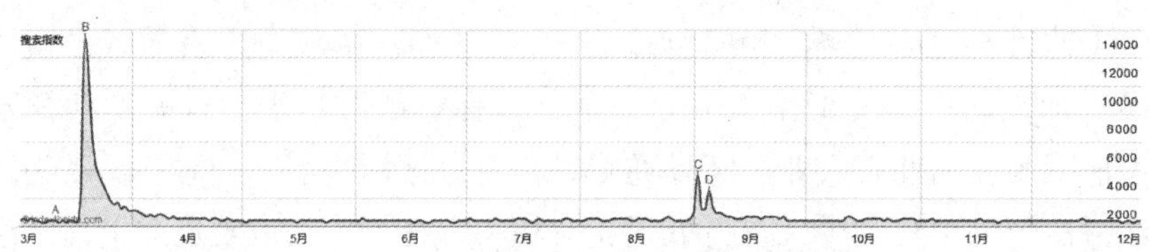

图1－1　2015年病猪流入金锣事件百度指数

从图1－1可以看出，从搜索热度看，网民对病猪流入金锣事件的关注呈现一个主要的高峰，即为2015年3月19日，搜索指数为13535次。2015年3月18日，“金锣”的搜索指数由3月17日的423次上升到2909次，这与当日的关于“病猪流入金锣”的新闻报道有关，而且因为是央视《焦点访谈》的报道，关注群众较多，普及范围较广，消息较为权威，使得此事件在曝光之初其热度便直线上升，一直到2015年3月19日，关注度达到第一高峰（13535次）；随后，到3月24日，关注度有所下降，但一直维持在3000次以上，此后关注度持续下降，并保持在一个较低的水平上。整体来看，网民对该事件的关注度呈现出“骤然上升、有序下降、缓和维持”的特点。

2. 红肉致癌事件

（1）事件概述。2015 年 10 月 24 日，网易新闻中心发布的新闻《世界卫生组织或把火腿培根列为致癌物红肉也可能致癌》称，据英国《每日邮报》报道，专家警告英国人应当避免食用培根、香肠和其他加工肉制品，因为世界卫生组织将在 10 月 26 日发布的声明中宣布加工肉制品是致癌概率最高的物质之一。消息一出，引起公众对红肉致癌事件的关注，众多专家纷纷对此作出了一定的解释，并建议公众没必要放弃红肉，食品卫生和膳食均衡更值得关注。

2015 年 10 月 26 日，隶属于世界卫生组织（WHO）的国际癌症研究机构（IARC）正式发布消息，说到加工肉制品属于致癌食物，而且各种红肉属于 2A 级致癌食物。世界卫生组织下属的国际癌症研究机构将物质的致癌程度分为五级，依次为致癌、较可能致癌、可能致癌、致癌度不确定和可能不致癌。将加工肉制品归入“致癌”，也就是说，加工肉制品属于“一级致癌物”，与石棉、香烟和砒霜这类被公认的致癌物质处于同一等级。就连新鲜红肉也很可能被世界卫生组织列为第二个等级的“较可能致癌物”。

（2）各界评论。

①专家及研究机构的反应。国际癌症研究机构英国分部的蕾切尔·汤普森（Rachel Thompson）博士说，从新鲜肉类中获得养分会更好。加工肉制品带有更多的盐和脂肪，处理过程也带来了更高的致癌概率。北美肉类研究中心的巴里·卡彭特（Barry Carpenter）指出，其实任何东西或多或少都有点致癌概率。科学证据显示，癌症是个复杂的疾病，不是因为简单的饮食问题就会得上的，平衡膳食，保持健康的生活方式才是健康的根本。英国癌症研究基金的凯西·邓洛普则反驳说：“关于红肉和肉制品与特定种类癌症的联系是建立在几十年来大量谨慎的研究上的，并非危言耸听。”①

中国营养学会理事范志红说到，红肉被列入可能致癌物，是因为研究证据表明吃红肉的量比较大的时候可能会增加肠癌的危险。和加工肉制品相比，红肉本身并不含有致癌物，也并不是只要吃红肉就促进癌症危险。

---

① 《世界卫生组织或把火腿培根列为致癌物 红肉也可能致癌》，网易新闻中心，2015－10－24，http：//news. 163. com/api/15/1024/18/B6NAS73K00014AED. html。

世界癌症基金会对相关证据的评估是，每周吃不超过500克的红肉并不会增加肠癌的危险。但如果增加吃红肉的数量，就会带来肠癌危险的增加。中国营养学会制定的“中国居民膳食宝塔”中对平均每日肉类摄入量的推荐是50—75克。这个50—75克的推荐量是科学的，它既能帮助人们获得肉类中的丰富蛋白质、铁、锌等元素，预防营养不良、贫血缺锌，也符合预防癌症风险的要求。只要数量不过多，烹调时不用碳烤、烟熏、油炸的方法，烹调后不焦糊、不过咸，人们就可以安心享受肉类的美味。①

英国癌症研究会对国际癌症研究机构的这个结论评论说：“长期大量进食肉类对一个人的身体健康不会有益处，但是每周吃几次牛排、培根三明治或许并不是需要担心的事。总的来说，这方面的风险比起其他癌症相关因素来说要低很多，比如说吸烟。”浙江省肿瘤医院膳食科营养师宋灵兰称红肉致癌，罪魁祸首是亚硝酸盐，但如今食品工艺降低了其产生，并称通过红肉正常摄入的亚硝酸盐，多吃些蔬菜和水果，就可以代谢掉。②

②网民观点。网友“老杜一鸣”说：“我们需要停止吃肉吗？红肉中有很多锌、铁、蛋白质、维生素等重要营养成分，肉类中的铁比植物中的铁好吸收。红肉是否致癌只是一个量的问题，过量食用可损害健康。”（2015-11-04，12：36，来自新浪微博）

网友“寒霜寒”说：“即便某种食物是致癌物，能否致癌还在于其诱发癌症的剂量。同时，人们食用的各种食物，其成分会产生综合效应，如新鲜蔬菜对致癌物的抵消或中和等，也会抑制癌症的发生。红肉和加工肉类并非洪水猛兽，正如人们每天摄入的盐一样，只要适量，致癌的效应很难出现。”（2015-10-29，15：38，来自天涯论坛）

网友“gl3061537开放地区”说：“这样一来，世界上任何食品都是有可能致癌，这里边的问题是如何正确界定？不要用模糊的概念化的东西，否则容易误导消费者！”（2015-10-24，20：03，来自网易新闻跟帖）

③红肉致癌事件网络舆情关注度发展趋势分析。在百度网站百度指数搜索栏中输入关键词“红肉致癌”，发现该关键词未被收录。将关键词修

---

① 《红肉是可能致癌物，还能吃吗》，腾讯网，2015-10-27，http：//news.qq.com/a/20151027/042629.htm。

② 《红肉致癌？别那么紧张》，网易新闻中心，2015-10-28，http：//news.163.com/15/1028/08/B70GCRFB00014AED.html。

改为“红肉”，并将时间范围设定为 2015 年 10—12 月，搜索结果如图 1－2所示。其中，横坐标为时间（单位：月），纵坐标为热度指数（单位：次）。

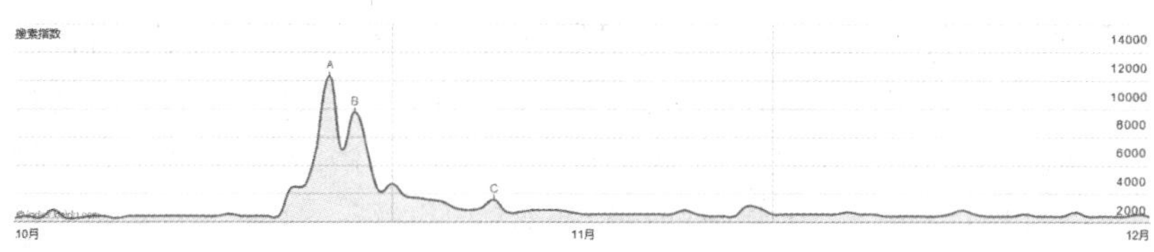

图 1－2　2015 年红肉致癌事件百度指数

从图 1－2 可以看出，从搜索热度看，网民对红肉致癌事件的关注呈现 2 个高峰，分别是 2015 年 10 月 27 日和 29 日，搜索指数分别为 10460 次和 7875 次。从整体上看，2015 年 10 月 24 日，事件曝光之初，“红肉”的搜索指数由 10 月 23 日的 534 次上升到 2528 次，这表明“世界卫生组织或把红肉、火腿、培根等列为致癌物”事件使“红肉”有了一定的搜索热度，这与当日的新闻报道有关。2015 年 10 月 26 日，世界卫生组织下属的国际癌症研究机构（IARC）发布了“红肉致癌”的相关报告，事件的热度直线上升，10 月 27 日关注度达到第一高峰（10460 次）；随后，到 28 日关注度有所下降；到了 29 日，关注度又一次上升，达到第二个高峰（7875 次）；此后关注度持续下降，并保持在一个较低的水平上。图 1－2 中搜索指数与媒体指数的变化过程基本吻合，说明媒体关注度及事件报道在很大程度上影响了网民对红肉致癌事件的关注度。

二　油制品行业网络舆情

（一）油制品行业网络舆情的发展现状

盘点 2015 年，我国食用油行业发生的食品安全网络舆情主要是：

1. 非转基因食用油迎井喷期

我国当前拥有 2600 万吨的食用油市场，小包装食用油占比不到 20%，散装油占据 80% 以上。这意味着我国品牌小包装食用油的市场份额可以进一步扩大，而小包装油中占据市场增幅比例最大的是非转基因食用油。这意味着，我国非转基因食用油市场正在快速扩张，市场份额相对集中，加上国际油价下滑带来的成本优势，从消费趋势上研判，未来2—3年在商家推动和消费者心态上，这一市场将迎来快速井喷期。①

2. “地沟油”上天

2015 年 3 月 21 日，上海虹桥机场的工作人员为我国首次使用新型能源生物航油的 HU7604 航班加注生物燃油，随即一架由波音 737 机型直飞的海南航空飞机从上海虹桥飞抵北京，该航班使用的是新型能源生物航油，这是我国首次使用生物航油进行载客商业飞行。这种新型能源生物航油是由中石化从餐馆收集的餐饮废油转化而来的生物燃料。这架 737 的两台发动机均由 50% 航空生物燃料与 50% 传统石化航油混合的燃料驱动，标志着我国航空业在节能减排领域进入商业飞行阶段，也将对新能源应用和绿色低碳飞行的可持续发展产生深远的影响。②

3. 地沟油加工企业购销两头“受气”

在各地纷纷出台政策鼓励将地沟油回收再加工成生物柴油的当下，由于非法生产商暗中与正规生物柴油企业争夺地沟油油源，价格倒挂致使企业亏损加剧等原因，国内生物柴油企业遭遇原料“吃不饱”、产品卖不动等难题。目前，部分地方政府已经开始探索，实现从源头到终端的“闭环式”监管，逐步推进收油模式从“谁产生、谁付费”向“谁收油、谁付费”转变。③

4. 康师傅再陷“馊水油”风波

2015 年 8 月 2 日，一段 2 分 41 秒的“台湾导游曝光大陆康师傅”视频在网络传开，直指“康师傅”馊水油问题流入大陆，在网络上掀起一股新浪潮。然而，康师傅官方回应称其在中国内地生产所使用的油品安全无虞，并附上相关检测合格报告。食品安全监管部门相关负责人表示 2015 年至今共抽查了康师傅品牌 11 个批次的方便面产品，没有发现问题，同时对企业生产原材料、生产过程的日常巡查检查中也未发现使用不

① 《非转基因食用油将迎井喷期》，央视网，2015 - 01 - 12，http：//travel. cntv. cn/2015/01/12/ARTI1421025760291305. shtml。

② 《中国航班使用“地沟油”载客首飞》，新华时政—新华网，2015 - 03 - 22，http：//news. xinhuanet. com/local/2015 - 03/22/c_ 127606380. htm。

③ 《地沟油加工企业购销两头“受气”》，中国证券网，2015 - 01 - 12，http：//news. cnstock. com/industry/sid_ rdjj/201501/3305916. htm。

合格原材料问题。[①]

5. 花生油致癌物超标

2015 年 5 月 8 日，在广西梧州和广东肇庆两地，当地有多家花生油作坊，可以当着顾客的面儿直接用花生榨油。所以，这些油作坊都打着新鲜、纯正的招牌招徕顾客。这些油作坊不仅以花生油的新鲜、纯正来吸引顾客，而且价格上普遍比一般正规油厂的花生油要低，原因是在花生油当中混杂了棕榈油，有的甚至高达 70%—80% 的比例。抽取广西 19 家花生油作坊的花生油进行检验，19 家油作坊，只有 3 家在卖纯正花生油，其他 16 家都掺杂了其他油品，掺假比例高达 84%，而 3 个纯花生油样品中有 2 个黄曲霉素是超标的，超标在 3—4 倍，属于严重超标。其他 4 个掺假的花生油样品中也发现了黄曲霉素 B1 超标，这样 19 个样品中有 6 个样品超标，黄曲霉素 B1 的不合格率超过了 31%。

黄曲霉素是一种毒性非常大的物质，其毒性相当于鹤顶红的 68 倍，相当于氰化钾的 10 倍，属一类致癌物，是苯并芘致癌性的 4000 倍。[②]

6. 植物油致癌的谣言

英国德蒙特福德大学的生物化学教授格鲁特维尔德团队近日对媒体称，玉米油和葵花籽油等普通植物油加热做饭会产生大量醛类化合物，可能导致癌症、心脏疾病以及痴呆。用植物油烹饪炸鱼和薯条，致癌醛类化合物的含量超出世界卫生组织健康标准的 100—200 倍，植物油产生 Ω－6 脂肪酸，能降低大脑中的 Ω－3 脂肪酸，从而使人产生心理健康疾病、失语症等。

格鲁特维尔德等的研究结果有两点颠覆以前的观念：一是某些植物油致癌；二是某些植物油不如动物油，例如，玉米油和葵花籽油不如动物油。如果用黄油、橄榄油、猪油或者椰子油烹饪炸鱼和薯条，产生的醛类物质会大为减少；其中尤以椰子油最为健康，产生的醛类致癌物最少。

全国粮食标准化技术委员会油料及油脂分技术委员会副主任、江南大学教授王兴国认为，国内媒体用“植物油做饭可致癌”为标题有误导之嫌，且油脂煎炸产生的醛类物质种类不一，其也属于尚未证实对人类有直

① 《康师傅地沟油事件真相 2 分钟视频“蒸发”数十亿》，商业与经济—中国网 · 中部纵览，2015－08－06，http：//henan. china. com. cn/finance/2015/0806/671849. shtml。

② 《央视曝光花生油掺假：致癌物超标毒性为砒霜 68 倍》，腾讯网，2015－05－08，http：//finance. qq. com/a/20150508/010471. htm。

接致癌作用的物质。

7. 台湾当局“农委会”公布14家馊水油下游厂商，涉多家饲料公司

“农委会”在9月4日报载进威公司购自屏东郭烈成（2014年中国台湾地区馊水油涉案者）以馊水油、皮革厂废弃皮脂油所制成之劣质油品，即请屏东县政府农业局相关人员到进威公司访查，9月5日该公司提供7家厂商名单。“农委会”表示，为求精确，由相关渠道且持续进行查证迄10日，已掌握该公司油脂确实已流向14家公司。同时，屏东县政府就该公司所生产之油脂予以封存并采取现场8个油槽内的动物油脂、进口牛油、进口鱼油及进口棕榈油等8件样品进行检验。后相关县市政府自5日起将下游各公司库存油脂封存，不得继续使用，并采集油脂6件及饲料样品5件进行检验，以避免不法油品继续使用，确保动物健康及家畜禽产品卫生安全。①

（二）油制品行业典型网络舆情事件分析——康师傅“馊水油”事件

1. 事件概述

2015年8月2日，康师傅再次卷入食用油安全事件，一段2分41秒的“台湾导游曝光大陆康师傅”视频在网络传开，直指“康师傅”馊水油（俗称地沟油）问题涉及内地产品。此次事件致使康师傅股票市值跌30亿港元，且在网络上影响巨大，短短的一天时间百度指数新闻搜索量高达11171频次，而原微博转发近8万次。随后康师傅官方微博发布声明澄清，并对相关涉事人追究法律责任。

2. 各界评论

（1）专家声音：谁有责任及时回应公众关切。中国人民大学副教授王贵松表示：“面对这类引发公众担心的食品安全信息，国务院卫生行政部门、食品药品监督管理部门都有责任对公众进行及时回应。”新修订的《食品安全法》第十八条规定，接到举报发现食品、食品添加剂、食品相关产品可能存在安全隐患，国务院卫生行政部门应当进行食品安全风险评估。

根据《食品安全法》规定，食品药品监督管理部门发现可能误导消费者和社会舆论的食品安全信息，应当立即组织有关部门、专业机构、相

① 《台湾当局“农委会”公布14家馊水油下游厂商 涉多家饲料公司》，走遍乡村网，2015－12－11，http：//www.cuncunle.com/village－153－771067－article－9281449795509298－1.html。

关食品生产经营者等进行核实、分析，并及时公布结果。“在此次事件中，‘康师傅’作为一个知名企业，其旗下产品遍布全国各地。在这样的情况下，地方食药监管部门作出回应虽然具有一定的权威性，但是国家食药监管总局公布相关调查结果更适当。”王贵松说。①

（2）网民声音。“超级塞牙人”客观地说：“感觉现在的很多年轻人真的是社会责任感缺乏，从朋友圈转发足以看出，比如之前的康师傅馊水油事件，还有现在的天津爆炸事件，不经过客观调查求证就随意转发一些东西，你问他为什么转，他说反正我不喜欢康师傅的产品，我也不喜欢康师傅但我不会去污蔑，天津爆炸事件网络谣言更是会引起社会恐慌。”（2015－08－19，9：19，来自新浪微博）

“玄铁饮冰”略带批判地说：“台湾人民觉得大陆人民生活在水深火热中，茶叶蛋都吃不起，‘出口’到大陆的食品，质量也比台湾还差。视频中说 56 倍，馊水油数据这么精确我反倒不信了。造谣始作俑，传谣更可恨。没调查轻听信还号召一起抵制的更可悲。康师傅起诉台湾导游的话，官司要到台湾打，人最后说，我只是在一辆小车上说影响又不大。”（2015－08－13，12：20，来自新浪微博）

（3）政府声音：地沟油有无统一标准。早在 2011 年，卫生部就向全社会广泛公开征集地沟油的检测方法。2012 年 5 月，《人民日报》报道称，卫生部已初步确定了地沟油检测的 4 个仪器法和 3 个可现场使用的快速法，正在进一步验证和完善中。在国家粮食局科学研究院承担的科技部国家社会公益项目“食用油脂质量安全保障研究”中，提出了以胆固醇作为特征指标的地沟油检测方法。

同时，整治地沟油不能完全依赖检测方法，加强对废弃油脂的利用管理也很关键。国务院办公厅印发的《2015 年食品安全重点工作安排》提出，要研究建立餐饮服务单位排放付费即餐厨废弃物收运、处理企业资质管理制度。

3. 馊水油网络舆情关注度发展趋势分析

运用百度指数对 2015 年康师傅馊水油网络舆情关注度发展趋势进行分析，如图 1－3 所示。

---

① 《“馊水油事件”升级，监管部门该怎样发力》，《检察日报》2015 年 8 月 14 日，http：//news. xinhuanet. com/legal/2015－08/14/c_ 128127314. htm。

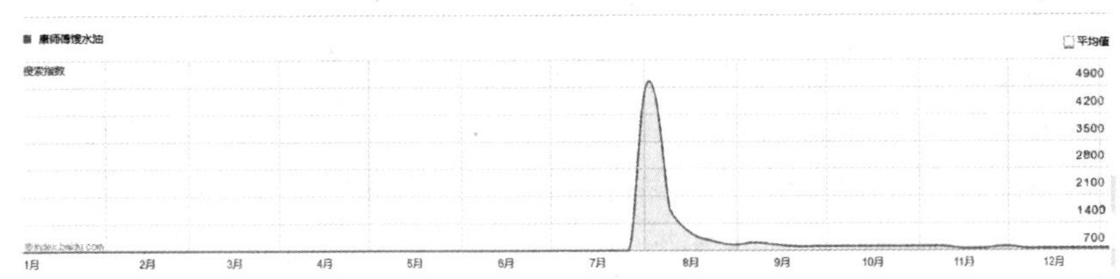

图 1-3 2015 年康师傅馊水油（俗称地沟油）事件的舆情走势

从图中可以看出，8 月 2 日“台湾导游抵制康师傅馊水油”视频传开后，8 月 3 日对康师傅馊水油事件的关注度达到顶峰，关键词“馊水油”被检索 11171 次。网民对馊水油事件的关注度的骤然上升与 8 月 2 日视频在微博上疯传有关。媒体的关注度同样出现在 8 月 3 日。

三 乳制品行业网络舆情

（一）乳制品行业网络舆情发展现状

经过近 10 年的发展，中国乳制品行业已经发展成为主导行业之一，乳制品也成为人们日常生活中不可缺少的食品之一。但是，近年来，乳制品行业安全问题频发，自“三鹿奶粉”之后，先后又曝出恒天然乳制品含肉毒杆菌，进口新西兰奶粉含有“三聚氰胺”，美素佳儿奶粉“活虫”事件，以及国内乳业巨头蒙牛被曝出含有致癌物黄曲霉素等。这些事件不仅让消费者对国内乳制品行业的信心大大降低，对整个乳制品行业的发展也造成了严重影响。2014 年，国内乳制品行业在经历了多年高速增长后首次出现负增长，2015 年全国乳制品抽检合格率达到 99.5%，乳制品整体质量状况保持稳定向好的方向发展，但 2015 年整年国内乳制品消费市场低迷，乳制品产量依然处于较低水平的增长，乳制品价格下跌，而且乳制品行业整体处于亏损的状态，说明国内消费者对乳制品行业信心不足，乳制品各个环节的质量安全监管仍要继续加强，重建消费者对国内乳制品的信任，未来乳制品行业的发展仍然任重道远。

1. 奶企多使用复原乳代替鲜牛奶[①]

随着近年国际奶价下跌，加上可以节省收购和生产环节成本，企业开始加大使用复原乳，目前市面上出售的巴氏奶也存在使用复原乳的情况，比例最高可达 30%，而液态奶的比例更高。记者走访广州市内各大超市发现，仅有为数不多的几款乳饮料和酸奶产品有复原奶标识，其余大部分乳制品的配料表中均显示“鲜牛奶”。但我国法律明确规定，巴氏杀菌乳不允许使用复原乳，而其他使用了复原乳的液体乳需要在标签上明确标示。

2. 乳酸菌饮品国标滞后、行业监管缺失门槛低[②]

近年来，不少国际、国内一线品牌纷纷致力于低温乳酸菌产品较量，随着娃哈哈、洽洽等食品企业的密集加入，常温乳酸菌产品正在成为市场热销饮品品类，越来越多中小企业也开始涉足常温乳酸菌市场。专家介绍，常温乳酸菌饮料不仅不涉及接菌种的工艺，还为了延长保质期，杀掉了菌种，其增强肠胃蠕动的特殊功能只是忽悠消费者的噱头。据乳业专家王丁棉介绍，尽管很多产品都标注为乳酸菌饮料，但保质期在 30 天且要求储存在低温环境下的属于活性乳酸菌饮品，也就是通常所说的低温乳酸菌饮料，这样的产品在制作过程中涉及复杂的接菌种工艺，不仅成本高，且一般要求每毫升活性乳中活性乳酸菌的数量不少于 100 万个。消费者只有饮用这种乳酸菌产品，乳酸菌才能在人体的大肠内迅速繁殖，从而有效抑制腐败菌和致病菌的繁殖和成活，起到保护肠胃的作用。而常温乳酸菌饮品在乳酸菌发酵后经加热杀菌，不再含有活菌，不仅工艺简单，更可延长保质期。增强肠动力、促进消化吸收的正是这些活性菌。换句话说，经过杀菌的常温乳酸菌产品是不具备乳酸菌群的。

3. 430 批次入境不合格乳品新西兰占比第一[③]

新西兰爱恩斯婴幼儿配方奶粉中文标签与实物不符、澳大利亚贝拉米有机婴儿奶粉违规添加化学物质 L－胱氨酸、德国 Aptamil 爱他美婴儿配方奶粉蛋白质含量不合格，过去一年，多批次进境乳粉存在问题。从产品

---

① 《奶企多使用复原乳代替鲜牛奶》，21 世纪网，2015－01－20，http://www.hbxmfw.com/hyzx/HTML/20150120093448.html。

② 《乳酸菌饮品国标滞后　行业监管缺失门槛低》，《中国食品报》2015 年 1 月 29 日。

③ 《430 批次入境不合格乳品　新西兰占比第一》，新华食品，2015－01－29，http://news.xinhuanet.com/food/2015－01/30/c_ 127416463.htm。

来源看，新西兰以 60 批次不合格产品名列第一，其次是中国台湾地区和意大利，以 49 批次和 48 批次分列第二、第三名。国家食品安全风险评估中心副主任严卫星对新华食品表示："国外的乳粉同样也会存在一定的质量问题，而且国外乳粉的制定标准都是依据当地人的体质，有时候并不太适合中国人的体质。"

4. 128 批次不合格进口食品被拦截①

由玛氏食品（嘉兴）有限公司进口、新西兰"FONTERRA LIMITED"（恒天然集团）制造的两批共 150 千克的脱脂乳粉，因包装不合格被销毁。珠海市澳诚贸易有限公司进口的一批新西兰学生高钙营养配方奶粉，也因标签不合格被退货。

5. 20 余万瓶回炉早餐奶流入市场②

生产日期明明是 2015 年 1 月 3 日，可经香蕉水一擦、热水一烫、拖把一洗，然后重新喷码，就变成了 2 月 6 日的"新产品"。标注着瑞安某公司生产的早餐牛奶就这样被"回炉"，然后被送到浙闽市场的早餐店里。日前，瑞安市某饮料有限公司涉嫌更改过期牛奶的生产日期，被公安机关和工商部门查处，公司 6 名主要负责人因涉嫌生产、销售伪劣产品罪被公安机关刑拘，部分产品及涂改工具被依法查封查扣。

6. 48 批次奶粉上黑榜，奶粉行业又地震了③

国家食品药品监督管理总局 5 日通报了 2014 年婴幼儿配方乳粉监督抽检情况，抽检样品 1565 批次，检出不合格样品 48 批次，涉及 23 家国内生产企业和 4 家进口经销商。其中，进口样品抽检 200 批次，检出不合格样品 4 批次，其中存在一般风险的 2 批次。记者发现，国内多家知名乳品企业 48 批次奶粉上黑榜，吉林飞鹤艾倍特乳业有限公司等 10 家企业目前处于停产整改中。不合格奶粉中，有 3 批次样品检出黄曲霉素 M1 超标。本次抽检覆盖国内全部 100 家生产企业的产品和部分进口产品，检出不合格样品 48 批次，不合格样品涉及 23 家国内生产企业和 4 家进口经销商。根据通告，国内企业样品不合格的有 44 个批次；而在进口样品抽检 200 批次，检出不合格样品 4 批次，其中存在一般风险的两批次。

---

① 《128 批次不合格进口食品被拦截》，《新京报》2015 年 3 月 24 日

② 《20 余万瓶回炉早餐奶流入市场》，《温州商报》2015 年 3 月 26 日。

③ 《48 批次奶粉上黑榜 奶粉行业又地震了》，南方网，2015-05-07，http：//news.southcn.com/china/content/2015-05/07/content_123770838.htm。

7. 第三批婴幼儿乳粉名单公布，7 家乳企入围①

中国乳制品工业协会昨日召开“第三批婴幼儿配方乳粉新品发布会”，组织 7 家企业发布婴幼儿配方乳粉新品，雀巢（中国）有限公司、光明乳业股份有限公司、大庆乳业集团、江西美庐乳业集团有限公司、哈尔滨太子乳品工业有限公司、黑龙江省龙丹乳业科技股份有限公司和上海花冠营养乳品有限公司 7 家乳企入围。其中，外资品牌雀巢的入选引发不少争议。中国乳品工业协会给出的理由是，雀巢在中国发展 30 多年，使用 90% 国产奶源，培育奶农，对中国乳业做出重要贡献。

8. 鲜奶收购价持续走低，奶农每月倒掉 10 吨牛奶②

今年以来，随着鲜奶收购价格走低，奶农收入也逐步缩减。用胡永平的话说，“合作社的日子是真心不好过”。他告诉记者，2013 年和 2014 年，鲜奶最高价格卖到每公斤 4. 2 元，但今年每公斤鲜奶的收购价格只有 3. 5 元左右。“2015 年的饲草料、兽药价格基本和前两年持平，但收购价低了，合作社一天的收入就减少了 3000 元，利润基本被压缩殆尽”。胡永平分析，致使鲜奶价格不断下降的原因是进口奶粉的价格远远低于国产奶粉成本。“3. 5 吨鲜奶可以生产 1 吨奶粉，以目前的收购价计算，国产奶粉的价格每吨超过 1 万元，但进口奶粉的价格每吨只有 2000 多元，成本差距过大。企业为了追逐利润，会大批量进口国外的奶粉再还原成牛奶，致使国内的鲜奶收购价格下降。”

9. 广东食药监局抽检“旺仔”乳酸菌上黑榜③

广东省食药监局公布对广东省生产经营的食品抽检结果，一大波不合格食品被曝光，其中包括不少知名品牌食品。据了解，本次抽检乳制品及其他含乳食品 981 批次，包括婴幼儿配方乳粉、婴幼儿配方谷粉、液体乳等，主要检验项目有总脂肪、蛋白质、黄曲霉素 M1、菌落总数、三聚氰胺等。抽检结果显示，20 批次乳制品不合格，不合格项目为甜蜜素、大肠菌群、菌落总数、蛋白质等。在不合格名单中，有不少知名品牌，其中，广州市花都区花果食品饮料厂生产的蓝伯特果肉椰子汁蛋白质不达标；中山市爱儿乐食品有限公司生产的一批次旺仔乳酸菌乳味饮品菌落总数超标；佛山市南海南宝冷冻食品有限公司生产的“粤宝”蒙娜丽莎雪

---

① 《第三批婴幼儿乳粉名单公布　7 家乳企入围》，《北京晨报》2015 年 6 月 15 日。

② 《鲜奶收购价持续走低，奶农每月倒掉 10 吨牛奶》，《人民日报》2015 年 7 月 10 日。

③ 《广东食药监局抽检“旺仔”　乳酸菌上黑榜》，《信息时报》2015 年 7 月 31 日。

糕大肠菌群不合格。

10. 广州商场检出9批次羊奶粉不合格①

近日，广州番禺和南沙的三家商场被食药监部门抽查出9批次不合格婴幼儿配方羊奶粉，其中，3批次产品不符合相关国家标准，还有6批次产品虽符合国标，但与包装标签明示数字不符。9批次皆为婴幼儿配方羊奶粉，涉及两家企业：陕西圣唐秦龙乳业有限公司，8批次；西安宏兴乳业有限公司，1批次。

11. 乳企监管应“对症下药”②

近日，国家食品药品监督管理总局公布了2016年5—6月婴幼儿配方乳粉的抽查结果，有42批次婴幼儿奶粉不合格。同时，还首次对外发布婴幼儿配方乳粉生产企业的食品安全审计问题通告，6家乳企未能通过审核。对于此次的抽检和审计，一些乳企压力大增，觉得监管“步步紧逼”有“矫枉过正”之嫌。国家食品药品监督管理总局公布的《关于对6家婴幼儿配方乳粉生产企业食品安全审计问题的通告》显示，每家企业都有五六个大问题，其中陕西优利士乳业存在维生素A、维生素E、三聚氰胺检验能力不足；河南金源乳业标示使用“某进口品牌全脂奶粉”，实为用不同品牌产品代替，且没对原辅料进行检验，工艺参数也不严格；黑龙江红星集团股份有限公司则不能满足维生素、矿物质等辅料的精确称量要求等。

12. 有机奶“名不副实”：高端光环下更多是营销概念③

新京报记者探访福成五丰有机奶基地“非有机”疑点，饲料有化学添加剂；专家称国内有机奶生产难达到高水准，有机认证有操作空间。各大乳企2015年中报陆续出炉，国内乳粉市场颓势尽显。为挽回高端客户，合生元、蒙牛、雅培等乳企纷纷发力有机奶粉市场，将有机奶视为新的“救命稻草”。然而这种“突围”却并不被业内看好，有机奶能否做到真正有机也存在诸多质疑。依照规定，有机饲养过程中不允许添加非有机认证原料，然而，《新京报》记者8月27日探访距离北京最近的有机牧场——福成五丰有机奶生产基地，发现了非有机认证的精料及限制使用的

① 《广州商场检出9批次羊奶粉不合格》，《南方都市报》2015年8月5日。

② 《乳企监管应“对症下药”》，中国经济网，2015-08-12，http：//www.ce.cn/cysc/sp/info/201508/12/t20150812_6195819.shtml。

③ 《有机奶“名不副实”：高端光环下更多是营销概念》，《新京报》2015年9月1日。

化学合成添加剂。而早在2013年，就有媒体质疑过圣牧高科有机奶的生产环境“名不副实”。乳业专家宋亮表示，国内有机认证经不起推敲，只能说是“相对有机”。而有机奶源稀缺一直是制约有机奶粉大量产出的最大掣肘，无法支撑如此多的乳企转型。在奶源与“非有机”的双重限制下，有机奶恐怕更多的是一种营销概念。

13. 专家谈奶粉药品化管理：配方和奶源仍是“软肋”①

9月2日，国家食品药品监督管理总局发布了《婴幼儿配方乳粉配方注册管理办法（试行）》（征求意见稿），其中拟规定严禁标注“进口奶源”“益智”等误导消费者的内容，还规定不得用同一配方生产不同品牌的婴幼儿配方奶粉。将于10月1日正式实施的新版《食品安全法》，将婴幼儿奶粉的配方从备案制改为注册制。中国社会科学院食品药品产业发展与监管研究中心主任张永建告诉中国青年报记者：“药品化管理是否完全适用于婴幼儿配方奶粉，尚待探讨。”他表示，药品上市需要做研发、临床试验、来源控制、标准生产、渠道放货等大量工作，尽管当前国内婴幼儿奶粉的生产模式，基本能够达到药品化管理标准，“但要喝上放心奶，仍有配方和奶源两大‘拦路虎’”。

14. 青海一乳制品厂多次出现“早产奶”处罚结果成谜②

媒体报道称，青海省食品药品监督管理局在9月24日的一次督察中，发现青海小西牛生物乳业股份有效公司（以下简称“小西牛”）的生产车间里的产品标注日期竟有当月26日的，进一步检查中，发现部分奶制品的生产日期被提前了2—6天不等。检查人员质问工作人员“还没到26日，‘早产奶’都生产出来了”，但一旁的工作人员没有任何回应。随后该批产品被封存。针对9月30日媒体报道的青海一奶制品厂发现“早产奶”的情况，中新网记者20日了解到，相关部门已认定查处的奶制品为“早产奶”，并给予了相应处罚。据了解，该企业此前因数次“早产奶”事件而被查处。但记者联系督察此案的青海省相关部门了解处罚的具体情况时却发现，处罚结果至今都是一个谜。

---

① 《专家谈奶粉药品化管理：配方和奶源仍是“软肋”》，《中国青年报》2015年9月15日。

② 《青海一乳制品厂多次出现“早产奶”　处罚结果成谜》，中国新闻网，2015-10-20，http：//news. sohu. com/20151020/n423724790. shtml。

15. 德国进口牛奶东家在上海网友：德国当地未见有售①

一款叫作“德亚”的德国进口牛奶在“双11”让利的“一元购”活动刚刚让“剁手族”们整箱整箱抢购回家，另一边就有网友爆料：这个牌子在德国亚马逊网站和德国超市都买不到！“八卦”一传开，刚买完牛奶的网友都紧张了：难道又是“假洋鬼子”式的产品吗？记者发现，在国家工商行政管理总局商标局网站可以查到，“weidendorf”的申请人名称为品利（上海）食品有限公司。上海市工商局网站显示，品利公司是一家成立于2009年、注册资本为1000万元的国内合资公司，法定代表人也是中文名字。从消费者上传的照片中可看到，在“德亚”牛奶的包装上，原产地写着德国，未标注具体厂家，但有德国工厂编号DENW 402 EG。专业人士介绍，DE代表德国，NW代表德国北莱茵—威斯特法伦州，402为该厂编号。这个编号对应的注册信息是德国有名的好沃德食品有限公司，但是，该公司官网的“品牌和产品”栏目中并没有“wei - dendorf”系列。德国联邦专利商标局的网站查询显示，“weiden - dorf”确有注册，但商标所有人也是品利（上海）食品有限公司。

16. 12批次婴幼儿辅食不合格，瑞贝聪等上黑榜②

2015年7—9月，国家食品药品监督管理总局对婴幼儿辅助食品开展了国家专项监督抽检，共抽检40家生产企业的81批次样品，检出不合格样品12批次。其中，不符合食品安全国家标准，存在食品安全风险的样品10批次；不符合产品包装标签明示值，但不存在食品安全风险的样品两批次。其中，不符合食品安全国家标准的国产婴幼儿配方乳粉4批次，涉及3家企业，分别为：陕西红旗乳业科技有限公司生产的贝格塔尼金装婴儿配方羊乳粉（1段）、贝格塔尼金装较大婴儿配方羊乳粉（2段）两个批次，分别检出菌落总数、硒不符合食品安全国家标准；陕西红星乳业有限公司生产的养悦婴儿配方羊奶粉（1段）1个批次，检出蛋白质不符合食品安全国家标准；河南金元乳业有限公司生产的优伯来金装幼儿配方奶粉（3段）1个批次，检出维生素C不符合食品安全国家标准。

① 《德国进口牛奶东家在上海网友：德国当地未见有售》，《新闻晨报》2015年11月19日。

② 《12批次婴幼儿辅食不合格，瑞贝聪等上黑榜》，食药监局网站，2015 - 11 - 30，http：//baby. sina. com. cn/news/2015 - 11 - 30/1026/102671285. shtml。

（二）乳制品行业典型网络舆情分析——辉山乳业高钙奶硫氰酸钠超标事件

1. 事件概述

2015 年 9 月 18 日，河北省食品药品监督管理局针对 2015 年 7 月 10 日出产的辉山高钙牛奶（240ml）利乐枕装产品（保质期 45 天，即 8 月 25 日到期）采取下架停售的通知，原因是河北食药局抽检出该批次产品“硫氰酸钠超标”。

9 月 24 日，河北省食品药品监督管理局官网发布公告称，河北省秦皇岛市食品和市场监管局在辽宁辉山乳业集团生产的高钙牛奶检出硫氰酸钠，数值高达 15.2mg/kg（最高限定值≤10.0mg/kg）。公告同时指出："原料乳或奶粉中掺入硫氰酸钠可有效抑菌。硫氰酸钠是毒害品，少量食入就会对人体造成极大伤害，国家禁止在牛奶中人为添加硫氰酸钠。河北省食品药品监督管理局已对市场销售的辉山高钙奶采取了停止销售措施，同时对在河北省销售的 7 种辉山产品进行了应急抽检并展开调查。"①

9 月 25 日，辉山乳业发声明称，“辉山高钙奶被离奇下架：产品绝无添加硫氰酸钠”，其表示：“2015 年 9 月 18 日，我公司辗转得到河北省食品药品监督管理局发放的针对我司 2015 年 7 月 10 日出产的辉山高钙牛奶（240ml）利乐枕装产品（保质期 45 天，即 8 月 25 日到期）采取下架停售的通知，才获知河北食药局抽检产品硫氰酸钠超标，我公司感到非常震惊。”辉山乳业还拿出了第三方检测机构对近期产品的检测报告，以证清白。辉山乳业称，该批次产品系锦州工厂生产，所用原料奶来自锦州地区，入场快速检测硫氰酸钠的结果为：阴性、合格，辅料（主要是碳酸钙、维生素 D3）无带入可能。硫氰酸钠在牛乳中天然存在一定的本底值，该物质属于国家食品安全风险监测项目，目前国家没有明确规定标准限值，“不超过 10mg/kg”只是参考值而非最高限量值。该公司原料奶在 2015 年 6 月的外送检测结果中显示均在 0.7—2.74mg/kg，属于正常范围内。② 同时，辉山乳业还称：“本着对消费者负责的态度，辉山乳业已将保质期内生产的利乐枕高钙产品送往第三方检测机构——北京谱尼测试科技股份有限公司（国内，国家级监测机构，获得国际 CMS 认可的检测机

---

① 河北省食品药品监督管理局官网。

② 《辉山高钙奶合不合格？河北辽宁两地检测结果打架》，澎湃新闻网，2015 - 09 - 25，http：//news. ifeng. com/a/20150928/44752948_ 0. shtml。

构）；沈阳食品检验所，第三方机构进行检验，产品全部合格。”辉山乳业也通过媒体向社会郑重承诺：作为国内最早通过全产业链模式保障乳品安全的企业，辉山所有乳品生产100%采用自有奶源，从源头解决乳制品安全及新鲜的核心问题，绝无添加硫氰酸钠。辉山乳业同时表示，欢迎消费者和媒体对辉山乳业的产品进行监督，但对于恶意散播谣言传递恐慌的行为，将保留采取一切法律措施的权利。①

9月27日，当地的辽宁食药监局对外表示正在对辉山产品进行检查，如今检查结果即为上述的“合格”。一名地方乳业协会的负责人向澎湃新闻记者介绍说，硫氰酸钠确实在牛乳中天然存在，但含量非常低。现在出现两地食品药品监督管理局检测结果不一的情况，不排除一方出现误判：“具体检测人员的业务能力不一样，抽查环境也可能会影响检测结果。”该名人士还提出了一个质疑，即河北省食药监局为何未在检测结果出来后的第一时间通知企业，“按道理，应该给予企业复核的机会”。②

9月28日，辉山乳业在北京召开媒体沟通会，在会上向媒体公布了9月28日国家食品质量安全监督检验中心的检测结果，结果显示：辉山产品全部合格。“我们坚信辉山产品的品质，辉山集团绝对不会也毫无必要添加硫氰酸钠。”在媒体沟通会上，辉山乳业高级副总裁徐广义表示，对于河北省食品药品监督管理局的检测结果，辉山乳业无法认可。徐广义认为，河北省食品药品监督管理局委托秦皇岛出入境检验检疫局检验检疫技术中心进行了此次检测工作。但是，中国合格评定国家认可委员会（CNAS）实验室认可信息显示，秦皇岛出入境检验检疫局检验检疫技术中心虽然具备检测资质，但其检测范围并不包含硫氰酸钠检测项目，其所出具的报告不具有专业性和权威性。徐广义表示，在检测结果出现异常时，河北省食品药品监督管理局甚至未能按规定通知企业、向企业进行质询，并给企业预留申诉和复检的时间，导致辉山乳业对于出现的异常结果无法申请复检。“辉山无法认同河北省食品药品监督管理局的草率做法，我们会向国家食品药品监督管理总局积极沟通、申诉，查明事实真相，给

---

① 《辉山高钙奶被离奇下架辉山乳业回应：绝无添加硫氰酸钠》，东北新闻网，2015-09-25，http：//liaoning. nen. com. cn/system/2015/09/25/018480354. shtml。

② 《辉山高钙奶合不合格？河北辽宁两地检测结果打架》，澎湃新闻网，2015-09-25，http：//news. ifeng. com/a/20150928/44752948_ 0. shtml。

关心中国乳业发展、关心辉山的朋友们一个真实的答案。”①

9 月 29 日深夜，国家食品药品监督管理总局在地方动态栏目通报了该事件进展。河北省食品药品监督管理局在发布的《关于乳制品中硫氰酸钠风险监测情况的说明》称，除了头批检测的液态乳产品硫氰酸钠指标过高，辉山乳业随后被检测的 7 个批次产品均符合标准，决定撤销前次的安全警示信息。

9 月 30 日，国家食品药品监督管理总局发布的《关于乳制品中硫氰酸钠风险监测情况的通报》称：2015 年以来，总局共监测 4048 个批次乳制品样品，硫氰酸钠检测值均未超过参考值，其中包括标称辽宁辉山乳业集团有限公司生产的样品 85 个。

9 月 30 日，不同于食品药品监督管理局通告内容的轻描淡写，中国乳制品工业协会发表了一则措辞严厉、态度鲜明的声明。中国乳制品工业协会发出声明称，河北省食品药品监督管理监局违规执法，结果判定错误，误导消费者。“我们认为，河北省食品药品监督管理局未组织专家进行风险评价，也未进行核实处置，草率发布检验结果，进行执法查处，违反了食品安全风险监测的相关规定。河北省食品药品监督管理局存在执法过程不符合相关法律法规的规定，检验报告不具有法律效力，不能作为执法依据，检验机构不具备检验硫氰酸钠的资质，出具的检验结果不符合规定程序等一系列问题。”②

“这件事绝不仅是辉山一家企业的事，影响的是整个乳品行业。众所周知，受三聚氰胺影响的中国乳业，至今都没有走出灾难的阴影，不能再遭受这样的无端打击和伤害。我们强烈要求，河北省食品药品监督管理监局收回发布的结果，公开道歉，为辉山恢复名誉，为整个乳业恢复名誉，并请专家从科学的层面澄清由此所造成的负面影响。”

2. 各界评论

（1）专家声音。上海奶业协会副秘书长曹明表示，中国乳业因为此前的一系列质量安全事件已经非常脆弱，而这类负面消息不仅会给企业带来恶劣影响，也直接影响行业声誉。“弄到最后，消费者也搞不清楚谁是

---

① 《辉山乳业召开媒体沟通会　称国家权威检测机构检测合格》，东北新闻网，2015－09－29，http：//society. people. com. cn/n/2015/0929/c1008－27646116. html。

② 《辉山乳业毒奶事件为乌龙　乳协要河北药监局道歉》，《北京晨报》2015 年 10 月 12 日。

谁非，‘那我不吃，行吗?’”他认为，作为政府，“不作为”是不可取的，但必须规范、依法作为。河北食药监局未及时通知企业、向企业进行质询，并没给企业预留申诉和复检的时间，这是有问题的。此外，河北食品药品监督管理局没有公布具体超限产品批次，也不符合规定。①

扬州大学食品科学与工程学院教授顾瑞霞表示，硫氰酸钠在牛乳中天然存在一定的本底值，并随着季节和饲喂饲料的变化有所波动。

天津社会科学院社会学研究所所长张宝义认为，虽然两个省级监管部门目前认为产品合格，但对消费信心是一次打击，消费者的心理是“宁信其有不信其无”。他认为，从检测程序到信息发布各个环节，如果出现漏洞，不按程序操作，或者之前发布了不准确信息，是否应该追责。在市场监管领域，尤其是对于食品安全监管责任部门来说，如何时刻保持警惕，做到规范科学、滴水不漏、实事求是，值得思考。

农业部管理干部学院乳业专家陈瑜表示，“尽管事件原因还不能最后确定，但是个人理解，这种高钙奶的包装是一种无菌包，不需要添加这种添加剂，应该是原奶中自身含有的，至于这个量会不会威胁人体健康，还要等待进一步论证。”②

奶业专家宋亮认为，河北省相关监管部门存在一定问题，按常规应及时上报国家食品药品监督管理总局并通知企业，还应对辉山问题产品进行反复检测，对检测流程、样本批次、检测方法等予以说明，但事实并非如此。而且这种企业和检测机构的对掐，以及监管部门对待食品安全问题极不严肃的态度，暴露出了国内乳业监管方面的漏洞。说明我国乳制品行业在监管方面和检测方面仍然存在很大不同，这需要统一。相关产品的检测和监管流程应该进一步严格，就不会存在今天的问题。还有一个地方保护的问题，国家相关法律法规没有严格执行到位，新《食品安全法》出台，企业出问题以后，地方的相关检测部门要起到连带作用。③

乳业专家王丁棉表示，按照相关规定，执法部门抽检出问题商品后，

---

① 《辉山乳业毒奶事件续：河北官方撤销安全警示》，澎湃新闻，2015－09－30，http：//news. qq. com/a/20150930/024078. htm。

② 《辉山乳业疑云：各地检测结果不同消费者该相信谁》，新华网，2015－09－30，http：//finance. sina. com. cn/chanjing/gsnews/20150930/235723393960. shtml。

③ 《辉山乳业发布最新回应“涉毒”罗生门到底伤了谁?》，中国广播网，2015－09－28，http：//money. 163. com/15/0928/23/B4KSHUAH00254TI5. html。

应当及时通知企业，企业有权利提出异议并申请复检。但是，此次河北方面抽检的产品已于 8 月 25 日过期，而辉山直到 9 月 18 日才知晓此事，无法提供同批次产品进行复检，事件过程有很多疑问。“另外，从辉山乳业的声明看，也有很多让外界疑惑的地方，辉山乳业对河北省食品药品监督管理局的程序质疑有一定道理，但质疑秦皇岛相关检验中心的权威性并无道理可言。”①

（2）网民评论。

@实验室：个人感觉，程序上确实值得讨论，在没有使用明确国家仲裁检测方法时候，就一次判定不合格，这个做法确实挺不合适的。每个检测方法误差、灵敏度、检出限都不一样，直接下结论值得商讨。如果资质认定没有授权实验室能够使用该方法，CNAS 也没有授权的话，检测结果是不能被认可的，河北省食品药品监督管理局按理应送有资质实验室复检。另外，10 毫克/千克作为风险评估限量值，直接用于市场是否合适也需要讨论。

@房价八潘：既然河北省食品药品监督管理局检测出有问题，应立刻告知生产企业，并找双方认可的第三方检测机构对同一批次的产品立刻进行复检，这才是最正确的做法，但是，河北省食品药品监督管理局没有这么做，值得怀疑。我们不能放过任何有问题的产品，但也绝不能冤枉任何没有问题的产品。

@碧水蓝天：这说明中国对食品安全的监管是到位的，是尽职的，早发现早杜绝后患，不像以前三鹿奶粉那样出了许多事情及投诉才去发现才去监管，所以作为与不作为就是这种表现，食品安全关乎人民身体健康，监管到位且每日一抽检每周一定时检每月一普遍检，这样的食品才让人吃得放心、吃得安心、吃得舒心。

@微言语：第三方委托机构非常乱！甚至存在某些利益输送关系。在全国都有这种情况。

@路人甲：也许辉山侵害了当地乳业，所以官方出来地方保护了。

@Homer：多奇怪，外国奶一入天朝就势头猛劲，各种哄抢。辉山一个哺育几代人的本土老品牌刚走出辽宁就被查出问题。这就是国内的企业

① 《辉山高钙奶涉“毒”公司喊冤　声明自证清白仍有疑问》，中国经济网，2015－09－30，http：//finance. ifeng. com/a/20150928/13997132_ 0. shtml。

竞争环境，嘴上号召多几个民族品牌，行动上却扼杀。告诫自己身为旁观者该客观理智，不想当水军的虾兵蟹将。但跟掩盖三鹿多年的地界比较，我更愿意相信从小喝到大的辉山，等待……

3. 辉山乳业高钙奶硫氰酸钠超标事件关注度发展趋势分析

在百度指数中通过搜素关键词“辉山乳业”，得到辉山乳业 2015 年网民和媒体关注度的发展趋势如图 1－4 所示，从图中可以看出，公众对辉山乳业的关注度在 9 月中旬以前都属于平稳状态，随着辉山牛奶高钙奶硫氰酸钠超标事件的曝出，热度瞬间达到顶点，随着时间的推进和事件的发展，公众对此事件的关注度逐渐降低，虽然事件最终也算得到了妥善的处理，但硫氰酸钠超标事件给公众心理以及对本身就面临着“信任危机”的乳制品行业来说所造成的影响却是无法挽回的。

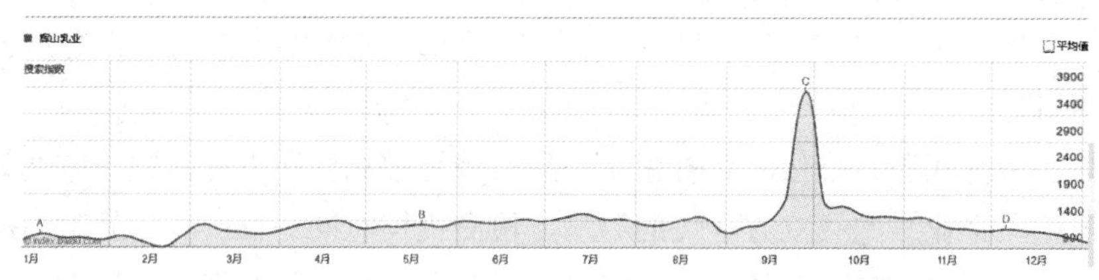

图 1－4　2015 年辉山乳业高钙奶硫氰酸钠超标事件的舆情走势

四　白酒与饮料行业网络舆情

（一）白酒行业网络舆情

1. 白酒行业网络舆情的发展现状

盘点 2015 年，我国白酒行业发生的食品安全舆情事件如下：

（1）“金箔入酒”事件。2015 年 1 月 14 日，国家卫计委网站刊登了《国家卫生计生委办公厅关于征求拟批准金箔为食品添加剂新品种意见的函》称，经审核，拟批准金箔为食品添加剂新品种，并对金箔加入白酒的用量、理化指标做出了明确规定。

该意见函一经发布，立刻引起人们对金箔在白酒中添加的必要性进行讨论。笔者在 2015 年 2 月 6 日《人民日报》20 版“新知”板块撰文《金箔酒，你敢喝吗?》，对金箔入酒的安全性和必要性进行了探讨，认为其“作为纯粮固态发酵的白酒，添加金箔对其品质没有任何改善，也没有什么作用，唯一的作用就是酒中如天女散花般的金箔可以成为身份和财富的象征，变得高大上，满足消费者视觉感受和脆弱的虚荣心。”①

（2）河北邢台特大假冒伪劣白酒案。2015年年初，邢台市食品药品监管局接到公安机关通报，称邢台市豫西市场的商户冉某涉嫌购进假冒名牌白酒在市场上销售。经鉴定，冉某从河南省濮阳市某商贸有限公司等地购进的大量名牌白酒均为假冒产品。邢台市食品安全办立即调集邢台市食品药品监管局执法人员与公安干警组成联合专案组展开侦破，并商请河南、山东、四川等地食品药品监管部门协查。

经过近8个月的缜密侦查，邢台市食品药品监管局与邢台市公安局联合对制售假酒犯罪链条各环节人员进行了抓捕。专案组在邢台将犯罪嫌疑人冉某抓获，在其经营的门市、库房查获假冒名牌白酒共2500余件；在山东冠县，一举端掉郑某的制假窝点，查获假冒各种名牌酒6000余件，查封了一条灌装假酒的生产线以及大量制假设备；在河南省濮阳市对某商贸有限公司进行全面摸排，查获公司负责人崔某委托包材公司定制的大量相关品牌的酒盒、酒箱等包材；在成都市，查清邓某批发假冒名酒违法事实，并实施抓捕。该案共抓获犯罪嫌疑人11名，捣毁窝点7处，查获假冒白酒制品共计7.2万余件（约45万瓶）；查处包材公司2家，查获假酒包装盒30万个、外包装箱4万余个，涉案金额3000余万元。

据介绍，此案系公安部督办案件，也是国家食品药品监督管理总局公布的2015年食品安全十大典型案例之一。②

（3）甜蜜素事件。白酒业尚未走出塑化剂风波，2015年2月，一份国家食品药品监督管理总局日前公布的抽检不合格名单又使得“甜蜜素”成为这个行业的危机关键词。这份名单显示，近300款白酒产品出现各种质量问题，其中茅台旗下子公司品牌和皇台酒业等诸多酒企产品曝出的不合格项目一致地栽在了添加剂甜蜜素上。行业内人士表示，白酒业“重营销、轻产品”的生存理念下，技术标准空白是该行业陷入当前添加剂

① 《金箔酒，你敢喝吗?（新知）》，人民网，2015-02-06，http://society.people.com.cn/n/2015/0206/c1008-26516984.html。

② 《我市破获一起特大制售假酒案》，《邢台日报》2016年3月16日。

危机的重要原因。①

（4）国家食品药品监督管理总局：白酒不合格率达 9.26%。2015 年 4 月 1 日，国家食品药品监督管理总局近日抽检结果显示，本次抽检的 3000 批次白酒样品中检出不合格样品 278 批次，不合格率达 9.26%。广州日报记者观察发现，茅台、皇台、中粮等知名品牌均因被检出甜蜜素而登上黑名单，而贵州仁怀市茅台镇诸多中小酒企更是问题多多。知情人士透露，不少小酒企业为提升知名度而傍上名牌，实际上质量与真正的名牌酒存在较大差距，因此，在购买名牌白酒时，最好选择正规渠道，并认准厂家和产地，以免买到“傍名牌酒”。②

（5）京都二锅头涉嫌虚假宣传。2015 年 5 月 20 日，食品科技网讯，日前，有消费者举报，京都二锅头称自己为“北京三大二锅头”，并被认定为中国驰名商标，这涉嫌发布虚假广告、欺骗消费者。目前，北京市工商局已正式受理了该实名举报，处理结果届时会在北京市工商局官方网站上公示。③

（6）保健酒添加伟哥事件。国家食品药品监督管理总局曾在 7 月 31 日通报，在执法检查中发现，部分保健酒、配制酒生产企业存在违法添加行为，初步查明共有 50 多家企业涉嫌在 69 种保健酒、配制酒中违法添加了西地那非、他达拉非、硫代艾地那非等化学物质。上述企业中，已有 19 家企业被移送公安机关进行刑事犯罪侦查。

通告并要求各地食品药品监管部门要立即组织开展保健酒、配制酒生产经营专项监督检查，发现违法添加西地那非等化学物质的，要依法严厉查处；要加快正在办理案件的调查取证，彻底查清违法产品生产源头和违法添加化学物质来源，涉嫌犯罪的，及时移送公安机关追究刑事责任。④

（7）白酒违法添加甜味剂。2015 年 9 月 8 日，据凤凰网报道，近日，安徽省食品药品监督管理局公布 2015 年第 13 期食品安全监督抽检信息，

① 《甜蜜素白酒业的新塑化剂危机？》，中国经济网，2015－02－09，http：//www.xtrb.cn/epaper/xtrb/html/2016－03/16/content_682795.htm。

② 《国家食品药品监督管理总局抽检结果显示：白酒不合格率达 9.26%》，中国经济网，2015－02－12，http：//www.ce.cn/cysc/sp/info/201502/12/t20150212_4572405.shtml。

③ 《皇家京都二锅头涉嫌虚假宣传被工商立案》，人民网，2015－06－28，http：//finance.people.com.cn/n/2015/0628/c1004－27219359.html。

④ 《国家食品药品监督管理总局：广西 4 种保健酒违法添加“伟哥”》，中国新闻网，2015－08－02，http：//finance.chinanews.com/cj/2015/08－02/7442538.shtml。

共对 107 批次食品进行监督抽检。其中，3 批次酒类产品不合格，均因为违法添加甜味剂。其中，3 批次不合格的酒类产品，分别是：霍邱县领仙饮品有限公司生产的悦澳橙味伏特加鸡尾酒，被检出乙酰磺胺酸钾（安赛蜜）；淮北市淮海酒业有限公司生产的口丰窖酒（纸盒包装）和口丰窖酒（透明盒包装），均检出环己基氨基磺酸钠（甜蜜素）。[①]

（8）白酒掺敌敌畏谣言成真。2015 年 10 月 27 日，据报道，近日，陕西汉中市镇巴县一家酒厂老板范某在自产白酒中添加敌敌畏，被当地法院判处有期徒刑 6 个月，并处罚金一万元。陕西的判决再次证实确实有不法生产商在白酒中添加这种高毒农药。研究资料显示，敌敌畏对人体有剧烈毒性，0.5—5 克即可致人死亡。

白酒专家邹江鹏建议选购白酒时，要通过正规渠道购买正规厂家生产的产品。“最好挑选带有‘纯粮固态发酵’认证标注的白酒，获得该认证的酒都是不允许外加任何添加物的。”同时，在选购白酒时，要详细查看包装上的生产信息是否完整，并了解配料表中的添加剂内容，“尽量不要购买太多添加剂的产品”。[②]

（9）氰化物超标白酒成“毒酒”。2015 年 11 月 5 日，据中国新闻网讯，2015 年 8—9 月，省食品药品监督管理局在食品生产环节对蔬菜制品、水果制品、水产制品、饮料、调味品、食糖、酒类、食品添加剂等 10 大类 2273 批次的食品进行了监督抽检。

标称苍山县庄户坊酒业有限公司生产的老庄户酒中竟然检出氰化物（以 HCN 计）超标。如此剧毒的物质是如何进入白酒的？业内人士介绍，这与白酒的酿造工艺有关，但更多的是生产者的“精打细算”“偷工减料”所致。白酒中的氰化物通常来自原料，如用木薯、野生植物根茎直接酿酒，在酿酒过程中会产生氢氰酸，导致氰化物含量超标；或是一些勾兑的低档酒，使用了氰化物含量超标的木薯食用酒精造成的。[③]

（10）假冒白酒。

---

① 《安徽检出 3 批次白酒违法添加甜味剂》，凤凰网，2015－09－08，http：//jiu.ifeng.com/a/20150908/41470705_0.shtml。

② 《白酒掺敌敌畏谣言成真冒牌茅台酒疑似检出》，新华网，2015－10－27，http：//www.bj.xinhuanet.com/fw/2015－10/27/c_1116950124.htm。

③ 《山东抽检出不合格酒　氰化物超标白酒成“毒酒”》，中国新闻网，2015－11－05，http：//finance.chinanews.com/cj/2015/11－05/7607948.shtml。

①假冒“金门”高粱酒销售劣质白酒。2015 年 3 月 18 日，新华网讯，福建省高级法院 18 日召开新闻发布会，通报消费者权益保护典型案例，厦门一犯罪分子设立窝点，生产销售假冒台湾“金门”高粱酒商标的劣质白酒，金额达 97 万余元。[①]

②假冒白酒，高端“剑南春”瓶装的是低端白酒。2015 年 4 月 22 日，食品科技网讯，近日，四川绵竹剑南春酒厂向任城区工商局举报，有商店在售假冒“剑南春”白酒。任城区工商局执法人员摸排周边多条街巷，果真在两家商店内，发现 5 瓶假冒侵权的“剑南春”白酒，现场进行扣押。[②]

③海口查获假冒牛栏山白酒 7.5 吨。2015 年 5 月 5 日，据新浪网，4 日晚，海口市食品药品监督管理局在美兰区灵山镇一出租商铺内，一举打掉一制造假冒牛栏山陈酿白酒的窝点。现场缴获使用酒精兑水并添加食品添加剂的假冒白酒约 7.5 吨，已包装好的假冒白酒 556 箱。[③]

④汉中市略阳查获案值近 10 万元假冒高档白酒。2015 年 6 月 10 日，据食品科技网报道，近日，略阳县食品药品监督管理局在严厉打击食品药品违法犯罪“飓风行动”中，查获一批假冒茅台、五粮液、泸州老窖、剑南春等高档白酒，共计 307 瓶，市场估值近 10 万元，有力地震慑了食品药品领域违法犯罪行为。[④]

⑤工商查获 7 万元假冒高档白酒，涉茅台、五粮液等。2015 年 9 月 16 日，中秋和国庆假期的临近，让白酒消费进入高峰期，假冒白酒悄然进入市场。昨日，丰台工商分局联合区公安局经侦大队对丰台科技园区内的一家烟酒商店进行了突击检查，现场查获假冒茅台、洋河、五粮液、剑南春、泸州老窖 5 个品牌的高档白酒 53 瓶货值 7 万余元。[⑤]

⑥汶上近 6000 箱假冒白酒被查，7 处窝点被捣毁。2015 年 11 月 19

① 《假冒台湾“金门”高粱酒品牌销售劣质白酒 厦门一被告人被判刑》，新华网，2015－03－18，http：//news. xinhuanet. com/2015－03/18/c_ 1114683707. htm。

② 《济宁市任城区查扣假冒白酒高端“剑南春” 瓶装的是低端白酒》，食品科技网，2015－04－22，http：//www. tech－food. com/news/detail/n1198627. htm。

③ 《海口查获假冒牛栏山陈酿白酒近 11 吨用添加剂兑成》，新浪网，2015－05－05，http：//hainan. sina. com. cn/news/hnyw/2015－05－05/detail－ichmifpz1043919. shtml。

④ 《汉中市略阳查获案值近 10 万元假冒高档白酒》，食品科技网，2015－06－10，http：//www. tech－food. com/news/detail/n1212798. htm。

⑤ 《两节临近丰台工商查获 7 万元假冒高档白酒》，人民网，2015－09－16，http：//shipin. people. com. cn/n/2015/0916/c85914－27590194. html。

日讯，近日，汶上县公安局在市局食药环侦支队、技侦支队的大力支持下，通过深度经营破获一起假冒注册商标案件，一举打掉制售假冒知名品牌白酒的窝点 7 处。①

2. 白酒行业典型网络舆情分析——甜蜜素风波

（1）事件概述。2015 年 2 月，一份国家食品药品监督管理总局日前公布的抽检不合格名单又使“甜蜜素”成为这个行业的危机关键词。这份名单显示，近 300 款白酒产品出现各种质量问题，其中茅台旗下子公司品牌和皇台酒业等诸多酒企产品曝出的不合格项目一致地栽在了添加剂甜蜜素上。②

2015 年 4 月 27 日讯，接到消费者投诉，浏阳市工商局立即对该酒坊的散装谷酒进行了抽样，送至专门机构进行检测。经过十几个工作日的检验，检测结果显示这批谷酒含有每千克 270 毫克的甜蜜素，而按照现行的白酒标准是不允许添加甜蜜素的。按照我国《食品添加剂使用卫生标准》，散装白酒含“甜蜜素”被收缴。③

2015 年 9 月 2 日，据国家食品药品监督管理总局通告，安徽省食品药品监督管理局公布 2015 年第 13 期食品安全监督抽检信息，共对 107 批次食品进行监督抽检。其中，3 批次酒类产品不合格，均因为违法添加甜味剂。④

2015 年 11 月 2 日，黑龙江省食品药品监督管理局在其官网公布 2015 年第 16 期食品安全（中央转移地方）监督抽检情况。本期公布 117 批次监督抽检结果，涉及粮食及粮食制品、食用油及其制品和酒类三大类食品，不合格两批次，两批次白酒甜蜜素超标。⑤

2015 年 11 月 8 日，据齐鲁网报道，记者从山东省食品药品监督管理

① 《汶上警方破获制造假酒大案　查获假冒白酒近 6000 箱》，齐鲁网，2015 - 11 - 19，http：//jining. iqilu. com/jnminsheng/2015/1119/2608610. shtml。

② 《甜蜜素让谁品尝到了“甜头”?》，光明网，2015 - 02 - 16，http：//difang. gmw. cn/newspaper/2015 - 02/16/content_ 104620678. htm。

③ 《散装白酒含“甜蜜素”被收缴》，潇湘晨报网，2015 - 04 - 27，http：//www. xxcb. cn/event/changsha/2015 - 04 - 27/8982227. html。

④ 《安徽省食品药品监督管理局关于公布 2015 年第 13 期食品安全监督抽检信息的通告》，国家食品药品监督管理总局，2015 - 09 - 02，http：//www. sda. gov. cn/directory/web/WS01/CL1688/129445. html。

⑤ 《黑龙江省食品药品监督管理局关于 2015 年第 16 期食品安全（中央转移地方）监督抽检情况的公告》，食品伙伴网，2015 - 11 - 02，http：//news. foodmate. net/2015/11/336182. html。

局获悉，省食品药品监督管理局近期对食品安全进行监督抽检，东营绿洲醇浓香型白酒2批次不合格，生产日期分别为2014年11月20日和2015年4月20日。均为抽检出添加了甜蜜素（以环己基氨基磺酸计）①

2015年10—12月，国家食品药品监督管理总局组织抽检白酒943批次样品。近日公布抽检结果，抽检检验项目合格样品901批次，不合格样品42批次。其中，涉及安全指标氰化物不合格5批次，占0.53%；食品添加剂（甜味剂）不合格10批次，占1.06%；不涉及安全的品质指标（酒精度、固形物）不合格28批次，占2.97%。辽宁省两家酒厂生产的3批次白酒被检出甜蜜素。②

（2）各界评论。

①媒体声音。根据中国食品饮料网记者了解，甜蜜素是一种食品添加剂，少量食用不会对人体造成影响，现代被广泛用于清凉饮料、果汁、冰激凌、糕点、果脯蜜饯等食品当中。如果经常食用甜蜜素超标的食品，或会危害人体的肝脏及神经系统，一些国家已全面禁止在食品中添加和使用甜蜜素。白酒企业在白酒中加入甜蜜素等甜味剂原因，可能是为降低成本，同时增加产品的口感。白酒喝上去回味绵甜是受到消费者喜爱的卖点，因此，为了既缩短时间，又富有口感，酒企会添加甜蜜素，以弥补时间不足对口感的影响。③

②专家声音

1. 甜蜜素是什么？

国家食品安全风险评估中心标准三部副主任、副研究员张俭波表示，甜蜜素是环己基氨基磺酸钠或钙盐的商品名，属于食品添加剂中的甜味剂，其甜度是蔗糖的30—80倍，甜味纯正、自然，不带异味，且性质稳定。联合国粮农组织/世界卫生组织（FAO/WHO）于1994年批准其作为食品添加剂使用。甜蜜素广泛应用于食品加工制造中。按照我国食品安全国家标准《食品添加剂使用标准》（GB 2760—2011），该食品添加剂可以

---

① 《东营绿洲醇2批次白酒上“黑榜” 抽检出含甜蜜素》，齐鲁网，2015-11-08，http://dongying.iqilu.com/dyminsheng/2015/1108/2596731.shtml。

② 《辽宁3批次白酒被检出甜蜜素》，新浪网，2016-03-20，http://ln.sina.com.cn/news/b/2016-03-20/detail-ifxqnskh1003922.shtml?from=ln_ydph。

③ 《这种甜头尝不得茅台、黄台等白酒惹甜蜜素之祸》，中国食品饮料网，2015-02-24，http://news.40777.cn/htmlnews/1910/1910194.htm。

用于配制酒，最大使用量为 0. 65 克/千克（以环己基氨基磺酸计）。[①]

2. 甜蜜素对身体是否有伤害?

有关专家表示，甜蜜素少量食用对人没有危害，添加到食品中主要是为了刺激食欲，但是，摄入过多会对人体产生不良影响，对机体造成负担，会对人体的肝脏和神经系统造成危害，长期食用甚至会有致癌、致畸、损害肾功能等副作用，而且一些国家已全面禁止在食品中添加使用甜蜜素。[②]

3. 白酒添加甜蜜素的原因是什么?

观点 1：中国酒业协会副秘书长宋书玉也表示，对生产加工企业来说，它与糖精有协同作用，且价格偏低，其本身对人体基本没有营养价值，有些企业添加甜蜜素，一是为了降低生产成本，二是提升酒的口感，但也不排除是其他原辅料使用不当带入。

观点 2：知名酒业专家肖竹青表示，从国家食品药品监督管理总局公布的抽检不合格名单来看，不合格的企业基本都是小企业或者是“傍名牌”的酒品牌。“大型白酒企业都有完整的质量控制体系，而甜蜜素属于国家明令禁止添加的，大型酒企不会为了‘小利’而伤害自己的品牌。”[③]

观点 3：业内人士普遍认为，甜蜜素添加争议的背后，实则是白酒业自有技术标准缺失的尴尬。白酒行业分析师蔡学飞介绍，目前国内还没有针对白酒业的统一技术标准。“很多指标都还是依从食品行业统一标准，然而，白酒业的特殊性在于生产方式较为原始，现代化水平低，这就导致在例如物质指标等把控上存在不确定性，也酿成了最终执行差的后果。”

蔡学飞说，严格意义上讲，国内白酒业并非完全没标准，“部分区域有，但区域间差异很大，且并非强制。尤其白酒企业往往在当地经济中扮演重要角色，也造成了标准的执行、监管不强”。[④]

4. 甜蜜素添加进白酒，白酒是否还可以放心饮用?

白酒主要是以粮谷（高粱、小麦等）为原料生产的固态法白酒，即以香型白酒为代表的粮食酿造白酒。几乎所有固态法白酒国家标准中均明

---

① 《专家解读酒类产品甜蜜素规定白酒中不能使用甜蜜素》，中国网，2015 - 02 - 03，http：//henan. china. com. cn/zhengwu/2015/0203/172282. shtml。

② 《白酒中添加“甜蜜素”，你听说过吗?》，《今日头条》2015 年 10 月 12 日。

③ 《甜蜜素成酒业新“软肋”　白酒甜蜜为哪般》，腾讯大燕网，2015 - 03 - 25，http：//tj. jjj. qq. com/a/20150325/020061. htm。

④ 《茅台等品牌登质量黑榜　甜蜜素成白酒业新塑化剂危机?》，新华网，2015 - 02 - 09，http：//news. xinhuanet. com/fortune/2015 - 02/09/c_ 127473392. htm。

确规定“未添加食用酒精及非白酒发酵产生的呈香、呈味、呈色物质”。所以，甜味剂，像甜蜜素、安赛蜜等显然属于人工合成非自身发酵物质，是不可以添加到白酒中去的。①

（1）网友评论。网友“7点10分自然醒”说：“马上过年了，开始买酒，却碰到这样的事。茅台酒、二锅头、皇台酒，喜庆的过年氛围里，你们真不怕喝出事儿的!”（2015-02-09，11：22，来自新浪微博）

网友“声誉视角”说：“白酒行业的技术标准难道要为概念营销让路，监管部门需反思，茅台也不该发挥带头作用。甜蜜素白酒业的新塑化剂危机?”（2015-02-09，07：20，来自新浪微博）

网友“海浪道到”愤怒地说：“这个不用你们宣传，国民都知道茅台是什么货色，全是假的，国民早就不花钱买了，别人送的也都扔，没人喝的。”（2015-02-10，15：18，来自新浪微博）

网友“SOCIAL楚秀”说：春节了，你喝了“甜蜜素”了吗？塑化剂事件带给白酒行业的重创还历历在目，如今，白酒又染上“甜蜜素”，这对本来就处在寒冬中的白酒业来说，无疑是雪上加霜。一场有关白酒业的“新塑化剂危机”的言论在行业内流传。有业内人士表示，甜蜜素不是食品安全性问题，也不会像塑化剂事件那样殃及整个白酒业。（2015-02-10，10：18，来自新浪微博）

（2）甜蜜素网络舆情关注度发展趋势分析。运用百度指数对2015年白酒中添加甜蜜素网络舆情关注度发展趋势进行分析，使用“白酒甜蜜素”“白酒添加甜蜜素”等关键词，都无法获得相关的百度指数信息，所以用“甜蜜素”为关键词进行搜索，获得甜蜜素风波中网民与媒体的关注度发展趋势，如图1-5所示。

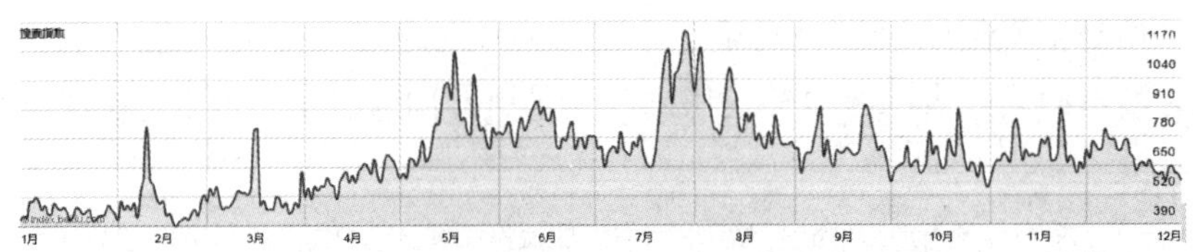

图1-5 2015年甜蜜素事件的舆情走势

① 《白酒中为什么有甜蜜素?》，中国消费网，2015-04-13，http：//www.ccn.com.cn/358/569452.html。

从图 1 -5 中可以看出，网民对甜蜜素事件的关注度经历“攀升—小高峰—跌宕—反弹—峰值—下降—低位震荡”的过程，2015 年 7 月 29 日，关注度达到峰值 1127 次。而媒体的关注主要集中在 2 月中旬、6 月和 8 月上旬。随着事件的时断时续，关注度也逐渐降低，慢慢淡出人们的视野，但是，它在消费者心中留下的负面影响却难以抹去，同时也令专业人士大呼“新塑化剂危机”。

（二）饮料行业网络舆情

1. 饮料行业网络舆情的发展现状

2005 年，饮料行业发生的食品安全舆情事件如下：

（1）“可口可乐”污垢事件。2015 年 1 月 27 日消息，郑州一男子在饭店用餐喝饮料后突感腹痛难忍，检查后发现，刚开瓶的饮料（太古可口可乐芬达，以下简称芬达）内竟然有漂浮物，瓶内壁还粘连大量黑色污垢。随后，男子被送往附近的医院进行救治，郑州市公安机关和食品安全管理部门也介入了该情况的调查。①

（2）普通饮料摊号称始于嘉庆涉嫌欺骗被查。2015 年 2 月 10 日，《中国日报》报道，借“始于嘉庆”的幌子，普通饮料摊瞬间“高大上”起来。昨日上午，思明区工商局组织对鼓浪屿旅游市场进行节前专项检查，此次共检查岛上 20 多家特产店、酒店、饭庄，主要针对短斤少两、虚假宣传、出售“三无”产品等问题。②

（3）娃哈哈等常温乳酸菌产品检测：一个活菌都没有。2015 年 3 月，《北京商报》联合北京两家权威检测机构，选取市面上铺货率较高的常温乳酸菌产品与畅销低温乳酸菌产品进行对比发现，包括娃哈哈等在内的常温乳酸菌产品中并不含菌群。另有专家介绍，常温乳酸菌饮料不仅不涉及接菌种的工艺，还为了延长保质期杀掉了菌种，虽然该类产品在生产中因采用发酵技术而产生了活性成分，但是，其所宣称的“助消化、润肠道”功能已大打折扣。专家提醒，功能不及低温乳酸菌产品却价格相等，常温

---

① 《郑州男子喝饮料后腹痛入院　“可口可乐”现污垢》，央广网，2015 -01 -27，http：//hn. cnr. cn/hngbms/20150127/t20150127_ 517543234. shtml。

② 《鼓浪屿普通饮料摊号称始于嘉庆　涉嫌欺骗消费者被查》，中国日报网，2015 -02 -10，http：//www. chinadaily. com. cn/hqcj/zxqxb/2015 -02 -10/content_ 13213550. html。

乳酸菌产品的谎言还需消费者知情并理性购买此类产品。①

（4）豆浆香精兑出香浓鲜豆浆长期食用或危及肝肾。2015 年 3 月 23 日，根据《中国食品报》报道，豆浆是许多市民的早餐标配。比起自家现磨的豆浆，街头卖的豆浆更是许多上班族的首选。但最近网上曝出有些现磨豆浆可能是香精加水勾兑而成，更传出这种豆浆的制作“公式”：水 + 豆浆香精 = “鲜豆浆”。②

（5）屈臣氏左旋肉碱蛋白饮料过期。2015 年 3 月 23 日，据报道，宫先生花 35 元在屈臣氏超市购买了 1 瓶左旋肉碱蛋白饮料，但购买后发现该商品已过保质日期。事后，宫先生将屈臣氏告上法庭，请求法院判令屈臣氏公司退货退款并承担 10 倍赔偿责任。③

（6）国家食品药品监督管理总局：批次饮料被检出不合格。2015 年 3 月 30 日，据环球网消息，国家食品药品监督管理总局在其官网公布了 2015 年第三期食品安全监督抽检情况。在饮料监督抽检中，共抽检 665 家企业的 927 批次产品，33 批次不合格。④

（7）味全乳酸菌饮品随意摆在常温下埋下安全隐患。2015 年 3 月 31 日，据新华网报道，味全乳酸菌饮品随意摆在常温下埋下安全隐患，事实上，除了报刊亭，一些社区小超市同样存在这类问题。北京商报记者在位于知春路地铁站附近的一家小超市里发现，这里存放着味全、养乐多以及一些酸奶的冷藏柜其实根本就没接通电源，与旁边的普通货架无异。⑤

（8）纯净水不合格菌落总数高锰酸钾消耗量超标。2015 年 4 月 3 日，厦门网讯，近日，福建省食品药品监督管理局通报了 2014 年下半年饮料产品省级抽检结果。本次共抽检福建省 657 家次企业生产的碳酸饮料、果汁及蔬菜汁类、茶饮料、蛋白饮料、固体饮料、瓶（桶）装饮用水等产品 768 批次，不合格样品数为 77 批次，样品不合格率为 10.0%。77 批次

---

① 《娃哈哈等常温乳酸菌产品检测：一个活菌都没有》，新浪财经，2015－03－13，http：//finance. sina. com. cn/consume/puguangtai/20150313/005921710138. shtml?

② 《厦门：豆浆香精兑出香浓鲜豆浆长期食用或危及肝肾》，中国食品报网，2015－03－23，http：//www. cnfood. cn/n/2015/0323/50046. html。

③ 《蛋白饮料已过保质日期》，凤凰网，2015－03－22，http：//news. ifeng. com/a/20150322/43391719_ 0. shtml。

④ 《食药监总局公布 2015 年第三期粮食及粮食制品监督抽检合格信息》，环球网，2015－03－31，http：//china. huanqiu. com/hot/2015－03/6054222. html。

⑤ 《康师傅味全乳酸菌随意摆在常温下 埋下安全隐患》，新华网，2015－03－31，http：//www. cq. xinhuanet. com/2015－03/31/c_ 1114818587. htm。

不合格样品中，有 66 批次微生物超标，其余 11 批次为品质指标不合格等问题。①

（9）东莞 4 家便利店饮料被投毒。2015 年 5 月 29 日讯，东莞一名男子在超市饮料中投毒，将毒鼠强注射进王老吉饮料中，已造成一死四伤。四名喝下含毒饮料的受害人，两人昏迷不醒情况危急，两人暂无生命危险留院观察，嫌疑人被警方控制。②

（10）假冒饮料销往全国。2015 年 6 月，凤凰网讯，以“零容忍”惩治食品安全违法犯罪，确保群众“舌尖上的安全”已成社会共识。记者日前暗访发现，开封市一家民营饮品企业“傍名牌”生产销售问题饮料长达 5 年，其“李鬼”饮料销售网络遍布全国。目前涉事企业已被整改，但大量问题饮料未被查封，目前不知去向。③

（11）运动饮料开封后变淡绿色，饮后咯血，喉咙被灼伤。2015 年 7 月 29 日，据报道，王女士家住和平区，几天前买了一瓶脉动饮料，喝下一口嗓子瞬间有强烈灼烧感。对于该瓶饮料的真伪，销售人员无法做出准确判断。相关人士表示正在跟进这件事情，检测结果出来会反馈给 800 客服，由客服跟消费者沟通。④

（12）可口可乐菌落总数超标登黑榜遭退货。2015 年 8 月 7 日，据光明网报道，可口可乐因为部分产品不合格而登上了国家质检总局的黑榜。目前，国家质检总局在其官网公布了 2015 年 6 月进境不合格食品、化妆品名单，其中可口可乐冷冻浓缩橙汁被检出菌落总数超标。⑤

（13）乐百氏桶装水查出安全问题。2015 年 8 月 14 日，据报道，湖南省食品药品监督管理局公布了对 4 家企业现场飞行检查通报。这些企业均存在不同程度的食品安全问题，已被责令整改甚至是停产。

本月初，在对乐百氏（广东）桶装水发展有限公司长沙分公司的飞

① 《厦门 4 款纯净水不合格菌落总数、高锰酸钾消耗量超标》，厦门网，2015-04-03，http：//news. xmnn. cn/a/xmxw/201504/t20150403_ 4418595. htm。

② 《东莞一男子在便利店饮料中投毒　致一死四伤》，南都网，2015-05-29，http：//nandu. media. baidu. com/article/12512856861055794370。

③ 《“李鬼”饮料销往全国开封主管部门称手续齐全》，凤凰网，2015-06-17，http：//news. ifeng. com/a/20150617/43988523_ 0. shtml。

④ 《运动饮料开封后变淡绿色　饮后咯血　喉咙被灼伤》，腾讯大辽网，2015-07-28，http：//ln. qq. com/a/20150728/008976_ all. htm。

⑤ 《可口可乐橙汁菌落总数超标》，光明网，2015-08-07，http：//news. gmw. cn/newspaper/2015-08/07/content_ 108426646. htm。

行检查中，发现以下主要问题：正在使用的食品添加剂“硫酸锌”标签未载明“食品添加剂”字样，无生产者地址、联系方式等；出厂成品未按要求每批次进行“铜绿假单胞菌”的检测；标识生产日期为“2015年8月3日14时”产品未经检验合格后即出厂销售等。①

（14）农夫山泉质量出问题，饮料放置多天出现黑坨坨。2015年10月22日，据食品科技网报道，近日，鲁能星城的一位陈先生展示了一瓶农夫山泉力量帝维他命饮料，放置几天之后出现了黑坨坨。农夫山泉方面没有明确表示是质量问题。根据食药监的检测，结果显示是农夫山泉的质量问题。②

（15）“饮品喝出电池”事件。2015年10月28日，根据人民网报道，26日，黑龙江省尚志市董女士反映，自己3岁女儿在旺旺果粒多里喝出一颗纽扣电池。旺旺公司表示只能“退一赔十”赔偿40元，董女士表示无法接受，提出赔偿3万元的要求，并向当地工商部门进行了投诉。③

（16）功能饮料菌落总数超标150倍被通报。2015年11月18日，根据报道，河南省食品药品监督管理局通报的信息显示，河南丰之源生物科技有限公司生产的极限冲刺维生素果汁饮料菌落总数超标达150倍，远超食品安全国家标准。18日，河南省食品药品监督管理局在其官网发布关于2015年第11期食品安全监督抽检情况的通告。通告称，近期，该局在承担国家食品安全监督抽检任务中，抽检了粮食及粮食制品、饮料两大类333批次样品，不合格样品4批次。④

（17）美汁源果粒橙惊现“虫卵”。2015年11月21日，根据腾讯大楚网报道，市民叶先生：家人聚会，买了一瓶美汁源果粒橙。打开瓶盖，却发现瓶盖里长满芝麻大小的虫卵，我们全家吓得不敢喝了。记者闻讯赶到该超市。超市老板对饮料瓶内出现“虫卵”一事，表现得很淡定。她指着角落一排摆满副食、饮料的货架说：“老鼠把装鸡腿、鸡翅等副食的

① 《乐百氏桶装水被湖南食药监督管理局查出食品安全问题》，中国食品报网，2015－08－14，http：//www.cnfood.cn/n/2015/0814/63881.html。

② 《农夫山泉质量出问题，饮料放置多天出现黑坨坨》，食品科技网，2015－10－22，http：//www.tech－food.com/news/detail/n1246839.htm。

③ 《袁媛："饮品喝出电池"折射食品安全之殇》，人民网，2015－10－28，http：//opinion.people.com.cn/n/2015/1028/c159301－27750591.html。

④ 《功能饮料极限冲刺菌落总数超标150倍，被河南食药监通报》，澎湃新闻，2015－11－18，http：//www.thepaper.cn/newsDetail_forward_1398435。

包装袋咬破后，长出‘蛆’，才掉到下面饮料瓶盖的。”黄石港区食药监局的工作人员在该超市查看后说，饮料瓶盖出现的异物到底是什么，有待进一步查证，针对此事将进行调查。①

（18）加多宝王老吉广告语纠纷案。12 月 2 日，王老吉与加多宝关于“怕上火”广告词之争一审有了定论，广州市中院判定：（1）加多宝公司停止使用“怕上火喝加多宝”“怕上火，喝正宗凉茶；正宗凉茶，加多宝”“怕上火，喝正宗凉茶”的广告语；（2）加多宝公司赔偿王老吉 500 万元。截至此时，王老吉向加多宝的索赔数额已经高达近 50 亿元。②

2. 饮料行业典型网络舆情分析——饮料造假事件

（1）事件概述。

①深圳：回收真红牛饮料罐出租屋内灌制假货。2015 年 3 月 31 日，据报道，两名男子回收真红牛饮料罐，利用在网上得知的所谓生产配方，藏匿在宝安区一出租屋内大肆灌制假红牛。记者昨日获悉，宝安警方成功将该“黑作坊”捣毁。③

②南通警方破获千万元假冒饮料大案。2015 年 4 月 3 日，根据新华网报道，饮料销售旺季到来之际，江苏南通警方披露，于近期破获一起涉案金额高达 1200 万元的生产销售假冒饮料大案。南通市开发区一市民 2015 年 6 月在当地一家中型超市购买了脉动饮料，感觉口感不对，发现饮料有假，遂向工商部门举报。南通市公安局开发区分局经侦大队接到工商部门移交的线索后，立即展开侦查，并从犯罪嫌疑人赵某处现场查获假冒脉动饮料 1500 余箱。④

③10 多种知名饮料被假冒。2015 年 4 月讯，近日，重庆市公安局打假总队联合酉阳县公安局破获范某等人非法制造、销售非法制造的注册商标标识案，打掉一跨省特大制售假网络，查获大量“娃哈哈”“营养快线”“农夫山泉”“怡宝”“美汁源果粒橙”“脉动”“东鹏特饮”等 10 余

① 《美汁源果粒橙瓶盖惊现“虫卵”　疑超市存放不当》，腾讯大楚网，2015 - 11 - 21，http：//hb. qq. com/a/20151121/011736. htm。

② 《广州中院判定“怕上火”广告语归王老吉》，新华网，2015 - 12 - 04，http：//news. xinhuanet. com/fortune/2015 - 12/04/c_ 128498702. htm。

③ 《两男子回收真红牛饮料罐　出租屋内灌制假货被刑拘》，人民网，2015 - 03 - 31，http：//legal. people. com. cn/n/2015/0331/c188502 - 26778419. html。

④ 《南通警方破获千万元假冒饮料大案》，新华网，2015 - 04 - 03，http：//news. xinhuanet. com/legal/2015 - 04/03/c_ 1114866935. htm。

种著名品牌的假冒注册商标。该贩假网络涉及河北、广东、湖南等10余个省份，涉案金额1000万余元。[①]

④假红牛竟用鱼塘水制造。2015年8月5日讯，近日，惠阳警方近日破获一起假红牛案，生产者不仅原料作假，就连勾兑红牛的水都是从房前鱼塘抽上来的。据查案民警介绍，这主要是作案者都是收集或收购假的红牛罐来翻新，用水和清洁剂清洗后，重新进行罐装导致的。目前，案件仍在继续深挖中。[②]

⑤中山市小榄镇查获一批假红牛饮料。2015年11月13日，据报道，近日，根据群众举报，执法人员经过前期排查，发现位于小榄镇绩西海滨三街一处隐蔽的仓库，涉嫌销售假冒伪劣“红牛维生素功能饮料”。小榄镇卫计局随即联合镇公安分局对该仓库突击检查，现场查获假冒“红牛饮料”171件。[③]

⑥饮料商品名假冒“红牛”南京工商严查“傍名牌”。2015年11月19日，根据新浪网报道，19日，记者从南京工商获悉，近日该局在江宁某物流中心一个经营部发现了一批涉嫌仿冒“红牛”品牌的饮料，并在现场依法查扣了440余箱。[④]

⑦假冒“六个核桃”饮料被查获。2015年12月10日，根据报道，在打假专项行动中，泗阳县公安局经侦大队抽调专人联合该县市场监督管理局成立联合小组，在城区展开拉网式排查。排查中，接到群众举报，在该县众兴镇跃进门东200米一出租房内查获1000余箱假冒的“养元六个核桃”饮料，涉案价值5万余元。[⑤]

（2）各界评论。

①监管部门。对查获的违法产品，食品药品监管部门依法及时组织销毁，消除安全隐患，以防不合格产品再次流入市场，危害市民健康。食品

---

① 《10多种知名饮料被假冒　警方打掉制假售假团伙》，腾讯大渝网，2015－04－22，http：//cq. qq. com/a/20150422/054093. htm。

② 《恶心！假红牛竟用鱼塘水制造》，大洋网，2015－08－05，http：//news. dayoo. com/guangdong/201508/05/139996_ 42977994. htm。

③ 《小榄查获一批“假红牛”》，中山网，2015－11－12，http：//www. zsnews. cn/news/2015/11/12/2816204. shtml。

④ 《饮料商品名假冒“红牛”　南京工商严查“傍名牌”》，新浪网，2015－11－19，http：//news. sina. com. cn/c/2015－11－19/doc－ifxkwuxx1564837. shtml。

⑤ 《泗阳警方查获千箱假冒“六个核桃”饮料》，和讯网，2015－12－10，http：//news. hexun. com/2015－12－10/181103946. html。

药品监管部门提醒消费者，如发现不合格食品、药品、保健食品、化妆品和医疗器械，请拨打食品药品安全投诉举报电话12331，食品药品监管部门将依法查处。①

②专家声音。

——为何会出现？

为何多个部门管不住“一瓶”问题饮料？专家认为，一方面，是商家为了牟利，贪图差价带来的巨大利润；而另一方面，地方保护主义给这些违法企业留下了生存空间。②

——如何辨别真假红牛？

有关专家表示，一看防伪标志，二看检测报告，三看包装是否粗糙，四可打免费防伪电话，五看包装印刷是否清晰，六看是否低于成本价格的七请专业人士鉴定。以查处的“红牛饮料”为例，正品红牛字体精细，商标中的牛角、牛蹄清晰可见。而假红牛则字体粗糙，笔画模糊，图标中的牛很抽象，整体感觉很简陋。③

③网友评论。网友“shanyiwen 慢慢不用这号了”说：“我去，我喝到了假脉动［失望］难喝!”（2015－07－31，18：37，来自 iPhone）

网友“班主任的课”说：“‘特仑特’牛奶、‘脉劫’饮料、‘白事’可乐、‘娃恰恰’纯净水……过期食品、假冒伪劣产品在农村、城乡结合部扎堆‘横行’。假货山寨泛滥，严重地影响了农村百姓的健康。‘3·15’就要来了，打击和抵制山寨货势在必行，转发支持!”（2015－03－14，10：05，来自 weibo. com）

网友“李耀洪3250252175”愤怒道：“哎现在好吃又假，不好吃都假，红牛都有假红牛，洗发水都有假洗发水，难怪现在人那么多病痛就是那假饮料和不卫生的东西得来的病。”（2015－01－30，03：05，来自红围脖 Android 客户端）

网友“The Lonely Dog”说：“黑心老板啊，居然卖我们假红牛，这东

① 《饮品真假难分　这几罐饮料你能辨哪罐是真红牛?》，新华网，2015－04－03，http：//www. cq. xinhuanet. com/2015－04/03/c_ 1114861382. htm。

② 《问题饮料企业傍名牌　5年未发现　大量产品未查封》，新浪网，2015－06－21，http：//finance. sina. com. cn/consume/puguangtai/20150621/081922485081. shtml。

③ 《广西玉林工商查获百瓶假“红牛”　辨别真伪有窍门》，央广网，2014－03－11，http：//news. cnr. cn/native/city/201403/t20140311_ 515049962. shtml。

西能喝嘛，整瓶都是色素。以后各位要注意了，买的时候要认准双头牛图案 red bull 字样”。(2015－07－28，11：04，来自 Flyme OS)

网友“媒体人张晓磊”说：“池塘水制作红牛，你还敢喝吗？［怒］”(2015－08－09，14：41，来自微博 weibo. com)

第二章

基于食品抽检结果的食品安全状况分析*

国家食品药品监督管理总局与江苏省食品药品监督管理局每年都会定期对各类食品进行抽检，并公布抽检结果。本章对国家食品药品监督管理总局与江苏省食品药品监督管理局的食品抽检结果进行整理分析，使公众了解目前我国各类食品的情况以及存在的主要问题。

一　国家食品药品监督管理总局抽检结果

对国家食品药品监督管理总局2016年前三个季度关于各类食品的抽检结果进行整理，如表2－1所示。

表2－1　2016年前三个季度各类食品监督抽检结果汇总

食品种类	样品抽检数量（批次）	不合格样品数量（批次）	不合格率（%）
粮食加工品	65368	1102	1.69
食用油、油脂及其制品	29168	706	2.42
调味品	36074	932	2.58
肉制品	63400	1457	2.30
乳制品	24581	62	0.25
饮料	36668	852	2.32
罐头	5595	57	1.02
冷冻饮品	3298	99	3.00
薯类和膨化食品	8144	242	2.97

* 本章中的数据来源于国家食品药品监督管理总局网站。

续表

食品种类	样品抽检数量（批次）	不合格样品数量（批次）	不合格率（%）
糖果制品	10429	106	1.02
茶叶及相关制品	13783	221	1.60
酒类	37504	1605	4.28
蔬菜制品	51920	1641	3.16
水果制品	23533	646	2.75
炒货食品及坚果制品	11411	385	3.37
蛋制品	7143	109	1.53
可可及焙烤咖啡产品	8002	79	0.99
食糖	3242	53	1.63
水产制品	22846	841	3.68
糕点	27025	1074	3.97
豆制品	16052	307	1.91
蜂产品	5728	202	3.53
保健食品	6605	107	1.62
其他	2567	29	1.13
婴幼儿配方食品	1373	9	0.66
特殊膳食食品	5798	71	1.22
餐饮食品	82558	4357	5.28
食品添加剂	4394	37	0.84
焙烤食品	22245	956	4.30

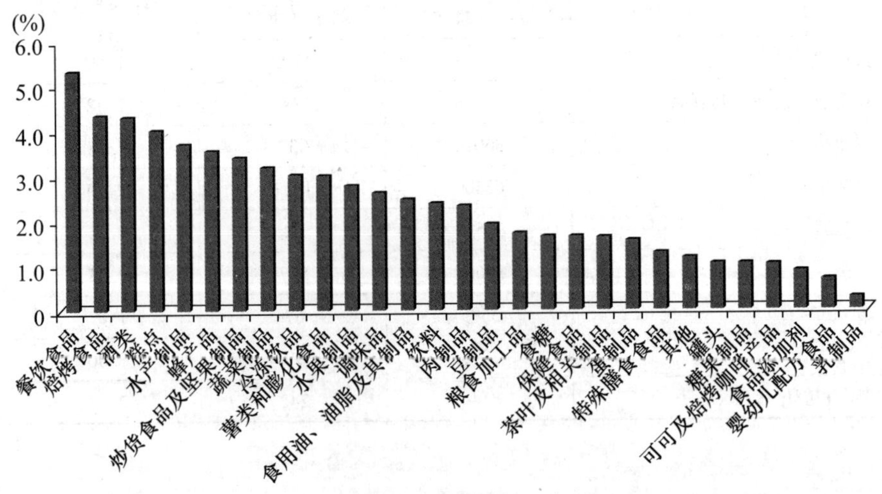

图 2－1 国家食品药品监督管理总局各类食品监督抽检不合格率

从图 2 - 1 中可以看出，在各类食品抽检结果中不合格率较高的前五名分别是餐饮食品、焙烤食品、酒类、糕点和水产制品；抽检合格率较高的前五名分别是乳制品、婴幼儿配方食品、食品添加剂、可可及焙烤咖啡产品和糖果制品。在抽检过程中，抽检不合格产品出现较多的省份前五名分别是浙江、北京、上海、江苏和广东；不合格产品出现较少的五个省份分别是宁夏、贵州、天津、重庆和新疆。为了更加清楚地了解日常生活中经常食用的几种食品不合格的原因，笔者又分别对这些产品抽检时出现的问题和出现问题的产品的生产厂家所在的省份进行了整理。如图 2 - 2 所示。

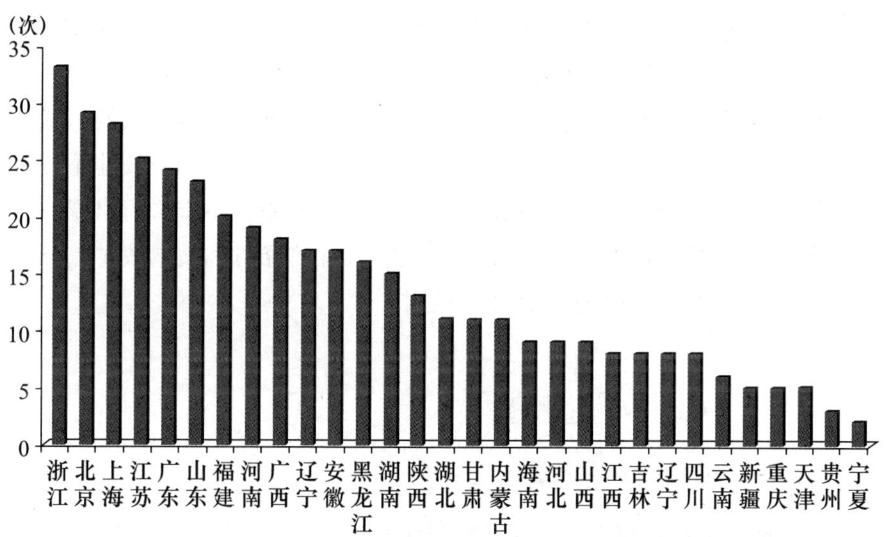

图 2 - 2 不合格产品生产厂家和经营单位所在省份出现次数

1. 酒类

从图 2 - 3 中可以看出，酒类抽检出现问题最多的是酒精度不符合标签明示值，达到了 29 次之多。酒精度又叫酒度，是指在 20℃时，100 毫升白酒中含有乙醇（酒精）的毫升数，即体积（容量）的百分数。酒精度是白酒的一个理化指标，含量不达标会影响白酒的品质。而出现这些问题的一般都是中小企业，这些企业在生产时，由于检验能力不足，造成检验结果偏差，或是包装不严密造成酒精挥发，导致酒精度降低以致不合格，或是为降低成本，用低度酒冒充高度酒。抽检出现问题其次的是违法使用甜蜜素。甜蜜素，学名环乙基氨基磺酸钠，又称为浓缩糖或甜素，是一种常用的食品添加剂，在食品中作为甜味剂使用。甜蜜素为白色结晶或结晶性粉末，无臭、味甜，属于非营养型合成甜味剂，易溶于水，水溶液呈中性，几乎不溶于乙醇等有机溶剂，甜度是蔗糖的30—50倍，无后苦味，风味自然，作为食品甜味剂被广泛用于清凉饮料、果汁、冰激凌、糕点食品果脯蜜饯食品当中。根据《食品安全国家标准食品添加剂使用标准》（GB2760—2011）中的规定，甜蜜素可以在酱菜腐乳类、凉果类、蜜饯凉果类、带壳烘焙类和炒制瓜子类五大类食品中限量使用，仅允许使用甜味剂的酒类仅限配制酒。因为甜蜜素与糖精有协同作用，并且甜蜜素的成本更低，所以酒企在生产过程中一般为了降低成本和提高酒的口感会使用甜蜜素替代糖精。固化物是指白酒在100—105℃水浴条件下将乙醇、水分等挥发性物质蒸干后的残留物，固形物是白酒的一个理化指标，国家标准有上限规定，超标会造成酒体失光、浑浊、沉淀，影响白酒的口感与质量。这个一般是因为企业生产白酒时所用的水质差，或加入其他添加物导致的。从抽检所出现的问题和出现问题的企业来看，不难看出出现问题的基本都是小品牌和中小企业，这些企业由于生产条件和技术成本等原因在生产过程中出现这些问题也在情理之中。

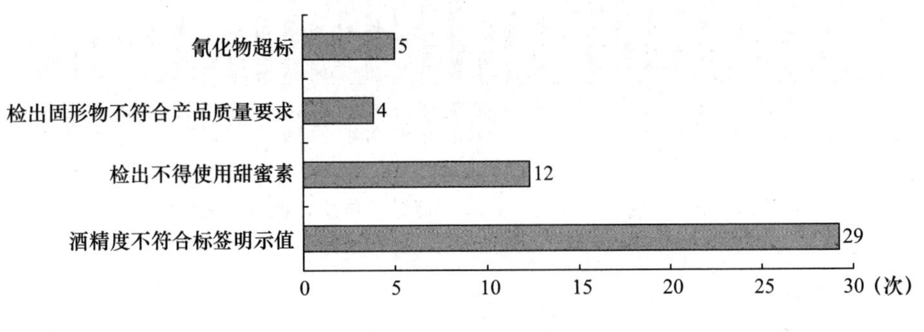

图2-3　酒类抽检不合格情况

从图2-4中可以看出，抽检不合格酒类最多的省份是四川省，四川省由于得天独厚的自然条件和独特的酿造工艺技术，使四川成为中国酒产量的第一大省，遥遥领先于全国其他省份，白酒行业也是四川省的支柱产业。随着2003年我国白酒行业进入黄金10年，四川省大量白酒企业随之产生，导致四川白酒行业结构参差不齐，大多数白酒企业规模较小，白酒质量也难以保证，所以，四川省在白酒抽检中成为问题频发的重灾区，也频频出现问题。

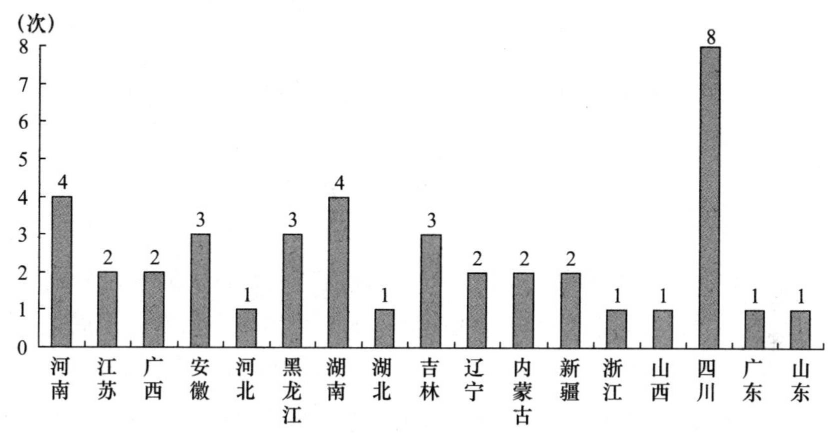

图2-4　酒类抽检不合格产品省份

2. 水产制品

从图2-5中可以看出，在水产制品抽检出现问题最多的分别是菌落总数超标和大肠菌群超标。菌落总数是指示性微生物指标，并非致病菌指标。大肠菌群是国内外通用的食品污染常用指示菌之一。食品中检出大肠菌群，提示被致病菌（如沙门氏菌、志贺氏菌、致病性大肠杆菌）污染的可能性较大。菌落总数和大肠菌落都是用来反映食品清洁度，评估食品在生产过程中是否达到卫生要求。菌落总数超标严重，不仅会破坏食品的营养成分，加速食品的腐败变质，而且很容易引起患肠道疾病，危害人体健康。水产制品一般都会因为地域原因，不可避免地要进行储藏运输，而水产制品在加工过程中，生产企业未按照要求严格控制生产加工过程的卫生条件，或者包装容器清洗消毒不到位，产品包装密封不严，灭菌工艺的产品灭菌不彻底，以及运输过程中储存条件不达标等原因都会导致水产制品受到污染，菌落超标。

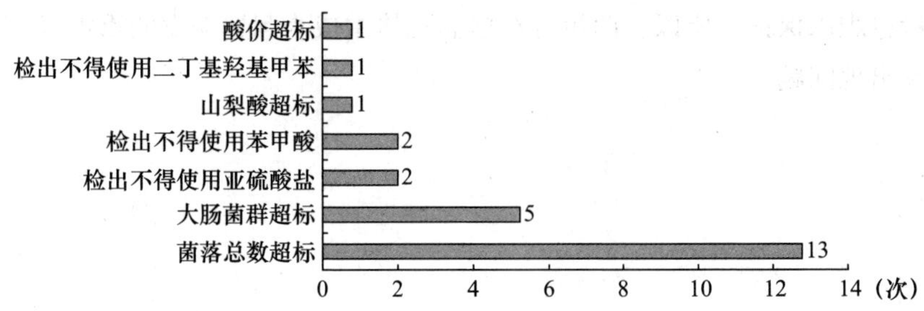

图 2-5 水产制品抽检不合格情况

从图 2-6 中可以看出，水产制品抽检出现问题较多的省份分别是山东、福建、辽宁、湖北和上海，从地理位置上可以看出，山东、福建、辽宁因为濒邻海洋，都是水产大省，湖北拥有众多湖泊，是淡水养殖大省，上海虽然不生产水产制品但却拥有强大的水产制品需求量。在水产制品抽检过程中，这些地方就难免会成为问题多发地。

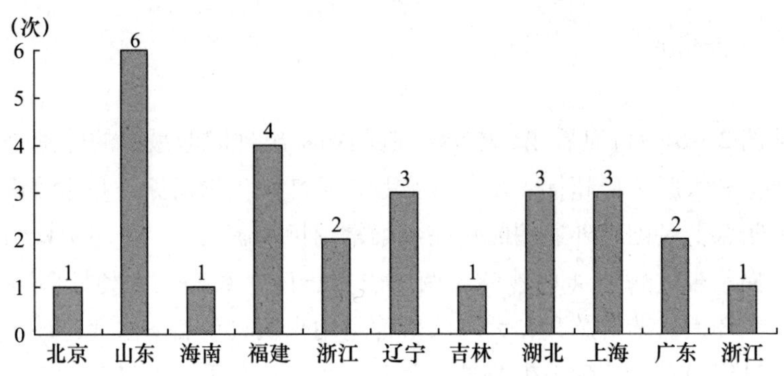

图 2-6 水产制品抽检不合格产品省份

3. 焙烤食品

从图 2-7 中可以看出，焙烤食品在抽检过程中出现问题最多的是防腐剂各自用量占其最大使用量比例之和超标，达到了 12 次之多。根据国家标准，同一功能的食品添加剂（相同色泽着色剂、防腐剂、抗氧化剂）在混合使用时，各自用量占其最大使用量的比例之和不应超过 1。这项结果不合格的原因主要是生产厂家为了食品防腐，延长食品保质期或者弥补食品生产过程卫生条件不佳而超范围、超剂量地使用了食品添加剂。酸价超标的原因可能是生产单位未严格按照生产工艺控制进行生产，贮存温度较高，贮存时间较长；导致铝残留量超标的原因可能是生产单位为追求口感、外观质量，超量添加膨松剂。菌落总数、大肠菌群超标与生产单位在生产过程中卫生条件不达标，或者包装容器清洗消毒不到位，食品包装密封不严等有关。

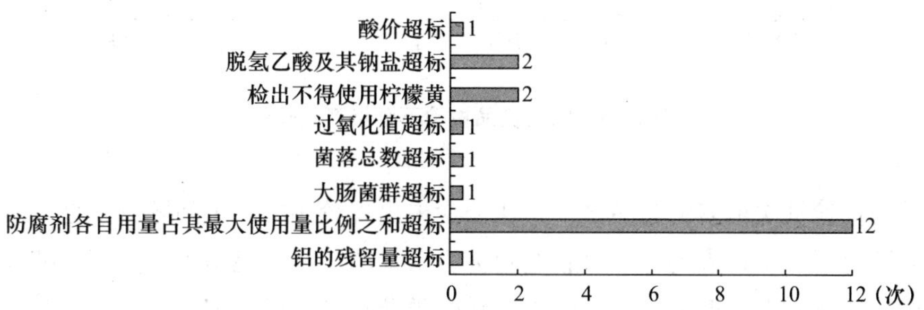

图2－7　焙烤食品抽检不合格情况

从图2－8中可以看出，抽检不合格问题较多的省份分别是河北省、福建省和山东省。随着社会的发展和农业科技的进步，食品种类逐渐丰富，除不仅满足人们的日常温饱外，随着生活节奏的加快和生活水平的提高，对各种烘焙食品的需求也不断增加。近年来，国内烘焙食品一直呈现高速增长趋势，其增长速度远远大于食品工业平均增长速度，但在高速发展的同时也存在不少的问题。目前，我国烘焙食品工艺技术和装备总体水平表现落后，烘焙行业进入门槛不高，从业人员学历普遍偏低，技术人员大都是经过短期培训后上岗，没有经过系统的专业学习，烘焙业从业人员不能很好地检验原料优劣、稳定产品质量、采用新工艺新技术等。这一系列因素都会对焙烤食品的安全问题产生影响，不能很好地保证焙烤食品达到国家规定的卫生标准。

4. 肉类

从图2－9中可以看出，猪肉抽检出现问题的原因很多，而且每个问题出现的频率都比较平均，抽检问题主要集中在食品添加剂、微生物和兽药残留等方面。近年来，肉制品食品安全事件频发，不断触动着消费者的神经，尤其是“上海福喜”“僵尸肉”事件等，肉制品是食品安全问题的多发区，也使得相关食品安全部门加大对肉制品的抽检力度，每年都是食

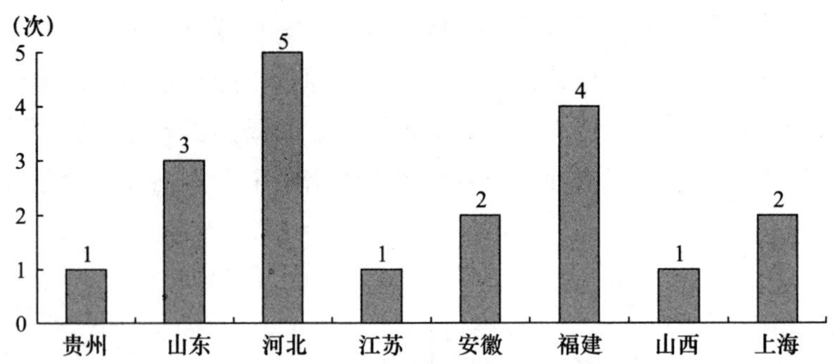

图2－8 焙烤食品抽检不合格产品省份

品类抽检批次最多的食品之一。在抽检中出现较多的几个问题分别是菌落总数超标、土霉素超标、磺胺类超标、山梨酸超标、检出不得使用呋喃唑酮代谢物和大肠菌落超标，其中，磺胺类药物是合成的抑菌类兽药，除治疗敏感菌所致传染病外，通常情况下还用于治疗传染性脑膜炎、痢疾、弓形体病。养殖环节未严格控制休药期或超量使用可能导致残留超标。根据农业部公告第235号《动物性食品中兽药最高残留限量》规定，磺胺类（总量）在食品动物的肌肉中的最高残留限量为100微克/千克。磺胺类药物在体内作用和代谢时间较长，长期食用磺胺类药物超标的动物性食品，可能引发泌尿系统、肝脏损伤；氟苯尼考为广谱抗菌药物，一般为动物专用抗菌药。一般由于饲料添加或者家禽疾病治疗导致残留积累在家禽体内。农业部公告第235号《动物性食品中兽药最高残留限量》对其作了严格的限定，猪的肌肉、肝、肾中残留分别不得超过300微克/千克、2000微克/千克和500微克/千克。长期食用氟苯尼考残留超标的肉类，对人体健康有一定风险；土霉素是一种广谱抗菌兽药，对革兰氏阳性菌、阴性菌、立克次体、滤过性病毒、螺旋体属乃至原虫类都有很好的抑制作用。养殖环节超量使用或未严格执行休药期，可能导致残留超标。根据农业部公告第235号《动物性食品中兽药最高残留限量》规定，土霉素在所有食品动物的肌肉中的最高残留限量为100微克/千克。少量的土霉素残留食物不会导致急性中毒，但长期食用土霉素药物残留超标的食物可使人体中细菌产生耐药性，扰乱人体微生态，可能会引起恶心、呕吐、上腹不适等症状；沙拉沙星是新型的动物专用药，广谱抗菌药。由于其具有良好的杀菌效果且价格低廉而被广泛使用。由于药物本身特性及养殖环节未严格控制休药期或超量使用可能导致残留超标。农业部公告第 235 号《动物性食品中兽药最高残留限量》规定鸡/火鸡的肌肉、脂肪中最大残留量分别为 10 微克/千克和 20 微克/千克，肝、肾中最大残留量为 80 微克/千克。若该药在动物源食品中残留而被人长期食用，可能会加速人类病原体对抗生素耐药性；恩诺沙星，又名恩氟奎林羧酸，属于氟喹诺酮类药物，化学合成广谱抑菌剂，在预防和治疗畜禽的细菌性感染及支原体病方面有良好效果。农业部公告第 235 号《动物性食品中兽药最高残留限量》规定该类药物在动物肌肉、脂肪中的最大残留限量为 100 微克/千克（以恩诺沙星 + 环丙沙星之和计），在肝脏和肾脏中也有严格的限定。长期摄入喹诺酮类药物超标的动物性食品，可引起轻度胃肠道刺激或不适，头痛、头晕、睡眠不良等症状，大剂量或长期摄入还可能引起肝损害。

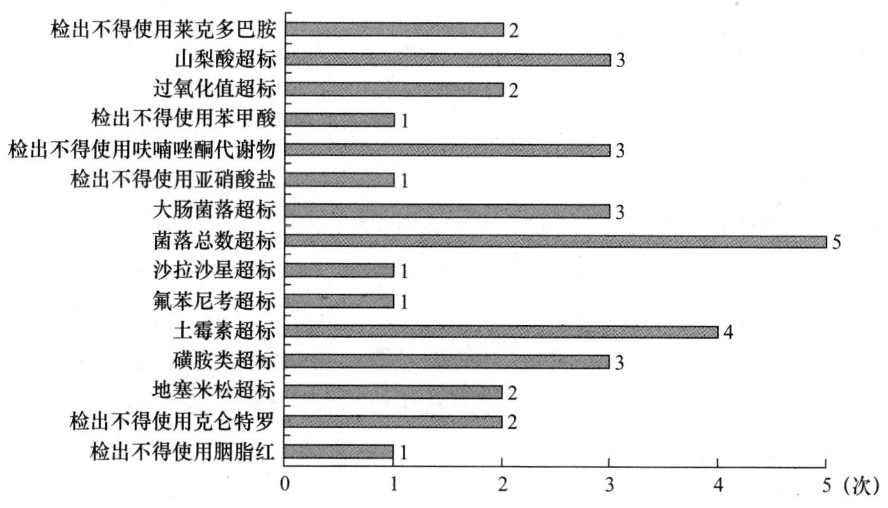

图 2－9　肉类抽检不合格情况

从图 2－10 中可以看出，总共有 19 个省份在肉类抽检中出现不合格产品，猪肉作为人们日常生活中必不可少的主食之一，但“瘦肉精”“注水肉”“病死猪”等问题让消费者对我国肉类安全已经失去了信任，猪肉安全问题的整治依然是个艰巨的任务。

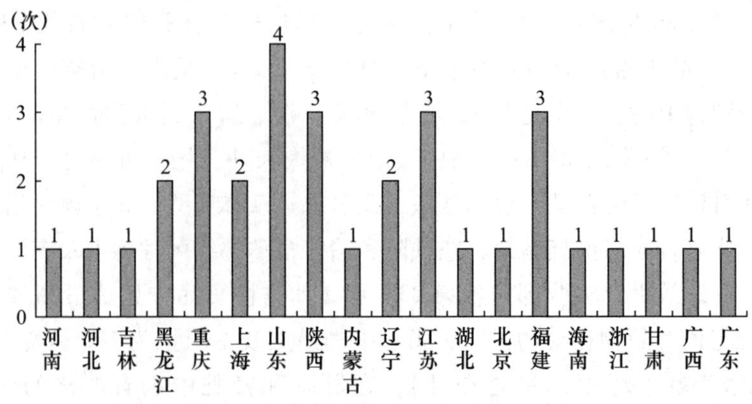

图 2-10　肉类抽检不合格产品省份

5. 水果制品

从图 2-11 可以看出，在对水果制品的抽检结果进行统计时，出现问题较多的两个方面是检出不得使用的乙二胺四乙酸二钠和二氧化硫残留量超标，分别达到了 21 次和 16 次。乙二胺四乙酸二钠是一种食品添加剂并广泛用作稳定剂、抗氧化剂、防腐剂、螯合剂，防止金属离子引起的变色、变质、变浊及维生素的氧化损失。《食品安全国家标准食品添加剂使用标准》（GB 2760—2014）中允许蜜饯凉果中的果脯类（仅限地瓜果脯）使用乙二胺四乙酸二钠（最大使用量为 0. 25 克/千克），其他类别的蜜饯凉果类不得使用。乙二胺四乙酸二钠可对黏膜、上呼吸道和眼睛、皮肤产生刺激作用，长期大量食用乙二胺四乙酸二钠超标产品可能对人体健康产生一定的不良影响。二氧化硫、焦亚硫酸钾、亚硫酸钠是食品加工中常用的漂白剂和防腐剂，使用后会产生二氧化硫残留。《食品安全国家标准食品添加剂使用标准》（GB 2760—2014）中规定水果干类二氧化硫残留量不得超过 0. 1 克/千克，蜜饯凉果类二氧化硫残留量不得超过 0. 35 克/千克。水果制品二氧化硫残留量超标可能是水果制品在加工过程中超限量使用亚硫酸盐等漂白剂。二氧化硫进入人体后最终转化为硫酸盐并随尿液排出体外，少量二氧化硫进入人体不会对身体带来健康危害，但若过量食用可能引起如恶心、呕吐等胃肠道反应。除此之外，霉菌超标也是出现问题最多的方面，霉菌超标原因可能是加工用原料受霉菌污染，或者水果制品在运输流通环节条件不达标所导致的，霉菌可使食品腐败变质，破坏食品的色、香、味，降低食品的食用价值。

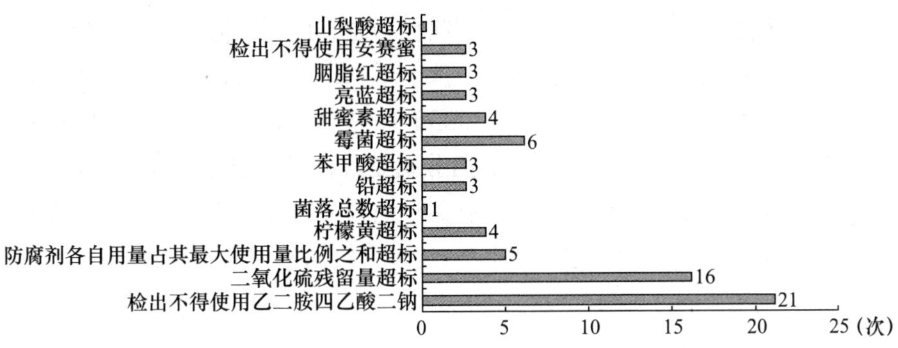

图 2－11　水果制品抽检不合格情况

从图 2－12 中可以看出，水果制品的抽检不合格产品所在省份的分布比较平均，作为日常生活中经常食用的食品，水果制品和肉制品一样，都是抽检不合格的问题多发类食品，而且水果由于其自身的保鲜性，不当使用防腐剂经常成为抽检不合格的多发问题之一。

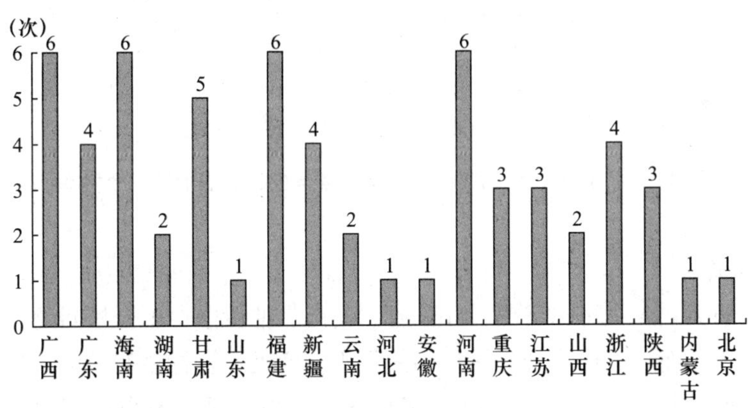

图 2－12　水果制品抽检不合格产品省份（直辖市）

二　江苏省食品药品监督管理局抽检结果

江苏省食品药品监督管理局对食品类的抽检结果进行整理，并根据整理结果对江苏省食品类抽检出现的问题进行分析。

茶叶及相关制品、蛋制品、特殊膳食食品、罐头、糖果制品、食品添加剂、速冻食品未检出不合格产品。从图 2-13 中可以看出，各类食品抽检结果中不合格率较高的前五名分别是调味品、焙烤食品、糕点、饮料和水果制品；抽检合格率较高的前五名分别是乳制品，餐饮食品，食用油、油脂及其制品，粮食加工品和水产制品。笔者又通过江苏省食品药品监督管理局发布的食品抽检信息对抽检不合格率较高的几种食品进行了整理分析。

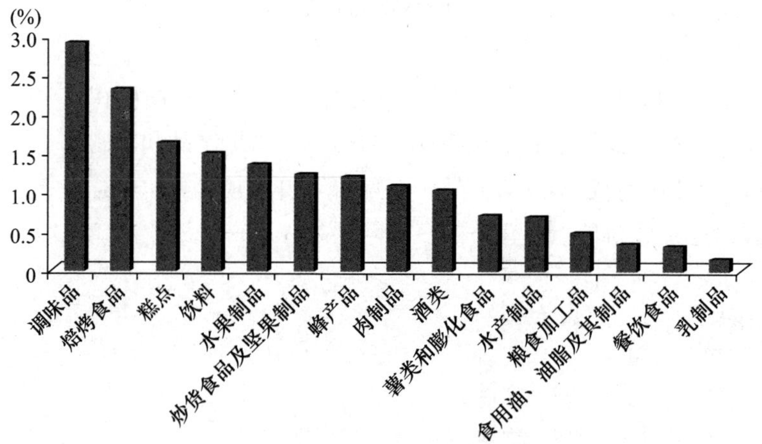

图 2-13　江苏省食品药品监管理局各类食品监督抽检不合格率

1. 酒类

从图 2-14 中可以看出，江苏省酒类产品抽检中，不合格问题总共出现在 8 个方面，其中出现问题最多的是酒精度不符合标签明示值，达到了 15 次。而在国家食品药品监督管理总局的抽检结果中不合格问题总共出现在 4 个方面，其中出现不合格问题最多的也是酒精度不符合标签明示值，一方面说明江苏省酒类抽检不合格出现的问题更多，另一方面也说明江苏省酒类抽检和总局抽检的其他省份酒类不合格问题有一定的共性，最突出的问题都是酒精度不符合标签明示值，造成酒精度不符合标签明示值的原因是生产企业检验能力不足，造成检验结果偏差，或是包装不严密造成酒精挥发，导致酒精度降低以致不合格，或是为降低成本，用低度酒冒充高度酒。一般出现这些问题的都是规模较小的企业，需要加强对中小企业生产过程的规范。

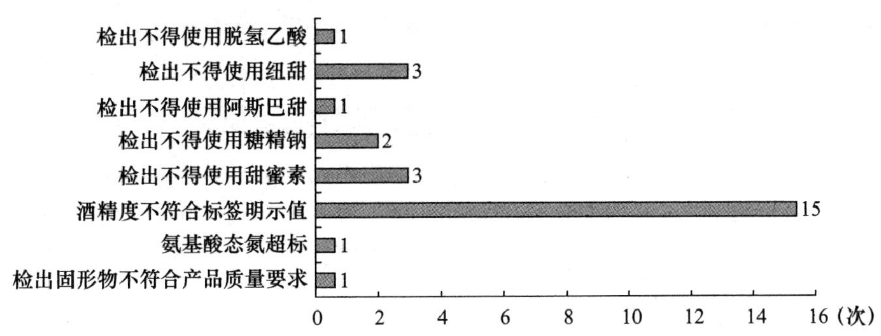

图 2－14　江苏省酒类产品抽检不合格情况

2. 焙烤食品

从图 2－15 可以看出，江苏省焙烤食品抽检不合格问题总共出现在 6 个方面，抽检不合格最多的分别是菌落总数超标和霉菌超标，而导致菌落总数超标和霉菌超标的原因是生产过程中未按要求严格控制生产加工卫生条件，包装容器清洗消毒不到位以及产品包装密封不严等，焙烤食品一般以个体经营居多，在生产加工焙烤食品时，卫生条件就可能难以达到要求的标准，个别经营户为了降低成本可能不会对相应的加工器具进行消毒等。

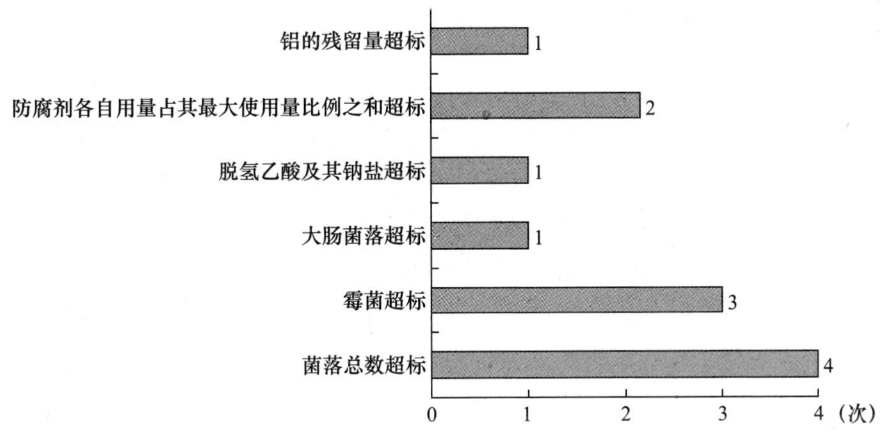

图 2－15　江苏省焙烤食品抽检不合格情况

3. 肉制品

从图 2－16 可以看出，江苏省肉制品抽检不合格问题总共出现在 8 个方面，而国家食品药品监督管理总局对肉制品的抽检不合格总共出现了15个方面，其中，出现问题最多的方面都是菌落总数超标，国家食品药品监督管理总局的肉类抽检不合格主要问题在食品添加剂、微生物和兽药残留等方面，而江苏省肉类抽检不合格问题主要是食品添加剂、微生物方面，在兽药残留方面却鲜有不合格的问题，说明江苏省在肉类监管方面做得相对来说要比较好。整体来说，江苏省在肉制品的抽检合格情况要好于国家食品药品监督管理总局肉类抽检的情况。

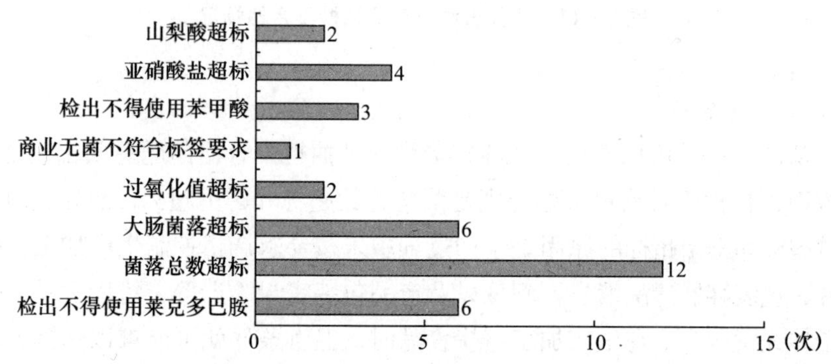

图2-16 江苏省肉制品抽检不合格情况

4. 饮料

从图2-17中可以看出，江苏省在饮料抽检过程中，不合格问题最多的是铜绿假单胞菌超标，达到了33次之多。铜绿假单胞菌是一种条件致病菌，广泛分布于各种水、空气、正常人的皮肤、呼吸道和肠道等，易在潮湿的环境存活，对消毒剂、紫外线等具有较强的抵抗力，对于抵抗力较弱的人群存在健康风险。铜绿假单胞菌一般常在瓶（桶）装水中出现，导致铜绿假单胞菌超标的原因是水源受到污染；现在的水生产工艺相对简单，简单的反冲洗并不能将该菌彻底消除，即使常规的消毒技术，也难以彻底去除铜绿假单胞菌，同时铜绿假单胞菌在利用水流甚至气溶胶传播时，比其他微生物种类有优势，一旦污染难以消除；水加工从业人员未经消毒的手直接与矿泉水或容器内壁接触以及包装材料清洗消毒有缺陷等。所以应加大对水源质量和瓶（桶）装水的检测和抽检力度，对达不到生产卫生标准的企业进行整顿，免疫力较低的消费者应尽量少饮用瓶（桶）装水。

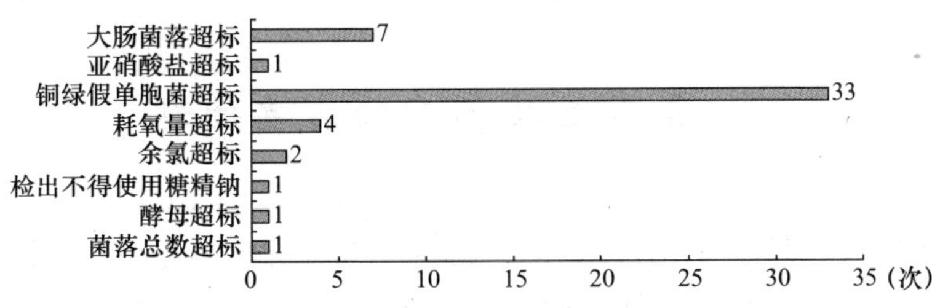

图 2－17　江苏省饮料抽检不合格情况

5. 糕点

从图 2－18 可以看出，在江苏省糕点抽检过程中不合格问题主要出现在防腐剂各自用量占其最大使用量比例之和超标、菌落总数超标和脱氢乙酸及其钠盐超标三个方面。在国家食品药品监督管理总局的抽检分类中将糕点和焙烤食品分成两个抽检大类，但在《GB 2760—2014 食品安全国家标准》中规定糕点属于焙烤食品，在《食品生产许可审查分类》中，大类中没有焙烤食品，但有糕点类，包括烘烤类糕点，某种程度上糕点和焙烤食品可以看作并列的关系，所以，在糕点和焙烤食品抽检不合格问题上有很多项是相同的。脱氢乙酸及其钠盐作为一种广谱食品防腐剂，毒性较低，按标准规定的范围和使用量使用是安全可靠的。脱氢乙酸超标的原因可能是个别企业为防止食品腐败变质，超量使用了该添加剂，或者其使用的复配添加剂中该添加剂含量较高，或者是在添加过程中未计量或计量不准确。菌落总数超标则是生产过程的卫生条件不达标，包装密封等问题造成的。

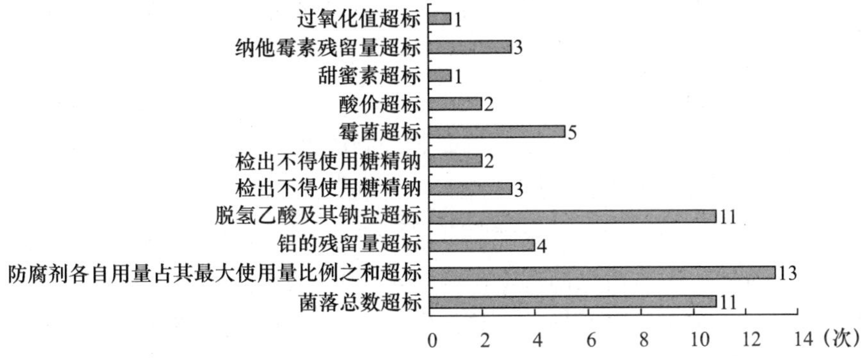

图 2－18　江苏省糕点抽检不合格情况

三 各类食品存在的主要问题

通过对国家食品药品监督管理总局和江苏省食品药品监督管理局2016年各类食品抽检结果的整理和分析，可以发现江苏省抽检各类食品不合格数量和不合格率都要低于国家食品药品监督管理总局的不合格数量和不合格率，江苏省抽检各类食品不合格数量和平均不合格率分别是15种和1.10%，而国家食品药品监督管理总局抽检各类食品不合格数量和平均不合格率分别是29种和2.23%，说明江苏省食品安全状况整体来说相对较好。同时，注意到在国家食品药品监督管理总局和江苏省食品药品监督管理局的抽检不合格食品种类中，乳制品的不合格率都是最低的，说明在“三聚氰胺”事件后，政府对乳制品行业的整治取得了很好的效果，乳制品行业呈现良好的发展趋势。各类食品在抽检过程中出现的主要问题如下：

（一）超范围、超限量使用食品添加剂

甜味剂（糖精钠、甜蜜素、安赛蜜）、防腐剂（苯甲酸、山梨酸）、合成着色剂（柠檬黄、日落黄）为限量使用的食品添加剂。超范围、超限量使用食品添加剂的原因主要有：为了过度延长产品的保质期违反规定使用防腐剂；为增加产品口感，违规使用甜味剂等；为修饰产品外观，违规使用着色剂，或在生产过程中违规使用亚硫酸盐等进行漂白处理；为阻止或延缓食品正常的褪色、氧化、酸败、浑浊及风味改变等，违规使用稳定剂；也存在因误读食品安全标准、工艺水平不精等原因造成不合格的情况。

（二）微生物污染

从抽检结果看，主要是菌落总数、大肠菌群、铜绿假单胞菌等超标。微生物污染的原因主要有：原材料生产、储藏、运输的卫生环境条件把控不严；未严格按照生产工艺条件要求进行生产，加工卫生环境差，生产工具清洁不彻底，设备清洗消毒不完善，人员卫生管理不到位；产品的包装密封性不好，造成二次污染；产品在生产、流通和销售环节中贮藏条件不达标，如未按要求进行冷藏或冷冻处理，造成微生物过度繁殖。

（三）品质指标不合格

品质指标是指谷氨酸钠、呈味核苷酸二钠、酸价等超标。品质指标不合格原因主要有：生产工艺控制不到位，原材料把关不严，以及储运过程不符合要求等。比如，肉及肉制品在生产过程或储运过程中温度、时间控制不当，肉类制品中的油脂被氧化产生酸败，导致酸价超标；酒类产品包装不严密、计量器具不准，造成酒精度不达标等。

（四）农兽药残留指标不合格

农兽药残留指标不合格是指恩诺沙星、呋喃唑酮代谢物、磺胺类、沙丁胺醇原、土霉素等超标。农兽药残留指标不合格的原因主要有：在种植、养殖过程中，为达到除虫防害、防治疾病、提高产量的目的而滥用农兽药，或者农兽药使用时未严格遵守休药期规定；长期不规范使用导致环境污染和蓄积，进而导致农药、兽药在产品中的再残留等。

（五）金属等元素污染

金属等元素污染的原因主要有：部分地区水体与土壤等存在重金属污染，通过种植、养殖环节进入食物链条；企业原料把关不严；生产加工过程中生产设备的金属元素迁移到食品中等。

（六）真菌毒素污染

真菌毒素污染主要指是霉菌、酵母、黄曲霉素等。真菌毒素污染的原因主要有：食品原料在种植、采收、运输及储存过程中受到霉菌污染产生真菌毒素，或生产加工过程中工艺控制不当导致在终端产品中产生真菌毒素等。

（七）检出非食用物质

非食用物质是指硼砂、罗丹明 B、富马酸二甲酯和罂粟碱等。检出非食用物质的原因主要有：生产者为了使产品起到改变产品的外观、口感、功效等特定效果而人为故意添加非食用物质；另外也有可能是生产加工以及运输、储存过程中部分非食用物质迁移至食品中所致等。

第三章

2015 年食品安全网络谣言研究

2015 年，如“珍惜生命，远离……”“……被曝含有致癌物，危及生命”，等等，这类食品安全信息时不时就能够在朋友圈及微博中看到，由于其极具煽动力的语言和所涉及的产品与人们日常生活联系紧密，得到了大量的转发，甚至引起全社会的恐慌。这类信息大多数最后都会被证实为没有根据的虚假信息。但是，近年来食品安全丑闻频发，使公众对食品安全的信心不足，加之健康观念逐渐深入人心，人们对于食品安全的关注度迅速提升，公众在面对大量传播的信息时，缺乏鉴别的理性和能力，给了谣言滋生的土壤。一则谣言即便在日后被证实为子虚乌有，在此之前的广泛传播和公众随之而来的抵制行为仍然会给无辜的食品生产企业造成巨大的损失，打击其生产积极性，从而对整个产业产生消极影响。本章对 2015 年影响较大的食品安全网络谣言进行分析，以探寻食品安全网络谣言的应对策略。

一　草莓农药残留致癌事件

（一）事件概述

2015 年 1 月 27 日，央视网记者经过调查证实，1 月以来在朋友圈疯传的名为《一位蜂农的忠告：珍惜生命　远离草莓》的帖子为谣传。对于对草莓喷洒农药，专家表示，草莓是比较抗病的，用农药量相对来说很少，且打药一般是从草莓苗移进大棚内开始到草莓开花，用的是低毒农药，主要是为了预防此后产生病虫害，草莓开花后一般不再用药。而针对帖子中所说蜜蜂被农药大量毒死，专家称网上流传的蜜蜂死亡的图片并不是拍摄于草莓种植棚内。照片上的蜜蜂死亡达到四五万只，而在一个温室里授粉的蜜蜂一般只有 1 万只左右，不可能这样集中大量死亡。①

2015 年 4 月 26 日，央视财经记者随机在北京新发地农产品批发市场、美廉美超市、昌平采摘园以及路边的草莓摊，购买了 8 份草莓样品，经北京农学院检测后发现，8 份样品中全部都检测出了农药乙草胺，而目前国家规定此农药在草莓上不能使用。参照欧盟标准样品中乙草胺的最高残留量超标了 7 倍多，就连残留最低的样品，也大约超标了 1 倍。专家称在美国已经把乙草胺列为 B2 类致癌物，如果长期食用乙草胺残留的食物可能会导致它的代谢物的中毒。比如醌亚胺类代谢物的中毒，可能就有致癌性。②

2015 年 4 月 28 日，《生命时报》记者采访农林、园艺、食品、中毒医学等权威专家，解答消费者对草莓农残的疑惑。专家均表示，从草莓的标准种植过程来看，使用乙草胺并导致其残留超标的可能性很低。此外，乙草胺致癌率可以类似于同为二类致癌物的咖啡和汽油，按我国标准，乙草胺的每日允许摄入量（ADI）为 0.02 毫克每公斤体重每天，要超过这一范围，60 千克体重的成人每天必须吃掉 3.27 千克含 0.367ppm 乙草胺的草莓，而受草莓成熟季节的限制几乎不可能达到致癌剂量。专家还表示，消费者没必要对草莓的安全性太过恐慌，仅仅 8 份样品的检测结果不具有统计学的代表性，并不能反映所有草莓的情况。③

2015 年 4 月 30 日，据人民网报道，自“北京市场上的草莓农药残留超标”事件引发各界关注以来，北京市食品药品安全委员会办公室组织市农业局、市食品药品监督管理局自 27 日以来对北京市草莓主要产区、批发零售市场、超市开展了全市范围的抽检，并采取措施加强草莓生产经营日常监管。北京市农业、食品药品监管等部门在农业企业、合作社、生产基地、种植户抽检样本 42 个；在批发市场、集贸市场、超市、水果专卖店、社区菜市场、流动摊点等抽取样本 133 个，样本覆盖山东、河北、辽宁、浙江等草莓外埠主要产地。北京市食安委表示，抽取的 175 个样本

---

① 《网传“草莓打药致蜜蜂成堆死亡”　种植户称荒唐》，新华网，2015 - 01 - 27，http：//news. xinhuanet. com/food/2015 - 01/27/c_ 1114138220. htm。

② 《草莓农药超标　长期食用乙草胺可致癌》，中国青年网，2015 - 04 - 27，http：//d. youth. cn/shrgch/201504/t20150427 - 6601238. htm。

③ 《草莓专家揭开致癌农残真相：1 年吃几次没有影响》，《生命时报》2015 年 4 月 28 日。

均未检出乙草胺。①

2015 年 5 月 13 日，《法制晚报》记者获悉，尽管北京三次大规模的权威检测结果均证实样本中未含有乙草胺，但是受事件影响，昌平区 6000 栋草莓日光温室已造成经济损失人民币 2683 万元，观光采摘游客骤降 21 万人次，草莓的身价也随之暴跌一半多。草莓种植户的积极性明显下降，繁育种苗企业也表达了对昌平区草莓产业未来发展的担忧。针对此情况，北京市网信办、市科协指导首都互联网协会新闻评议专委会 13 日召开的 2015 年度第七次会议，再次辟谣“吃草莓致癌”。②

（二）草莓农药残留致癌事件网络舆情关注度发展趋势分析

在百度网站百度指数搜索栏中输入关键词“草莓 + 农药”，并将时间范围设定为 2015 年 1—12 月，搜索结果如图 3 – 1 所示。其中，横坐标为时间（单位：月），纵坐标为热度指数（单位：次）。

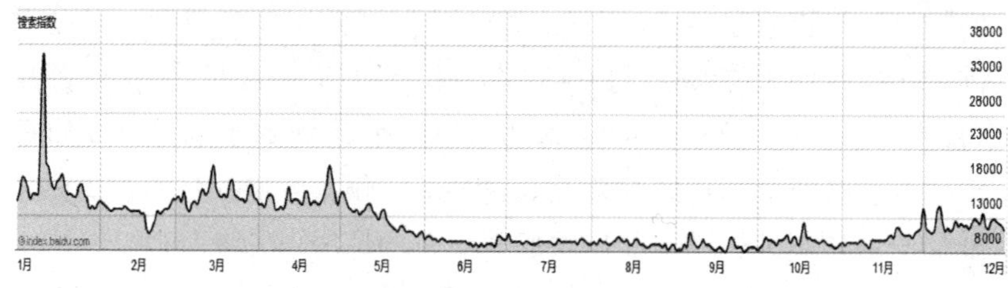

图 3 – 1　草莓农药残留致癌事件百度指数

从图 3 – 1 可以看出，从搜索热度看，网民对草莓农药残留致癌事件的关注大概呈现三个小高峰，分别是 2015 年 1 月 11 日、3 月 15 日和 4 月 27 日，搜索指数分别为 31648 次、15498 次及 15535 次。整体上看，草莓农药残留致癌事件在 1 月 11 日达到一个搜索的最高峰，已经达到第二个小高峰搜索量的两倍。这与朋友圈中疯传的帖子《一位蜂农的忠告：珍惜生命　远离草莓》有直接的关系。此后搜索热度迅速下降，在 2—4 月处于小范围上下波动中，第二个小高峰为 4 月 27 日的 15535 次，与之前

① 《北京市食安委：北京市售草莓抽检未检出农药乙草胺》，人民网，2015 – 04 – 30，http：//society. people. com. cn/n/2015/0430/c1008 – 26933355. html。

② 《北京果农因“毒草莓”风波损失 2683 万元》，新浪网，2015 – 04 – 30，http：//news. sina. com. cn/c/2015 – 05 – 13/154831827792. shtml？cre = sinapc&mod = g&loc = 32&r = u&rfunc = 9。

不同的是此时的媒体指数也随之达到顶峰，媒体报道迅速增加。随后，媒体与网民的关注度逐渐降低，基本趋于稳定。

（三）事件影响

由于此次事件的最初的消息来源于央视，鉴于其在国内的影响力，事件很快得到了诸多媒体的转载，在社会中广泛传播，加之公众对于央视媒体比较信任，对于食品安全由来已久的不信任，因此，后期虽然草莓农药残留致癌事件经专家多次在多家媒体上辟谣，但是，对公众造成的消极影响已无法挽回，从媒体在事件爆发后披露的北京草莓市场的销售数据来看，草莓销售遭遇“滑铁卢”，对于草莓种植户来说可谓是致命的打击。而公众在面对此类信息时多是抱着“宁可信其有，不可信其无”的心态，虽然有专家之后的多次辟谣，但是事件爆发初始所传递的信息对公众影响更深，辟谣一时间并不能扭转公众看法，使其继续进行草莓消费的作用。

（四）建议与启示

针对此次事件所造成的难以挽回的消极影响，专家建议再次面对类似“检测出真相”的消息时，可以用5条标准对照判断是否可信：检测样品要具有代表性和公正性；检测设备和检测的方法及标准要符合相关要求；检测机构具有相关资质；检测结果应进行验证，检测样品应留存供日后再验证；检测结果的信息交流与公开要慎重，避免误导消费者和公众。这一判断标准不仅适用于媒体，媒体在得到一条新闻消息时需要经过这一系列标准对信息的真实性予以认真严肃的判断，避免传播未经证实的信息给公众带来恐慌，给相关产业带来无法挽回的损失。对于公众来说，自身也是一个不容忽视的传播载体，很多热门消息便是在公众一次次看似不起眼的转发中累积出来，因此，个人在微博、朋友圈中转发此类消息时，也应首先确定信息的真实性，避免成为谣言传播的“帮凶”。此外，此次事件的爆发也显示出了目前国内在食品检测方面的漏洞，缺乏对于食品检测相关程序的规定，缺乏具有公众认知度和认可度的检测机构，从而无法在最初就提供具有科学依据和可信赖性的检测报告，因此，政府除了依法惩处故意散播食品安全谣言，危害公众安全的行为，也应加快在食品安全检测方面的立法，确定各项检测标准与检测规范，得到公众的信任。

二　红肉致癌事件

（一）事件概述

2015 年 10 月 26 日，世界卫生组织旗下的国际癌症研究机构（IARC）发布报告，将香肠、火腿、培根等加工肉制品列为致癌物，把牛肉、羊肉、猪肉等红肉列为“较可能致癌物”（2A 类致癌物）。一时间，“红肉致癌”成网站头条，也刷爆了朋友圈。①

2015 年 10 月 29 日，世界卫生组织发表声明，国际癌症研究机构强调最新报告并未建议人们停吃加工肉，而是少吃以减少患肠癌风险。

2015 年 10 月 30 日，国内外相关肉类协会和农业部对报告缺乏实验作为科学依据表达不满。中国畜产品加工研究会在南京专门召开记者会，驳斥 IARC 的报告并建议其“撤销”报告。北美肉类协会等机构援引不同于世界卫生组织报告的专家观点称，癌症的病因非常复杂，并不能归因于任何单一的原因，比如肉类。②

2015 年 10 月 31 日，世界卫生组织驻华代表处举办媒体吹风会，回应世界卫生组织癌症研究机构（IARC）关于食用红肉和加工肉制品致癌性评定。在电话会议上，世界卫生组织驻日内瓦总部营养健康和发展司司长布兰卡博士（Dr. Branca）强调，对于红肉可能致癌的结论来说，目前红肉与癌症之间的证据是有限的，所以，建议人们在合理饮食的情况下不增加食用数量。此外，此次会议还指出加工肉制品虽与吸烟等其他癌症病因归于同一类别（国际癌症研究机构定为 1 类“人类致癌物”），但是，这并不意味着它们具有同样的危险性。国际癌症研究机构的分类指的是关于某一物质是否致癌的科学证据的力度，而不是评估风险水平。③

（二）红肉致癌事件网络舆情关注度发展趋势分析

同样，运用百度指数对 2015 年红肉致癌网络舆情关注度发展趋势进

---

① 《世界卫生组织回应称　红肉致癌证据有限》，人民网，2015 - 04 - 2，http://news.qq.com/a/20151031/005485.htm。

② 《WHO 回应红肉致癌事件：非常珍视自己中立地位》，搜狐网，2015 - 11 - 13，http://news.sohu.com/20151113/n426329371.shtml。

③ 《世界卫生组织回应称　红肉致癌证据有限》，《北京青年报》2015 年 10 月 31 日。

行分析，在百度网站百度指数搜索栏中输入关键词“红肉＋致癌”，并将时间范围设定为 2015 年 1—12 月，搜索结果如图 3－2 所示。

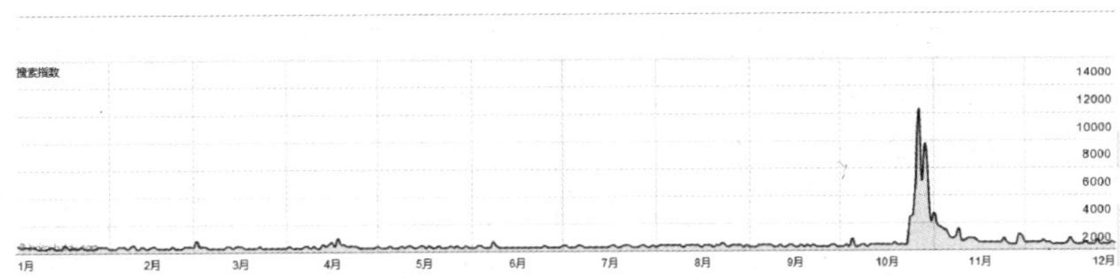

图 3－2 红肉致癌事件百度指数

从图 3－2 中可以看出，世界卫生组织旗下的国际癌症研究机构（IARC）在 10 月 26 日发布报告，将香肠、火腿、培根等加工肉制品列为致癌物，把牛肉、羊肉、猪肉等红肉列为“较可能致癌物”（2A 类致癌物）后，国内媒体纷纷用“红肉致癌”相关标题进行报道，百度指数在 10 月 27 日迅速达到顶峰，“红肉＋致癌”这一关键词被检索了 10460 次，此事件引起了人们极大的关注，也引起了诸多争议，因此搜索热度在接下来的几天也是居高不下。第二个小高峰出现在 10 月 29 日，世界卫生组织针对诸多质疑，对其公布的研究结果予以进一步的解释说明，使得人们对此事件再度予以关注，搜索次数达到 7875 次。公众的搜索指数与媒体指数基本一致。经过世界卫生组织对报告进行详细的解释后，公众和媒体对此事件的关注度也逐渐下降，最终恢复到先前稳定水平。

（三）事件影响

首先，此消息具备其特殊性，第一，此消息的发布者是世界卫生组织旗下的国际癌症研究机构（IARC），在公众心目中极具权威性；第二，此消息所涉及的加工肉制品及红肉是公众日常生活中几乎每天都会食用的，属于大众消费食品。所以此消息一经发布，立即引起了各方面的强烈关注。从公众角度来说，随着经济的发展、生活水平的提高，健康得到越来越多的重视，而食品正是与健康密切相关，因此成为人们关注的焦点。此次世界卫生组织的消息在经过各大媒体以“红肉致癌”为主题转载之后，使消费者对于加工肉制品及红肉的戒备心迅速提升，甚至产生抵触情绪。消费者对于加工肉制品及红肉的消极情绪对于相关产业来说打击是巨大的，因此，世界卫生组织的这一消息受到了来自国内外相关产业的批评与质疑，如中国畜产品加工研究会、北美肉类协会及澳大利亚农业部等机构。虽然世界卫生组织在消息发布后，通过媒体进一步详细解释了报告的内容，对于公众及媒体的过度及不准确的解读予以了纠正，但是却很难挽回公众对于“红肉”已经产生的畏惧及不信任的心理。而这一心理也对肉制品加工产业甚至畜产业带来不小的打击。

（四）建议与启示

此次事件成为2015年影响较大的食品安全谣言和媒体一味追求新闻的轰动效应而忽略了报道的真实准确性有很大的关系。媒体在世界卫生组织未对报告做出真实、详尽的解读的情况下就用“红肉致癌”这带有舆论导向性的语言进行了大量的报道，在社会上引起了广泛的讨论和争议。虽然后期在相关行业机构的质疑与压力下，世界卫生组织出面对报告做出了详尽科学的解读，但不免会让消费者对所涉及的肉制品产生怀疑情绪。因此，媒体在报道相关食品安全事件时，不能只追求新闻时效性，更重要的还是准确、科学、客观、公正地做出报道，而这无论是对公众，还是对食品行业都是极为必要的。当然，相关检验检测机构在向媒体公布各项检测报告时，也应主动做出必要解释，以免造成不必要的误会，使相关产业遭受不必要的损失。

三 饮料含肉毒杆菌事件

（一）事件概述

2015年4月15日，据媒体报道，近阶段，一则关于“含有添加剂的牛奶饮料里有肉毒杆菌”的消息在微信朋友圈上热传。产品涉及旺仔牛奶、可口可乐、爽歪歪、娃哈哈AD钙奶、未来星、QQ星、美汁源果粒奶优菠萝味。各地医院和食品主管部门表示肉毒杆菌喜欢存在于蛋白质含量高的地方，牛奶饮料中的蛋白质含量很少，而且企业生产时会经过高温杀菌，不可能有肉毒杆菌滋生。但此谣言依然通过微博、微信等大量传播。作为主要受害企业之一，杭州娃哈哈集团有限公司（以下简称娃哈哈）拒绝妥协，发布声明称已就此谣言事件的相关情况向公安机关报案，公安机关已立案侦查。①

2015 年 5 月 18 日，据媒体报道，中国饮料工业协会发布声明，确认饮料含肉毒杆菌的消息为谣言，其中所提及的各款饮料都未因食品安全或质量问题收到召回通知。但营养专家提醒，含乳饮料不宜代替牛奶长期饮用。此外，对于传言中所说的肉毒杆菌会导致白血病，专家表示并没有直接证据可以证实。②

（二）饮料含肉毒杆菌事件网络舆情关注度发展趋势分析

运用百度指数对 2015 年饮料含肉毒杆菌事件网络舆情关注度发展趋势进行分析，在百度网站百度指数搜索栏中输入关键词“饮料 + 肉毒杆菌”，并将时间范围设定为 2015 年 1—12 月，搜索结果如图 3 - 3 所示。

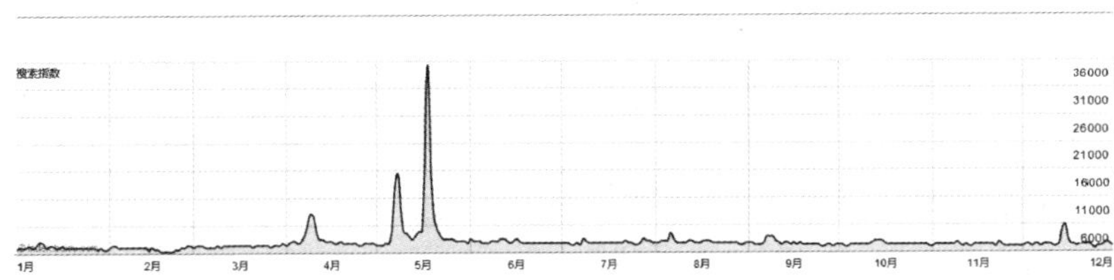

图 3 - 3 饮料含肉毒杆菌事件百度指数

从图 3 - 3 中可以看出，此次事件的搜索高峰出现在 3 个时间段，4 月中上旬为第一个小高峰，该事件经过微博及朋友圈的转发后，使得人们的关注度有所提升，4 月 9 日，“饮料 + 肉毒杆菌”这一关键词被检索了 8136 次。经过媒体求证相关部门及专家后，证实此次事件不实。但是，此次事件并没有因此淡出人们的视线，在 5 月中上旬，此次事件引起了人们更加强烈的关注，5 月 8 日，该事件被检索了 15729 次，5 月 18 日达到最高峰，被检索了 35428 次。经过多家媒体辟谣之后，人们对于此事件的关注度也逐渐下降，恢复到先前较低水平。与搜索指数呈现明显的高峰相比，媒体指数一直处于较大的波动状态，说明对此事件始终有媒体在进行相关报道，而报道中绝大多数是辟谣内容。

① 《“饮料含有肉毒杆菌”为谣言 公安机关已立案侦查》，新华网，2015 - 04 - 15，http：//news. sohu. com/20151113/n426329371. shtml。

② 《乳饮料含肉毒杆菌？谣言!》，食品科技网，2015 - 05 - 18，http：//www. tech - food. com/news/detail/n1205982. htm。

（三）事件影响

据了解，之所以会有此次谣言的爆发，还要追溯到两年前新西兰恒天然浓缩乳清蛋白粉召回事件，当时，该公司突然宣布，其一个工厂在2012年生产的浓缩乳清蛋白粉可能受到肉毒杆菌污染，并宣布召回可能受到肉毒杆菌污染的乳清蛋白粉。包括中国在内的全球多家乳制品生产企业都进口了这个批次的乳清蛋白粉，其中就涉及传闻中的娃哈哈、可口可乐等公司，不过各企业经过召回、检测，最终没有一家查出肉毒杆菌。随后，新西兰初级产业部宣布，检测结果证实在恒天然生产的原料中并不含肉毒杆菌。虽然此事件在最后被多方证实为是个“乌龙”，但是，消费者心中的疑虑却难以因此而消失，因此，此次谣言再次出现，是对消费者疑虑的验证，因此消费者会通过转发这一行为，表达其对此事件的认同。此外，此次谣言用了“妇幼保健院”“小孩”等大众比较相信的信源和比较关心的对象，成功抓住了读者的眼球，也博得了大众的信任；而人们在面对食品安全问题时“宁可信其有”的心理，更是加剧了谣言的传播。在此次事件中，毫无疑问，受到影响最大的是所提到的多家饮料生产企业，虽然未发生产品召回的情况，但是，就谣言传播的广度与深度来看，必然会对所涉及的饮料企业的相关产品的销售产生负面影响。事件所涉及的企业之一杭州娃哈哈集团有限公司拒绝妥协，向公安机关报案，公安机关对此谣言事件已立案侦查。娃哈哈的强硬回应不仅为自身挽回了部分被谣言损害的形象，为相同处境的企业树立了一个正面积极应对的榜样，也给传谣者敲响了一个警钟，不负责任的传播谣言也必将获得法律的制裁。

（四）建议与启示

对于谣言，除迅速反应、及时澄清之外，也应像娃哈哈那样通过法律的手段维护自己的合法权益，使造谣者及传播者获得应有的制裁。此外，个人也不应低估自己在传播谣言方面的影响力，一个随意转发就是帮助谣言向外扩张，在转发之前需理性地分析事件的可靠性，不做谣言的帮凶，让自己在适当的地方发声，推动事件的良性发展。作为监管及检测部门，应该提高其检测的效率和准确度，既能有效地抑制谣言的进一步传播，也不使任何一种对人体有害的食品进入市场。

四 总结

自“三聚氰胺”事件爆发以来，众多食品安全问题的涌现，使得公众对于食品安全的信心一步步跌入谷底，因此面对所传播的任何一个涉及食品安全问题的信息，公众始终抱着“宁可信其有”的态度，并伴有较为激烈的反抗情绪及行为。近两年来，随着朋友圈与微博的流行，公众通过简单的动动手指便可以传播信息，这在另一层面上也使得谣言的传播更加快速而便捷。正是公众的这一心理与行为及日益发展的传媒，让一些不法商家利用起来，恶意传播谣言，中伤竞争对手，从而自身从中获利。对于这类恶意传播谣言的行为，我国《刑法》第二百二十一条规定，捏造并散布虚伪事实，损害他人的商业信誉、商品声誉，给他人造成重大损失或者有其他严重情节的，处二年以下有期徒刑或者拘役，并处或者单处罚金。同时根据相关法律规定，利用信息网络诽谤他人，且同一诽谤信息实际被点击、浏览次数达到五千次以上，或者被转发次数达到五百次以上的，构成诽谤罪。[1] 法律的明文规定对于包括普通公众在内的所有人都有相同的约束力，因此，公众在进行转发时，一定要三思，用严谨求实的态度去对待关系到公众生命安全的信息。

当涉及食品安全方面的信息被证实为谣言时，涉及的行业监管部门、行业协会及食品生产企业应迅速共同联手打击网络谣言，断然遏制谣言传播。当然各大传统媒体、新兴媒体、自媒体也应自律，对没有获得政府机构及专业机构核实的信息，不轻易传播、不扩散谣言，不成为谣言的帮凶，履行其作为媒体应担当的社会责任，肃清社会不良风气，为社会大众营造一个健康、稳定的食品安全环境。

① 《“饮料含有肉毒杆菌”为谣言 公安机关已立案侦查》，新华网，2015－04－15，http：//news. xinhuatnet. com/food/2015－04－15/c－127691316. htm。

中　　篇

食品安全网络舆情实证研究

第四章

食品安全网络舆情公众调查报告

本章通过对涵盖我国东部、西部、南部、北部以及中部的12个省份48个不同城市的2640名受访网民的问卷调查，深入探讨网民对食品安全的认知与行为、食品安全网络舆情对食品安全风险感知的影响、网民参与食品安全风险治理的行为意愿等食品安全网络舆情研究的重要问题。

一　调查说明与受访网民特征

针对食品安全网络舆情中的认知行为等问题，2015年7—8月，在全国范围内选取安徽、福建、湖北、贵州、浙江、天津、新疆、山东、吉林、四川、江苏、内蒙古12个省份共48个规模不同的城市展开调研。调查人员主要为江南大学在校大学生，以学生家乡所在城市为依据分配调研地区。调查人员在调研之前已接受系统的培训。调研区域一般选择城市中的住宅小区、大型商场与超市、新华书店等人流聚集区，选择年龄在18岁及以上、知晓网络舆情的居民（网民）为调研对象。

本次调研共发放问卷2640份，回收有效问卷2490份，有效率为94.32%。对有效问卷进行分析，得到受访网民的基本特征，如表4－1所示。

表4－1　　　　受访网民的基本特征

特征描述	具体特征	频数（个）	有效比例（%）
性别	男	1070	42.97
	女	1420	57.03
年龄	18—25岁	712	28.59
	26—45岁	1058	42.49
	46—60岁	611	24.54
	60岁以上	109	4.38

续表

特征描述	具体特征	频数（个）	有效比例（%）
婚姻状况	已婚	1569	63.01
	未婚	921	36.99
学历	初中及以下	312	12.53
	高中或职业高中	572	22.97
	大专	552	22.17
	本科	959	38.51
	研究生及以上	95	3.82
职业	企事业单位的普通职工	827	33.21
	企事业单位较高层次的技术或管理人员	289	11.61
	企业主（私营企业老板、个体工商户主等）	197	7.91
	退休人员	139	5.58
	在校学生	453	18.19
	教师	129	5.18
	农民	156	6.26
	网络媒体工作者	35	1.41
	公务员	171	6.87
	其他	94	3.78
家庭人口数	1 人	35	1.41
	2 人	200	8.03
	3 人	1057	42.45
	4 人	640	25.70
	5 人	375	15.06
	5 人以上	183	7.35
个人月平均可支配收入	2000 元及以下	703	28.23
	2001—3300 元	755	30.32
	3301—4700 元	600	24.10
	4700 元以上	432	17.35

从表 4-1 中可以看出，受访网民具有如下基本特征：女性多于男性，已婚人数比例大于未婚人数比例；年龄段以 18—60 岁为主，其中 26—45

岁的受访网民比例最大；学历层次较高，其中大专、本科、研究生及以上的受访网民的比例之和为64.50%；企事业单位的普通职工的比例最高，为33.21%，而在校学生、企事业单位较高层次的技术或管理人员的比例也较高，分别为18.19%、11.61%；家庭人口数为3人的比例最高，为42.45%；个人月平均可支配收入在2001—3300元的比例最高，为30.32%，在4700元以上的比例最低，为17.35%。

二 网民对食品安全的认知与行为

分析网民对食品安全的认知与行为是开展食品安全网络舆情研究的重要基础。本调查从“与过去相比（如2015年）食品安全的总体状况”，“对未来食品安全状况的信心”，“规避食品安全风险、降低食品安全事件可能产生的伤害的能力”，“参与食品安全治理最主要的方式”等方面探讨网民对食品安全的认知与行为。

（一）与过去相比（如2015年）食品安全的总体状况

图4-1显示，与过去相比（如2015年），在2490名受访网民中，认为食品安全的总体状况有所好转的比例最高，为34.06%；认为大有好转的比例为7.23%；而认为有所变差和变差了的比例分别为8.27%和17.55%；认为基本上没变化的比例为32.89%。可见，受访网民对食品安全的总体状况的改善比较认可。

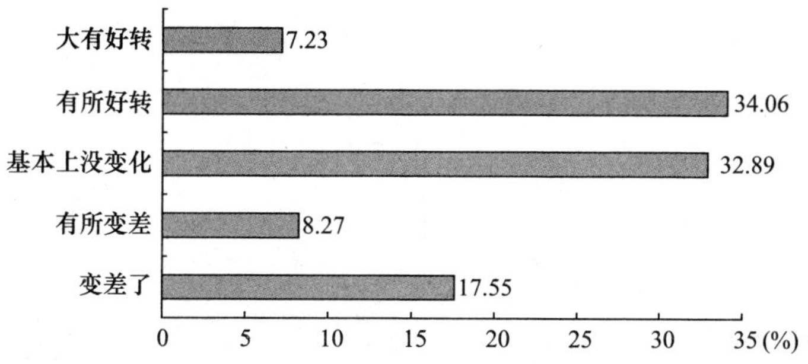

图4-1 受访网民对食品安全总体状况的评价

（二）对未来食品安全状况的信心

从图 4－2 中可以看出，对未来食品安全状况的信心，表示信心一般的受访网民的比例为 27. 43%；表示信心较强和信心很强的受访网民的比例分别为 28. 07% 和 11. 93%；而表示信心较弱和信心很弱的受访网民的比例分别为 20. 96% 和 11. 61%。可见，受访网民对未来食品安全状况比较有信心。

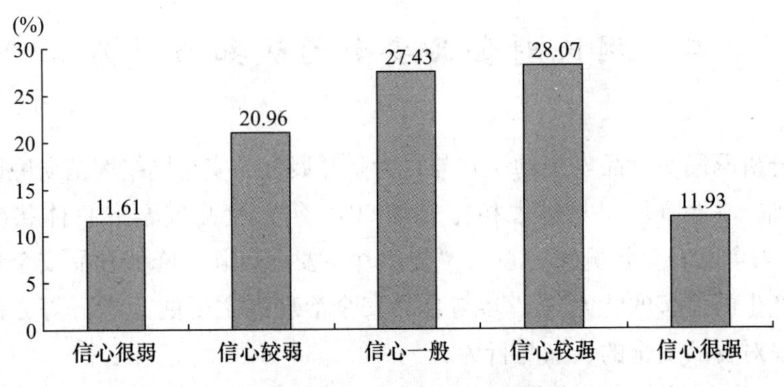

图 4－2 受访网民对未来食品安全状况的信心

（三）规避食品安全风险、降低食品安全事件可能产生的伤害的能力

图 4－3 显示，对于自身规避食品安全风险、降低食品安全事件可能产生的伤害能力，50. 48% 的受访网民表示能力一般；分别有 19. 28% 和 8. 23% 的受访网民表示能力较弱和能力很弱；18. 43% 的受访网民表示能

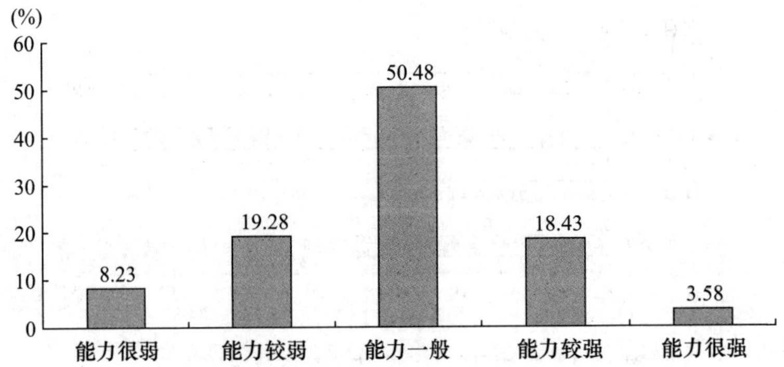

图 4－3 受访网民对自身规避食品安全风险、降低食品安全事件可能产生的伤害能力的评价

力较强；仅有3.58%的受访网民表示能力很强。可见，受访网民认为，自身规避食品安全风险、降低食品安全事件可能产生的伤害的能力并不太强。

（四）参与食品安全治理最主要的方式

图4-4显示，对于参与食品安全治理最主要的方式，34.86%的受访网民选择通过大众网络平台进行互动；29.60%的受访网民选择电话举报；19.12%的受访网民选择网络举报；10.00%的受访网民选择通过政府官方网络平台进行互动；6.42%的受访网民选择其他。可见，通过大众网络平台进行互动与电话举报是大部分受访网民参与食品安全治理最主要的方式。

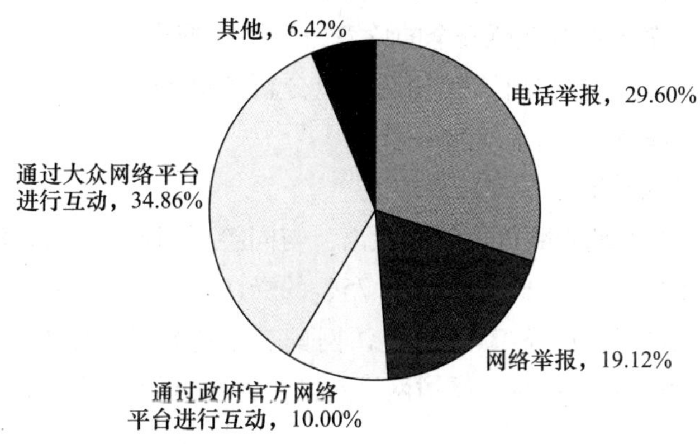

图4-4　受访网民参与食品安全治理最主要的方式

（五）我国目前食品安全风险的整体状况

图4-5显示，对于我国目前食品安全风险的整体状况，82.49%的受

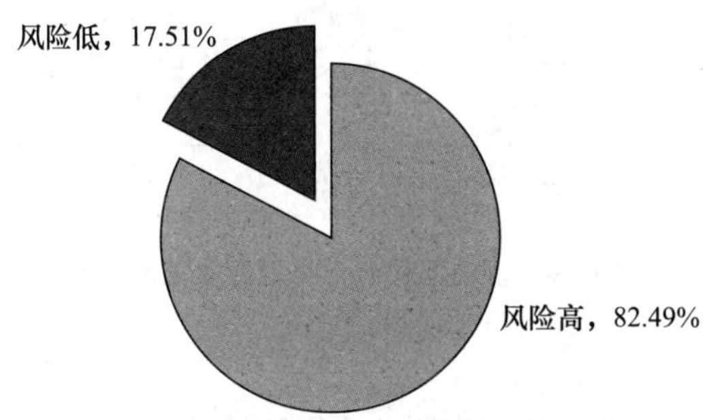

图4-5　受访网民对我国目前食品安全风险整体状况的评价

访网民认为风险高，17.51%的受访网民认为风险低。可见，大部分受访网民认为我国目前食品安全风险较高。

三　食品安全网络舆情对食品安全风险感知的影响

公众的食品安全风险感知影响其食品消费，而食品安全网络舆情对食品安全风险感知具有一定的影响。本调查设置了“与同龄人相比，您的健康状况如何”“对于饮食对身体健康所造成的影响，您的重视程度如何”“食品安全事件对健康安全的危害如何”、“您通过网络平台参与食品安全事件讨论的频率如何”等问题，以分析食品安全网络舆情对食品安全风险感知的影响。

（一）健康状况

从图4－6的调查数据中可以看出，与同龄人相比，39.32%的受访网民表示自身的健康状况比较好；36.75%的受访网民表示一般；10.56%的受访网民表示非常好；8.71%的受访网民表示比较差；仅有4.66%的受访网民表示非常差。可见，受访网民对自身的健康状况评价较高。

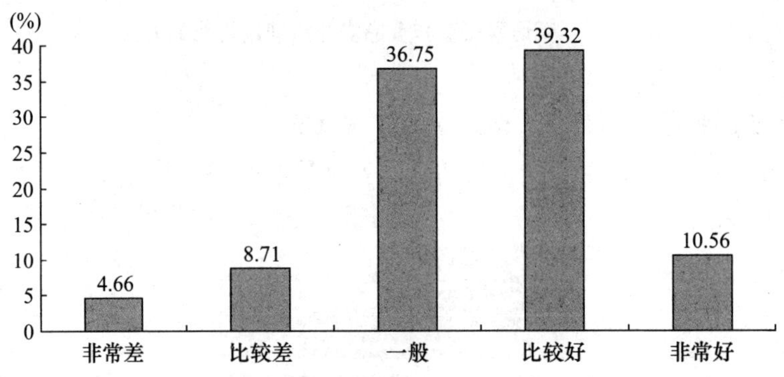

图4－6　受访网民对自身健康状况的评价

（二）对于饮食对身体健康所造成影响的重视程度

图4－7显示，分别有45.06%和26.51%的受访网民表示对于饮食对

身体健康所造成影响比较重视和非常重视，21.04%的受访网民表示重视程度一般，分别仅有4.86%和2.53%的受访网民表示不太重视和很不重视。可见，大部分受访网民对于饮食对身体健康所造成影响的重视程度较高。

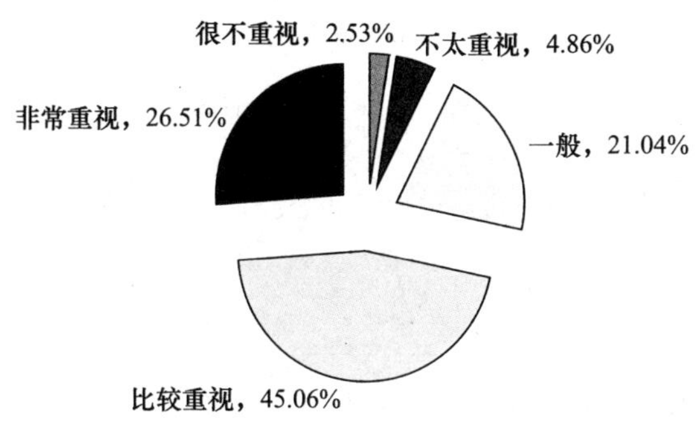

图4-7　受访网民对于饮食对身体健康所造成影响的重视程度

（三）食品安全事件对健康安全的危害

从图4-8的调查结果中可以看出，53.10%的受访网民认为食品安全事件对健康安全的危害很大；22.17%的受访网民认为危害较大；13.01%的受访网民认为危害一般；8.31%的受访网民表示危害较小；仅有3.41%的受访网民表示危害很小。可见，大部分受访网民都认为食品安全事件对健康安全产生较大危害。

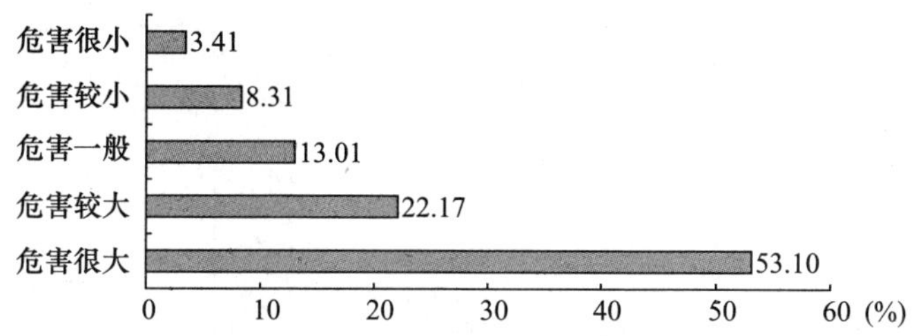

图4-8　受访网民关于食品安全事件对健康安全的危害程度的认识

（四）通过网络平台参与食品安全事件讨论的频率

图4-9的调查数据显示，36.59%的受访网民表示通过网络平台参与

食品安全事件讨论的频率一般；分别有 26. 31% 和 14. 02% 的受访网民表示频率很低和频率较低；17. 47% 的受访网民表示频率较高；仅有 5. 61% 的受访网民表示频率很高。可见，受访网民通过网络平台参与食品安全事件讨论的频率不是太高。

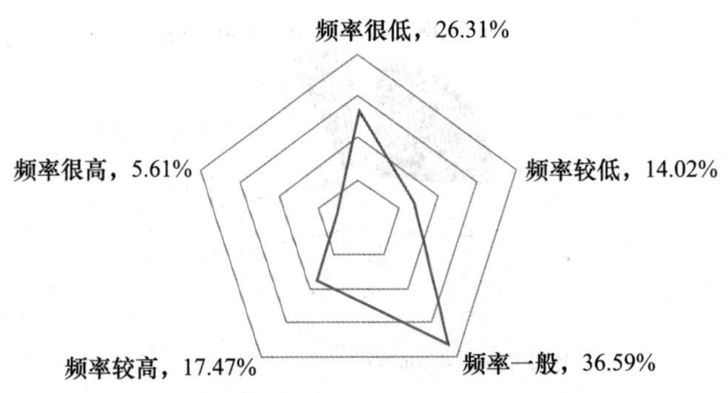

图 4 – 9 受访网民通过网络平台参与食品安全事件讨论的频率

（五）对网络中有关食品安全事件的负面信息的关注度

对于网络中有关食品安全事件的负面信息（如转基因食品、农药残留等对身体健康可能产生的危害），分别有 35. 46% 和 17. 07% 的受访网民表示关注度较高和关注度很高；24. 30% 的受访网民表示关注度一般；分别有 13. 49% 和 9. 68% 的受访网民表示关注度较低和关注度很低。可见，受访网民比较关注网络中有关食品安全事件的负面信息。

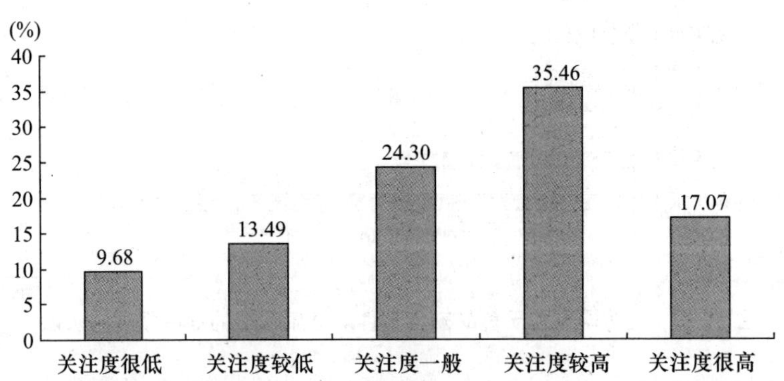

图 4 – 10 受访网民对网络中有关食品安全事件负面信息的关注度

（六）对网络中有关食品安全事件的正面信息的关注度

图 4－11 显示，40. 20% 的受访网民对于网络中有关食品安全事件的正面信息（如转基因食品的优点、相关辟谣信息等）的关注度一般；分别有 26. 19% 和 6. 18% 的受访网民表示关注度较高和关注度很高；分别有 16. 99% 和 10. 44% 的受访网民表示关注度较低和关注度很低。可见，受访网民对网络中有关食品安全事件的正面信息具有一定的关注度。

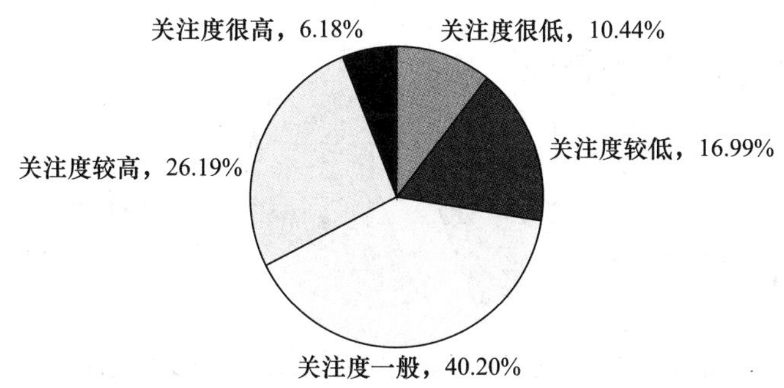

图 4－11　受访网民对网络中有关食品安全事件正面信息的关注度

（七）最近一次通过网络所关注的食品安全信息

图 4－12 显示，52. 93% 的受访网民表示最近一次通过网络所关注的食品安全信息是负面信息；28. 88% 的受访网民表示最近一次通过网络所关注的食品安全信息是正面信息；18. 19% 的受访网民表示没有关注过食品安全信息。可见，较大一部分受访网民最近一次通过网络所关注的食品安全信息是负面信息。

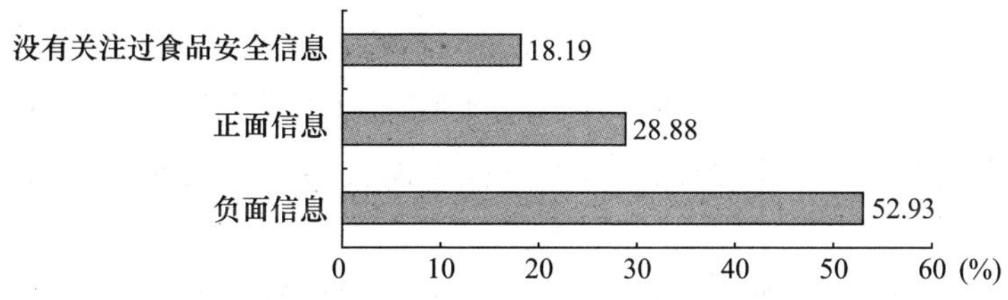

图 4－12　受访网民最近一次通过网络所关注的食品安全信息

（八）最近一次通过网络讨论我国食品安全风险时对方的认识

图 4－13 显示，55.78% 的受访网民表示最近一次通过网络讨论我国食品安全风险时和其讨论的人认为食品安全风险高；18.11% 的受访网民表示和其讨论的人认为食品安全风险低；26.11% 的受访网民表示没有和他人讨论过食品安全风险。可见，较大一部分受访网民最近一次通过网络讨论我国食品安全风险时和其讨论的人认为食品安全风险高。

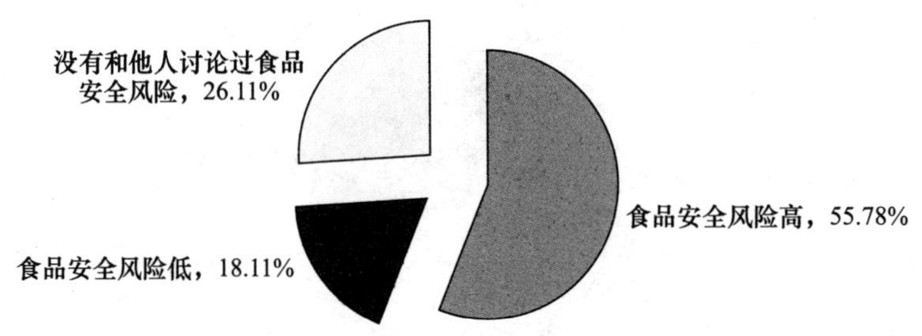

图 4－13　受访网民最近一次通过网络讨论我国食品安全风险时和其讨论人的认识

四　网民参与食品安全风险治理的行为意愿

食品安全风险治理需要政府、媒体、公众等主体共同参与。《报告》通过调查受访网民对“参与食品安全风险治理有利于获取食品安全信息，了解食品安全状况”，“参与食品安全风险治理有利于构建食品安全风险社会共治体系，降低食品安全风险”，“参与食品安全风险治理有利于与他人交流对食品安全事件的观点、意见与情绪，最大限度地满足自己的社会归属感需求”，“参与食品安全风险治理可以抢占话语权，并获得别人的信赖与尊重”等说法的认同程度，探讨网民参与食品安全风险治理的行为意愿。

（一）有利于获取食品安全信息，了解食品安全状况

图 4－14 显示，对于“参与食品安全风险治理有利于获取食品安全信息，了解食品安全状况”这种说法，分别有 34.78% 和 34.54% 的受访网民表示比较认同和很认同；18.88% 的受访网民表示一般认同；8.47%

的受访网民表示有些认同；仅有3.33%的受访网民表示绝不认同。可见，大部分受访网民认为参与食品安全风险治理有利于获取食品安全信息，了解食品安全状况。

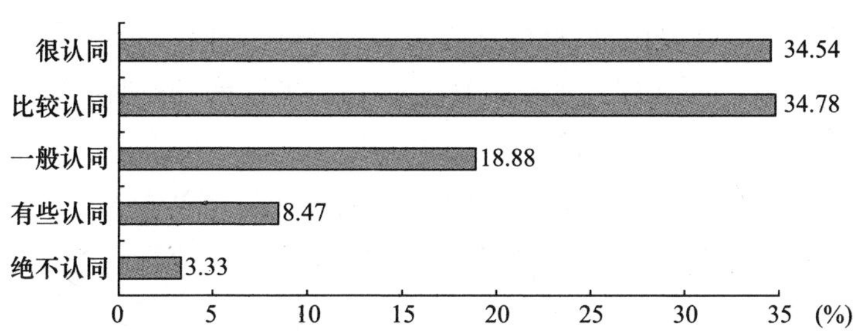

图4-14　受访网民对“参与食品安全风险治理有利于获取食品安全信息，了解食品安全状况”的认同程度

（二）有利于构建食品安全风险社会共治体系，降低食品安全风险

图4-15显示，对于“参与食品安全风险治理有利于构建食品安全风险社会共治体系，降低食品安全风险”这种说法，分别有36.51%和33.21%的受访网民表示比较认同和很认同；20.52%的受访网民表示一般认同；7.27%的受访网民表示有些认同；仅有2.49%的受访网民表示绝不认同。可见，大部分受访网民认为参与食品安全风险治理有利于构建食品安全风险社会共治体系，降低食品安全风险。

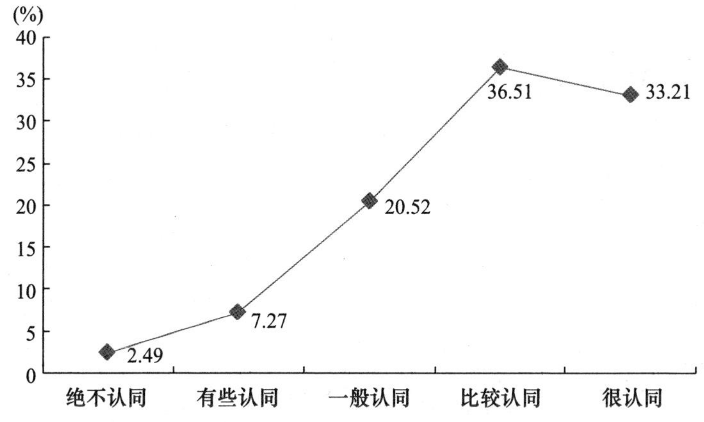

图4-15　受访网民对“参与食品安全风险治理有利于构建食品安全风险社会共治体系，降低食品安全风险”的认同程度

（三）有利于与他人交流对食品安全事件的观点、意见与情绪，最大限度地满足自己的社会归属感需求

图4－16显示，对于“参与食品安全风险治理有利于与他人交流对食品安全事件的观点、意见与情绪，最大限度地满足自己的社会归属感需求”这种说法，分别有35.86%和21.08%的受访网民表示比较认同和很认同；26.51%的受访网民表示一般认同；12.29%的受访网民表示有些认同；仅有4.26%的受访网民表示绝不认同。可见，大部分受访网民认为参与食品安全风险治理有利于与他人交流对食品安全事件的观点、意见与情绪，最大限度地满足自己的社会归属感需求。

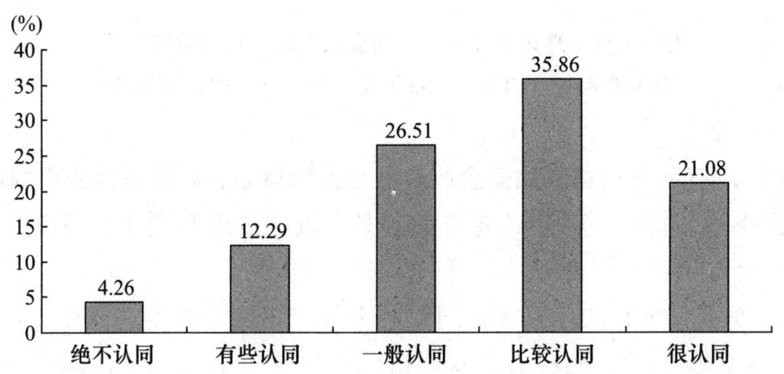

图4－16　受访网民对“参与食品安全风险治理有利于与他人交流对食品安全事件的观点、意见与情绪，最大限度地满足自己的社会归属感需求”的认同程度

（四）可以抢占话语权，并获得别人的信赖与尊重

图4－17显示，对于“参与食品安全风险治理可以抢占话语权，并获得别人的信赖与尊重”这种说法，28.11%的受访网民表示一般认同；分别有23.90%和12.25%的受访网民表示比较认同和很认同；分别有18.83%和16.91%的受访网民表示有些认同和绝不认同。可见，受访网民在较大程度上认同“参与食品安全风险治理可以抢占话语权，并获得别人的信赖与尊重”这种说法。

（五）可以发挥自身的价值，满足自我实现需求

图4－18显示，对于“参与食品安全风险治理可以发挥自身的价值，满足自我实现需求”这种说法，28.27%的受访网民表示一般认同；分别

有25.62%和14.06%的受访网民表示比较认同和很认同；分别有20.80%和11.25%的受访网民表示有些认同和绝不认同。可见，受访网民对“参与食品安全风险治理可以发挥自身的价值，满足自我实现需求”这种说法的认同程度比较高。

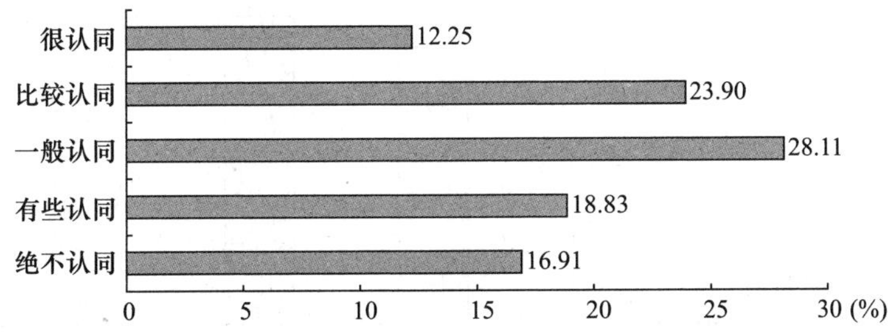

图4－17　受访网民对“参与食品安全风险治理可以抢占话语权，并获得别人的信赖与尊重”的认同程度

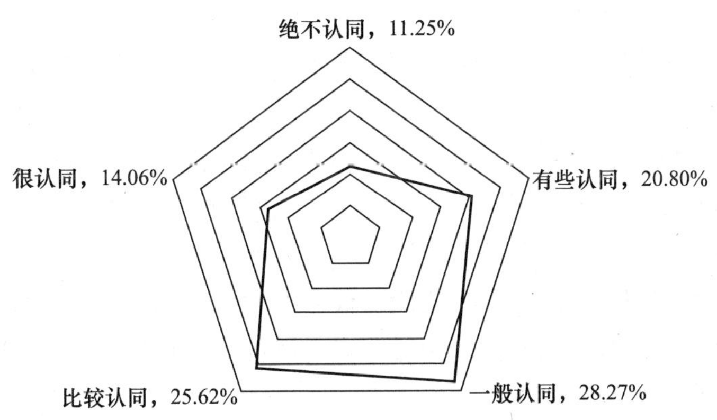

图4－18　受访网民对“参与食品安全风险治理可以发挥自身的价值，满足自我实现需求”的认同程度

（六）政府有关推进食品安全风险治理的方针政策对受访网民参与行为的影响

图4－19显示，对于“政府有关推进食品安全风险治理的方针政策，可以激发我的参与行为”这种说法，分别有32.29%和20.08%的受访网民表示比较认同和很认同；27.31%的受访网民表示一般认同；15.46%的

受访网民表示有些认同；仅有4.86%的受访网民表示绝不认同。可见，大部分受访网民认为政府有关推进食品安全风险治理的方针政策，可以激发自身的参与行为。

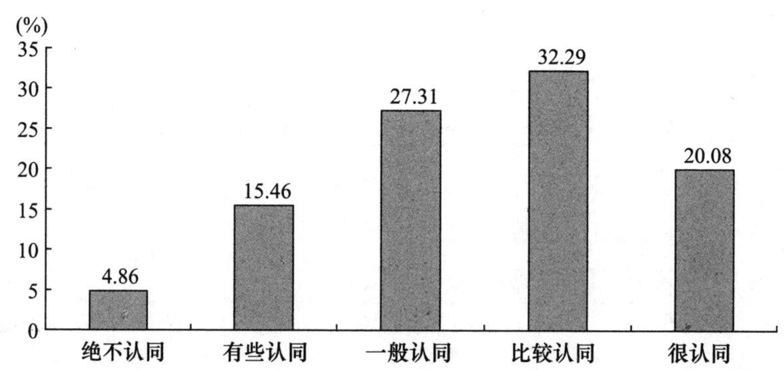

图4－19 受访网民对“政府有关推进食品安全风险治理的方针政策，可以激发我的参与行为”的认同程度

（七）媒体有关食品安全风险治理的新闻报道与宣传对受访网民参与行为的影响

图4－20显示，对于“媒体有关食品安全风险治理的新闻报道与宣传，可以激发我的参与行为”这种说法，分别有32.49%和18.76%的受访网民表示比较认同和很认同；28.03%的受访网民表示一般认同；15.38%的受访网民表示有些认同；仅有5.34%的受访网民表示绝不认同。可见，大部分受访网民认为媒体有关食品安全风险治理的新闻报道与宣传，可以激发自身的参与行为。

（八）亲戚朋友参与食品安全风险治理的行为对受访网民参与行为的影响

图4－21显示，对于“亲戚朋友参与食品安全风险治理的行为，可以激发我的参与行为”这种说法，分别有32.49%和17.55%的受访网民表示比较认同和很认同；28.55%的受访网民表示一般认同；16.51%的受访网民表示有些认同；仅有4.90%的受访网民表示绝不认同。可见，大部分受访网民认为亲戚朋友参与食品安全风险治理的行为，可以激发自身的参与行为。

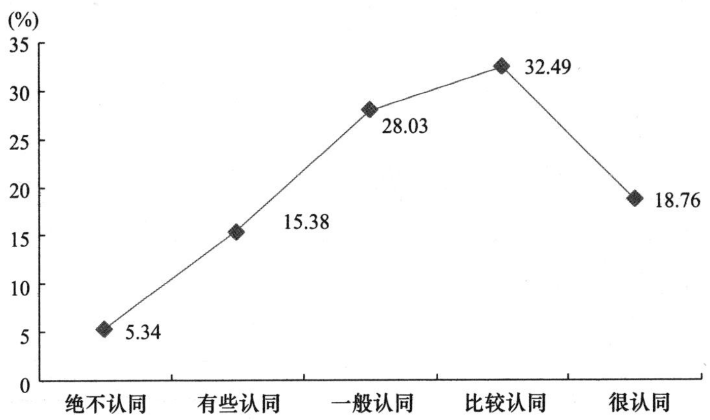

图 4－20 受访网民对“媒体有关食品安全风险治理的新闻报道与宣传，可以激发我的参与行为”的认同程度

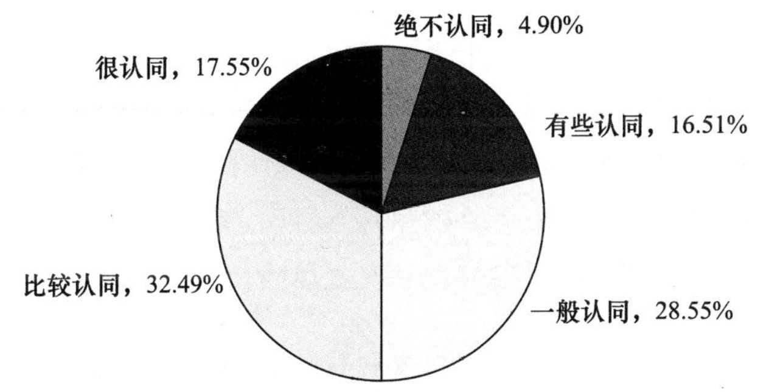

图 4－21 受访网民对“亲戚朋友参与食品安全风险治理的行为，可以激发我的参与行为”的认同程度

（九）网络明星、政府发言人、专家学者等网络意见领袖参与食品安全风险治理的行为对受访网民参与行为的影响

图 4－22 显示，对于“网络明星、政府发言人、专家学者等网络意见领袖参与食品安全风险治理的行为，可以激发我的参与行为”这种说法，31. 00% 的受访网民表示一般认同；分别有 26. 95% 和 15. 54% 的受访网民表示比较认同和很认同；19. 72% 的受访网民表示有些认同；仅有 6. 79% 的受访网民表示绝不认同。可见，大部分受访网民认为网络明星、政府发言人、专家学者等网络意见领袖参与食品安全风险治理的行为，可

以激发自身的参与行为。

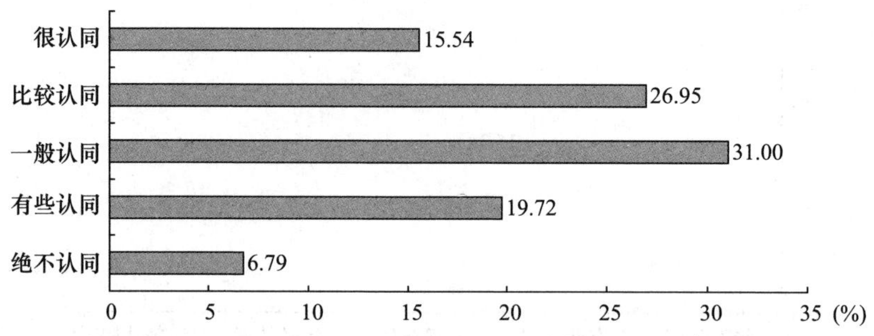

图4－22 受访网民对“网络明星、政府发言人、专家学者等网络意见领袖参与食品安全风险治理的行为，可以激发我的参与行为”的认同程度

（十）其他网民参与食品安全风险治理的行为对受访网民参与行为的影响

图4－23显示，对于“其他网民参与食品安全风险治理的行为，可以激发我的参与行为”这种说法，34.22%的受访网民表示一般认同，分别有24.58%和13.05%的受访网民表示比较认同和很认同；22.21%的受访网民表示有些认同；仅有5.94%的受访网民表示绝不认同。可见，大部分受访网民认为其他网民参与食品安全风险治理的行为，可以激发自身的参与行为。

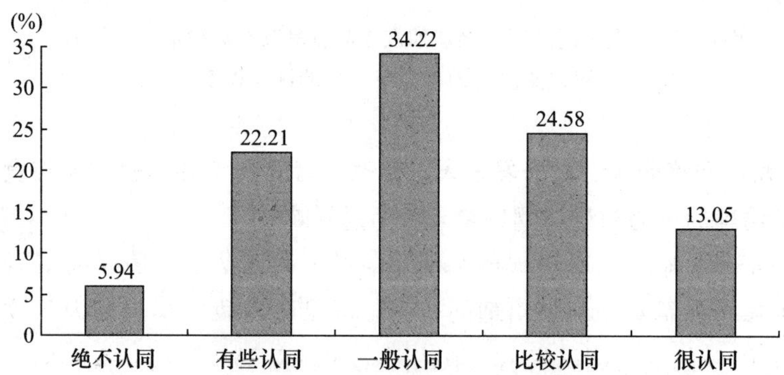

图4－23 受访网民对“其他网民参与食品安全风险治理的行为，可以激发我的参与行为”的认同程度

（十一）参与食品安全风险治理的食品安全专业知识与能力

图4－24显示，对于“我具有参与食品安全风险治理的食品安全专业知识与能力”这种说法，29.44%的受访网民表示一般认同；分别有24.82%和24.01%的受访网民表示有些认同和比较认同；分别有11.81%和9.92%的受访网民表示很认同和绝不认同。可见，受访网民对于“我具有参与食品安全风险治理的食品安全专业知识与能力”这种说法的认同程度并非很高。

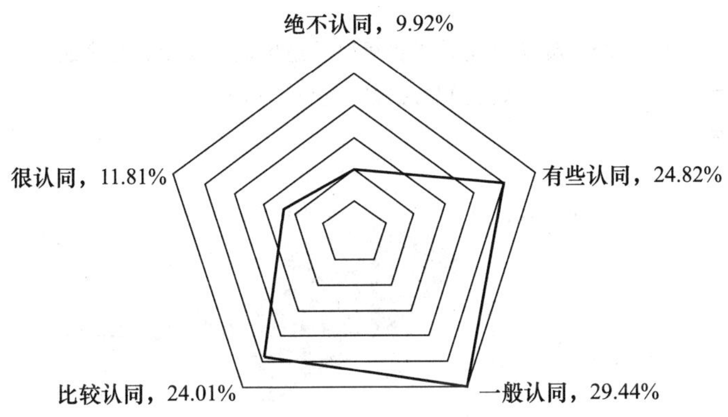

图4－24　受访网民对“我具有参与食品安全风险治理的食品安全专业知识与能力”的认同程度

（十二）通过便捷的途径参与食品安全风险治理

图4－25显示，对于“我可以通过便捷的途径参与食品安全风险治理”这种说法，30.76%的受访网民表示一般认同；分别有24.78%和10.72%的受访网民表示有些认同和绝不认同；分别有21.53%和12.21%的受访网民表示比较认同和很认同。可见，大部分受访网民对“我可以通过便捷的途径参与食品安全风险治理”这种说法的认同程度不是很高。

（十三）采取有效的方式参与食品安全风险治理

图4－26显示对于“我可以采取有效的方式参与食品安全风险治理”这种说法，30.20%的受访网民表示一般认同；分别有23.21%和13.82%的受访网民表示比较认同和很认同；分别有22.09%和10.68%的受访网民表示有些认同和绝不认同。可见，大部分受访网民对“我可以采取有效的方式参与食品安全风险治理”这种说法的认同程度并非很高。

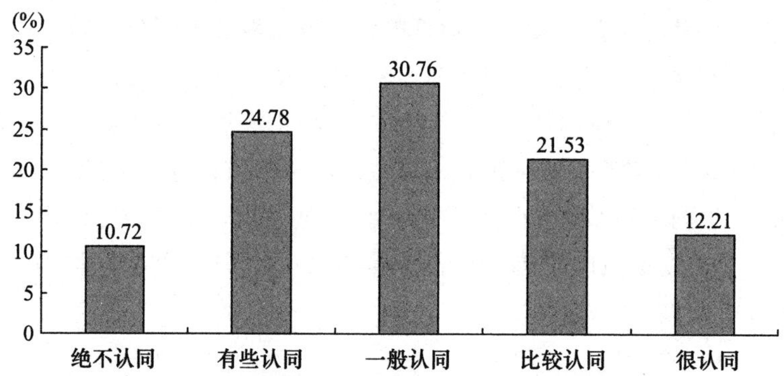

图 4－25　受访网民对“我可以通过便捷的途径参与食品安全风险治理”的认同程度

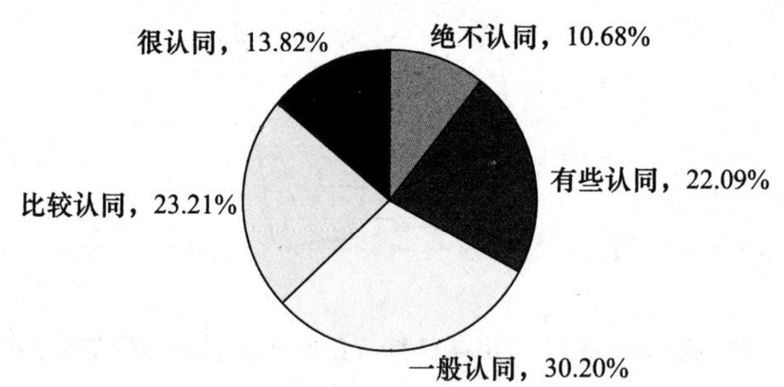

图 4－26　受访网民对“我可以采取有效的方式参与食品安全风险治理”的认同程度

（十四）完善的激励机制

图 4－27 显示，对于“具有完善的激励机制激发我参与食品安全风险治理”这种说法，分别有 27.51% 和 15.58% 的受访网民表示比较认同和很认同；27.11% 的受访网民表示一般认同；分别有 20.00% 和 9.80% 的受访网民表示有些认同和绝不认同。可见，大部分受访网民对“具有完善的激励机制激发我参与食品安全风险治理”这种说法的认同程度较高。

（十五）完善的保护机制

图 4－28 显示，对于“具有完善的保护机制保障我参与食品安全风险治理过程中的信息与人身安全”这种说法，分别有 29.00% 和 18.03% 的受访网民表示比较认同和很认同；27.91% 的受访网民表示一般认同；分

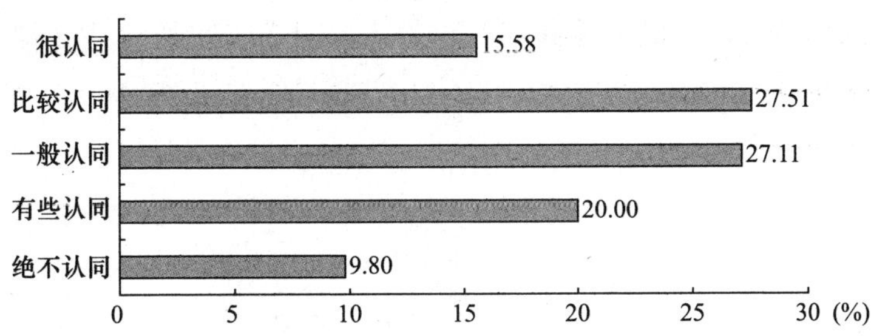

图 4－27　受访网民对“具有完善的激励机制激发我参与食品安全风险治理”的认同程度

别有 16. 02% 和 9. 04% 的受访网民表示有些认同和绝不认同。可见，大部分受访网民对“具有完善的保护机制保障我参与食品安全风险治理过程中的信息与人身安全”这种说法的认同程度较高。

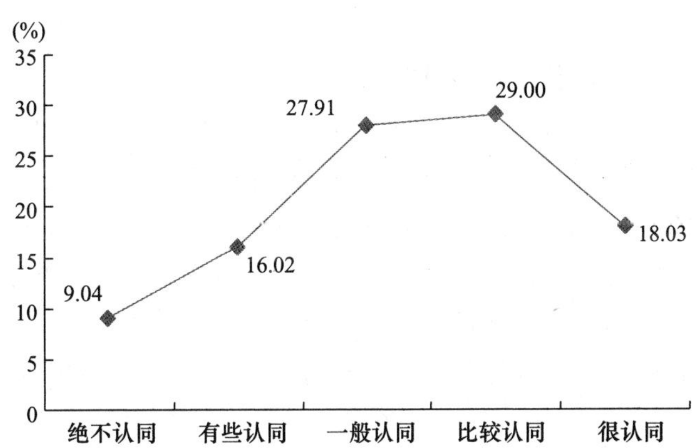

图 4－28　受访网民对“具有完善的保护机制保障我参与食品安全风险治理过程中的信息与人身安全”的认同程度

（十六）完善的信息反馈机制

图 4－29 显示，对于“在参与食品安全风险治理过程中具有完善的信息反馈机制保障我与政府相关部门之间的互动”这种说法，分别有 28. 43% 和 17. 23% 的受访网民表示比较认同和很认同；27. 23% 的受访网民表示一般认同；分别有 18. 15% 和 8. 96% 的受访网民表示有些认同和绝不认同。可见，大部分受访网民对“在参与食品安全风险治理过程中具

有完善的信息反馈机制保障我与政府相关部门之间的互动”这种说法的认同程度较高。

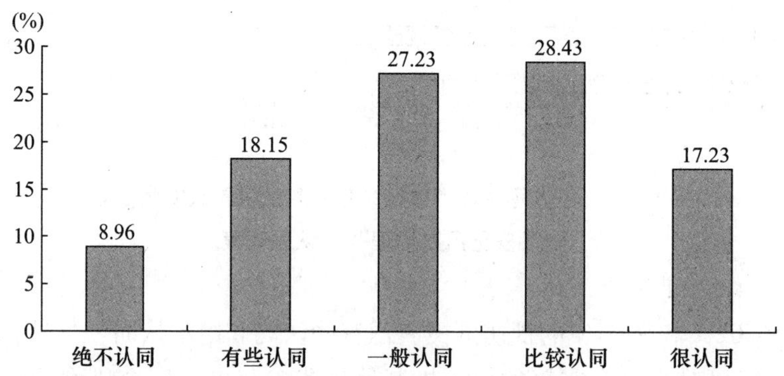

图4－29 受访网民对“在参与食品安全风险治理过程中具有完善的信息反馈机制保障我与政府相关部门之间的互动”的认同程度

（十七）完善的信息甄别机制

图4－30显示，对于“在参与食品安全风险治理过程中具有完善的信息甄别机制保证我获取与传播信息的真实准确性”这种说法，分别有27.67%和21.24%的受访网民表示比较认同和很认同；26.51%的受访网民表示一般认同；分别有16.43%和8.15%的受访网民表示有些认同和绝不认同。可见，大部分受访网民对“在参与食品安全风险治理过程中具有完善的信息甄别机制保证我获取与传播信息的真实准确性”的认同程度较高。

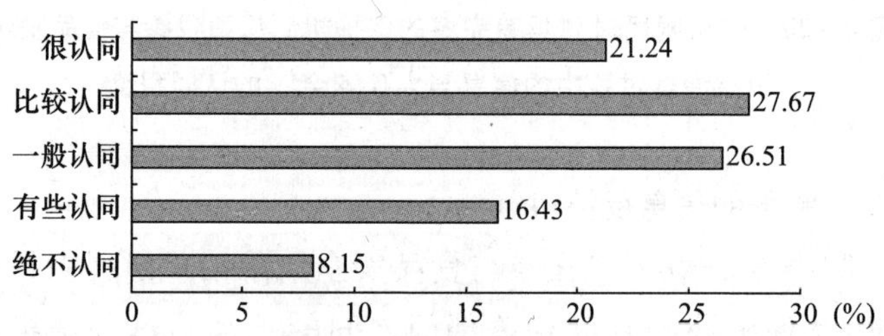

图4－30 受访网民对“在参与食品安全风险治理过程中具有完善的信息甄别机制保证我获取与传播信息的真实准确性”的认同程度

（十八）参与食品安全风险治理的意愿

图4－31显示，对于“我具有参与食品安全风险治理的意愿”这种说法，分别有30.40%和25.43%的受访网民表示比较认同和很认同；28.35%的受访网民表示一般认同；12.41%的受访网民表示有些认同；仅有3.41%的受访网民表示绝不认同。可见，大部分受访网民具有参与食品安全风险治理的意愿。

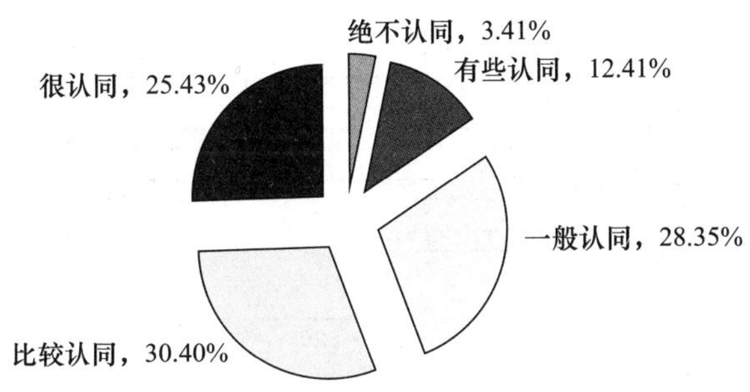

图4－31　受访网民对“我具有参与食品安全风险治理的意愿”的认同程度

（十九）对参与食品安全风险治理的行为的支持

图4－32显示，对于“我支持参与食品安全风险治理的行为”这种说法，分别有34.66%和29.88%的受访网民表示很认同和比较认同；23.49%的受访网民表示一般认同；9.64%的受访网民表示有些认同；仅有2.33%的受访网民表示绝不认同。可见，大部分受访网民支持参与食品安全风险治理的行为。

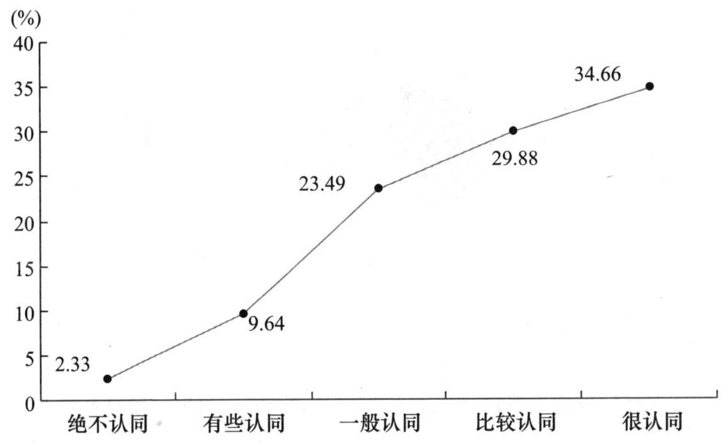

图4－32　受访网民对“我支持参与食品安全风险治理的行为”的认同程度

（二十）劝说别人参与食品安全风险治理

图 4 – 33 显示，对于“我会劝说别人参与食品安全风险治理”这种说法，30. 36% 的受访网民表示一般认同；分别有 30. 24% 和 20. 44% 的受访网民表示比较认同和很认同；14. 90% 的受访网民表示有些认同；仅有 4. 06% 的受访网民表示绝不认同。可见，大部分受访网民会劝说别人参与食品安全风险治理。

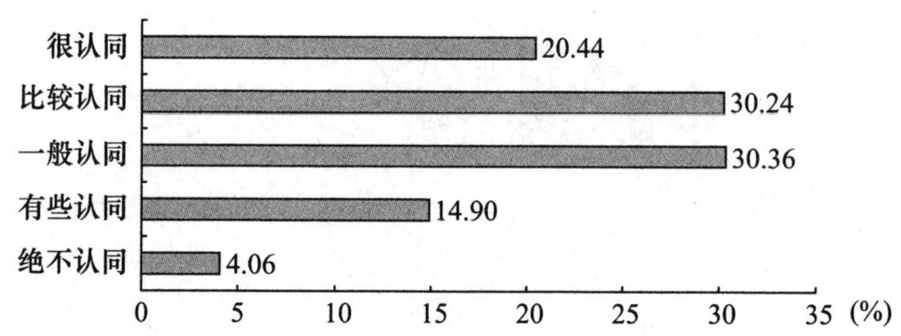

图 4 – 33　受访网民对“我会劝说别人参与食品安全风险治理”的认同程度

（二十一）参与食品安全风险治理

图 4 – 34 显示，对于“我会参与食品安全风险治理”这种说法，分别有 32. 25% 和 22. 17% 的受访网民表示比较认同和很认同；27. 99% 的受访网民表示一般认同；13. 21% 的受访网民表示有些认同；仅有 4. 38% 的受访网民表示绝不认同。可见，大部分受访网民会参与食品安全风险治理。

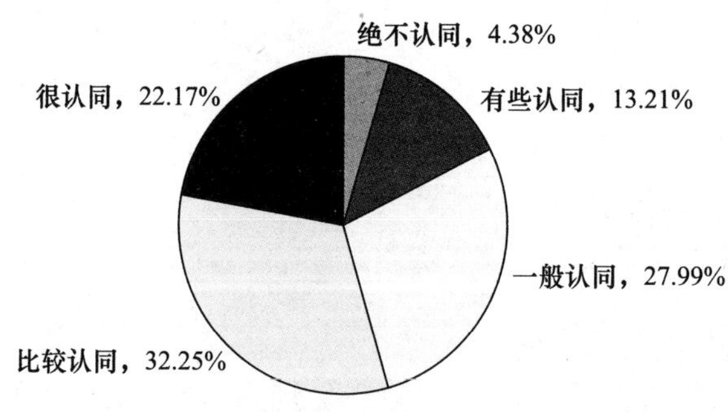

图 4 – 34　受访网民对“我会参与食品安全风险治理”的认同程度

五　主要结论

通过问卷调查，分析网民对食品安全的认知与行为、食品安全网络舆情对食品安全风险感知的影响、网民参与食品安全风险治理的行为意愿等问题，得出如下主要结论：

（一）大部分受访网民比较认可食品安全状况的改善且比较有信心

从调查结果中可以看出，与过去相比（如 2015 年），大部分受访网民对食品安全的总体状况的改善比较认可。正因为对食品安全总体状况的评价较高，公众对未来食品安全状况也比较有信心。可见，通过社会各界的不懈努力，我国食品安全状况不断好转，且“整体稳定、趋势向好”的总体态势也逐渐被公众所认可。公众对食品安全状况良好态势的认可有助于提高政府的公信力，从而进一步推动食品安全风险治理工作的开展。

（二）大部分受访网民规避食品安全风险、降低食品安全事件可能产生的伤害的能力不强且认为目前食品安全风险较高

调查结果显示，大部分受访网民对自身规避食品安全风险、降低食品安全事件可能产生的伤害的能力的评价不高，这可能与食品安全事件成因复杂、专业性强而公众的食品安全知识相对匮乏有关。此外，虽然大部分受访网民对食品安全状况的改善比较认可且比较有信心，但是仍然认为我国目前食品安全风险较高，这可能是因为食品安全风险治理是一项复杂的系统工程，具有复杂性、长期性、艰巨性等特征，难以在短期内完成，食品安全事件时有发生，从而导致公众所感知到的风险较高。因此，一方面需要通过宣传、培训等手段不断提高公众食品安全专业知识水平与食品安全风险应对能力；另一方面需要进一步加强食品安全风险治理，为公众营造良好的食品安全环境。

（三）大部分受访网民通过网络平台参与食品安全事件讨论的频率不高且更关注网络中的负面信息

对于通过网络平台参与食品安全事件讨论的频率，受访网民表示不是太高；对于网络中有关食品安全事件的信息，受访网民表示对负面信息的关注度高于对正面信息的关注度。网络是公众获取食品安全事件的相关信息，表达意见、情绪、态度等的重要渠道；通过网络平台参与食品安全事件讨论，对于政府了解社情民意、推动食品安全治理具有重要意义。网络中有关食品安全事件的负面信息，容易引起公众的食品安全恐慌心理；公众对负面信息的关注度更高，则更容易受到负面信息所产生的影响。食品安全网络舆情是公众参与食品安全监管的重要平台，需要构建健康有序的食品安全网络舆情平台，引导公众积极、理性地参与食品安全事件讨论；此外，还需要净化网络环境，努力消除网络中的虚假信息，并不断培养公众的信息甄别能力，促使公众科学地看待食品安全网络舆情信息。

（四）大部分受访网民参与食品安全风险治理的意愿较高

调查显示，大部分受访网民对于参与食品安全风险治理的意愿较高，对参与食品安全风险治理的行为比较支持，也会劝说别人参与食品安全风险治理，同时表示会参与食品安全风险治理。在食品安全风险治理过程中，面对数量庞大的监管对象，政府的监管力量相对有限，公众作为重要的补充力量，对于实现全面、实时的食品安全监管具有重大意义。需要进一步拓宽公众参与食品安全风险治理的渠道，不断完善食品安全风险治理公众参与机制，努力提高公众食品安全科学素养，充分发挥公众在食品安全风险治理过程中的重要作用。

第五章

网民参与食品安全风险治理行为意愿的影响因素

在食品安全风险治理中，网民是重要的参与主体，其参与行为对食品安全社会共治产生重要影响。《报告》第四章分析了网民参与食品安全风险治理的行为意愿，本章基于第四章的问卷调查数据，深入探讨网民参与食品安全风险治理行为意愿的影响因素，为食品安全社会共治提供基础。

一　引言

近年来，食品安全问题受到社会的广泛关注，如何更科学有效地开展食品安全监管已成为迫切需要解决的重要问题。我国食品企业众多，政府的监管力量相对有限，需要充分发挥社会力量的作用，形成食品安全社会共治，以实现对食品安全全面、实时的监管。针对食品安全与社会共治，相关学者进行了大量的研究。王名等（2014）对社会共治中多元主体的构成和主体间的关系进行了分析，并对多元共治的机制和制度保障进行了探讨①；陈彦丽（2014）分析了食品安全社会共治机制的结构与条件，探讨了食品安全社会共治的实现对策②；张曼等（2014）介绍了欧洲食品安全社会共治的经验，分析了作为社会共治中责任主体的企业、政府、第三方监管力量在食品安全中发挥的作用及所存在的问题③；

① 王名、蔡志鸿、王春婷：《社会共治：多元主体共同治理的实践探索与制度创新》，《中国行政管理》2014 年第 12 期。

② 陈彦丽：《食品安全社会共治机制研究》，《学术交流》2014 年第 9 期。

③ 张曼、唐晓纯、普蓂喆、张璟、郑风田：《食品安全社会共治：企业、政府与第三方监管力量》，《食品科学》2014 年第 13 期。

邓刚宏（2015）指出，单一政府监管模式是产生食品安全风险的体制障碍，并提出了食品安全社会共治体系的理论构想[①]；王冀宁等（2016）通过建立与分析媒介、政府部门和食品企业关于食品安全治理的三方动态博弈模型，研究影响各个主体不同决策行为的影响因素[②]；王建华等（2016）通过分析食品安全风险社会共治的现实困境，提出食品安全风险社会共治的治理逻辑。[③] 此外，谢康等（2015）[④]、赵谦和周健华（2015）[⑤]、黄铭威（2016）[⑥] 也对食品安全与社会共治的相关问题进行了研究。从上述文献可以看出，相关学者对食品安全社会共治的体系、机制等进行了探讨，为食品安全社会共治的深入研究提供了重要的基础。然而，现有大部分文献主要关注食品安全社会共治的体系框架，对食品安全社会共治参与主体的深入研究较少，且以定性分析为主，缺乏实证数据的支撑。在食品安全社会共治中，网民通过网络发布与传播食品安全相关信息，是食品安全风险治理的重要力量。研究网民参与食品安全风险治理的行为意愿，对于推进食品安全社会共治，提高食品安全风险治理水平具有重要意义。本章以调研数据为基础，研究网民参与食品安全风险治理行为意愿的影响因素。

二　问卷设计与数据收集

Ajzen（1985，1991）提出了计划行为理论，指出行为意向受到行为

① 邓刚宏：《构建食品安全社会共治模式的法治逻辑与路径》，《南京社会科学》2015 年第 2 期。

② 王冀宁、陈森、陈庭强：《基于三方动态博弈的食品安全社会共治研究》，《江苏农业科学》2016 年第 5 期。

③ 王建华、葛佳烨、朱湄：《食品安全风险社会共治的现实困境及其治理逻辑》，《社会科学研究》2016 年第 6 期。

④ 谢康、肖静华、杨楠堃、刘亚平：《社会震慑信号与价值重构——食品安全社会共治的制度分析》，《经济学动态》2015 年第 10 期。

⑤ 赵谦、周健华：《消费者参与食品安全社会共治的逻辑诠释》，《湖北警官学院学报》2015 年第 2 期。

⑥ 黄铭威：《食品安全社会共治实现的路径选择》，《辽宁工业大学学报》（社会科学版）2016 年第 3 期。

态度、主观规范、知觉行为控制的影响。[①][②] Pavlou 和 Fygenson（2006）[③]、刘健和张宁（2014）[④]、程琳和郑军（2014）[⑤]、张红和张再生（2015）[⑥]分别在电子商务、高速铁路乘坐意向、菜农质量安全行为实施意愿、居民参与社区治理行为等领域展开研究，证实了计划行为理论在相关领域的适用性。利用计划行为理论，结合食品安全风险治理的特点，分析网民参与食品安全风险治理的行为意愿，提出如下假设：

H_1：行为态度对网民参与食品安全风险治理行为意愿具有影响。

H_2：主观规范对网民参与食品安全风险治理行为意愿具有影响。

H_3：知觉行为控制对网民参与食品安全风险治理行为意愿具有影响。

H_4：网民的行为态度、主观规范、知觉行为控制之间存在两两相关关系。

根据上述假设，构建网民参与食品安全风险治理行为的假设模型，如图 5－1 所示。

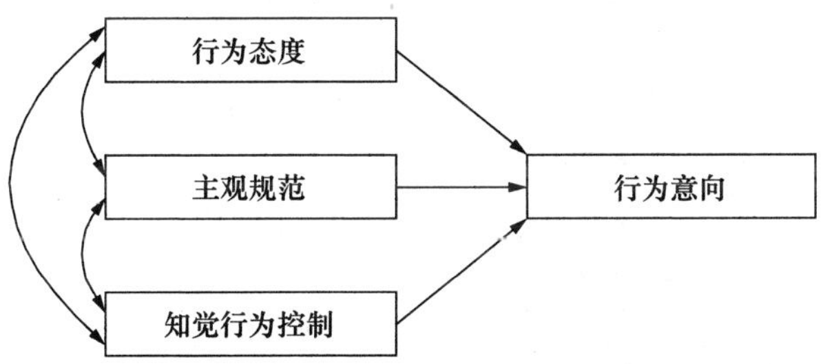

图 5－1　食品安全网络舆情中网民参与食品安全风险治理行为的假设模型

① Ajzen, I., "From intentions to actions: A theory of planned behavior". In J. Kuhl and J. Beckman (eds.), *Action－control: From Cognition to Behavior*, Heidelberg, Germany: Springer, 1985, pp. 11－39.

② Ajzen, I., "The Theory of Planned Behavior", *Organizational Behavior and Human Decision Processes*, Vol. 50, No. 2, 1991, pp. 179－211.

③ Pavlou, P. A. and Fygenson, M., Understanding and Predicting Electronic Commerce Adoption: An Extension of the Theory of Planned Behavior, *Mis Quarterly*, Vol. 30, No. 1, 2006, pp. 115－143.

④ 刘健、张宁：《基于计划行为理论的高速铁路乘坐意向研究》，《管理学报》2014 年第 9 期。

⑤ 程琳、郑军：《菜农质量安全行为实施意愿及其影响因素分析——基于计划行为理论和山东省 497 份农户调查数据》，《湖南农业大学学报》（社会科学版）2014 年第 4 期。

⑥ 张红、张再生：《基于计划行为理论的居民参与社区治理行为影响因素分析——以天津市为例》，《天津大学学报》（社会科学版）2015 年第 6 期。

基于计划行为理论，结合食品安全风险治理过程中网民的参与行为，并参考相关研究中已广泛使用与验证的问卷量表设计调查问卷，测量题项如表 5 – 1 所示。测量题项采用李克特 5 级量表，1 表示绝不认同，2 表示有些认同，3 表示一般认同，4 表示比较认同，5 表示很认同。

表 5 – 1　　　　假设模型中的变量

变量	测量题项
行为态度	Q_1：参与食品安全风险治理有利于与他人交流对食品安全事件的观点、意见与情绪，最大限度地满足自己的社会归属感需求
	Q_2：参与食品安全风险治理可以抢占话语权，并获得别人的信赖与尊重
	Q_3：参与食品安全风险治理可以发挥自身的价值，满足自我实现需求
主观规范	Q_4：政府有关推进食品安全风险治理的方针政策，可以激发我的参与行为
	Q_5：媒体有关食品安全风险治理的新闻报道与宣传，可以激发我的参与行为
	Q_6：亲戚朋友参与食品安全风险治理的行为，可以激发我的参与行为
	Q_7：网络明星、政府发言人、专家学者等网络意见领袖参与食品安全风险治理的行为，可以激发我的参与行为
	Q_8：其他网民参与食品安全风险治理的行为，可以激发我的参与行为
知觉行为控制	Q_9：我具有参与食品安全风险治理的食品安全专业知识与能力
	Q_{10}：我可以通过便捷的途径参与食品安全风险治理
	Q_{11}：我可以采取有效的方式参与食品安全风险治理
	Q_{12}：具有完善的激励机制激发我参与食品安全风险治理
	Q_{13}：具有完善的保护机制保障我参与食品安全风险治理过程中的信息与人身安全
	Q_{14}：在参与食品安全风险治理过程中具有完善的信息反馈机制保障我与政府相关部门之间的互动
	Q_{15}：在参与食品安全风险治理过程中具有完善的信息甄别机制保证我获取与传播信息的真实准确性
行为意向	Q_{16}：我具有参与食品安全风险治理的意愿
	Q_{17}：我支持参与食品安全风险治理的行为
	Q_{18}：我会劝说别人参与食品安全风险治理
	Q_{19}：我会参与食品安全风险治理

根据上述变量与测量题项设计调查问卷，并于 2015 年 7—8 月进行问卷调查。调查说明、数据收集以及受访网民特征详见《报告》第四章。

三　假设模型检验

使用 SPSS 19.0 对调研数据进行分析，检验样本数据的信度与效度。分析结果显示，克伦巴赫系数 α（Cronbach's α）为 0.910，折半信度系数（Guttman Split - Half Coefficient）为 0.795，表明样本数据内部的一致性较高；因子分析适当性检验的 KMO 值为 0.917，Bartlett 球形检验的近似卡方为 20918.740，显著性水平为 0.000，拒绝零假设，表明表 5 - 1 中的测量变量之间存在共同因素。可见，该样本数据的信度与效度较好，适合进行因子分析。将 2490 份样本数据分成两部分，一部分进行探索性因子分析，另一部分进行验证性因子分析。

（一）探索性因子分析

对表 5 - 1 中的变量题项进行探索性因子分析，得到如下分析结果：

1. 行为态度

通过因子分析，抽取了一个有效因子。变量 Q_1、Q_2、Q_3 的因子载荷分别为 0.724、0.841、0.821，方差解释比率为 63.491%；克伦巴赫系数 α 为 0.712，折半信度系数为 0.665，因子分析适当性检验的 KMO 值为 0.650，Bartlett 球形检验的近似卡方为 748.568，显著性水平为 0.000，拒绝零假设，信度与效度水平良好。因此，该维度的变量指标为 Q_1、Q_2、Q_3。

2. 主观规范

分析结果显示，抽取了一个有效因子。变量 Q_4、Q_5、Q_6、Q_7、Q_8 的因子载荷分别为 0.749、0.780、0.746、0.733、0.715，方差解释比率为 55.501%；克伦巴赫系数 α 为 0.799，折半信度系数为 0.693，因子分析适当性检验的 KMO 值为 0.801，Bartlett 球形检验的近似卡方为 1789.509，显著性水平为 0.000，拒绝零假设，信度与效度较好。因此，该维度的变量指标为 Q_4、Q_5、Q_6、Q_7、Q_8。

3. 知觉行为控制

通过因子分析，抽取了两个有效因子：一个是变量 Q_9、Q_{10}、Q_{11}，另一个是 Q_{12}、Q_{13}、Q_{14}、Q_{15}。可以将这两个方面划分为自身条件和外部条件，分别对这两方面进行因子分析。其中，自身条件的变量 Q_9、Q_{10}、Q_{11}

的因子载荷分别为 0.767、0.875、0.829，方差解释比率为 68.056%，克伦巴赫系数 α 为 0.764，折半信度系数为 0.676，因子分析适当性检验的 KMO 值为 0.661，Bartlett 球形检验的近似卡方为 1018.416，显著性水平为 0.000，拒绝零假设，信度与效度较好，因此自身条件方面的变量指标应该为 Q_9、Q_{10}、Q_{11}；外部条件的变量 Q_{12}、Q_{13}、Q_{14}、Q_{15} 的因子载荷分别为 0.750、0.838、0.845、0.808，方差解释比率为 65.817%，克伦巴赫系数 α 为 0.826，折半信度系数为 0.764，因子分析适当性检验的 KMO 值为 0.753，Bartlett 球形检验的近似卡方为 1911.213，显著性水平为 0.000，拒绝零假设，信度与效度较好，因此，外部条件方面的变量指标应该为 Q_{12}、Q_{13}、Q_{14}、Q_{15}。

4. 行为意向

通过因子分析，抽取了一个有效因子。变量 Q_{16}、Q_{17}、Q_{18}、Q_{19} 的因子载荷分别为 0.802、0.784、0.822、0.844，方差解释比率为 66.148%；克伦巴赫系数 α 为 0.829，折半信度系数为 0.796，因子分析适当性检验的 KMO 值为 0.789，Bartlett 球形检验的近似卡方为 1825.342，显著性水平为 0.000，拒绝零假设，信度与效度较好。因此，该维度的变量指标为 Q_{16}、Q_{17}、Q_{18}、Q_{19}。

（二）验证性因子分析

使用 AMOS 19.0 对假设模型进行拟合度检验，分析结果如表 5-2 所示。

表 5-2　　假设模型整体拟合度检验结果

拟合指数名称	实际拟合值	评价标准	评价结果
拟合优度指出（GFI）	0.953	>0.90	理想
近似误差均方根（RMSEA）	0.054	<0.08	理想
调整拟合优度指标（AGFI）	0.931	>0.90	理想
规范拟合指数（NFI）	0.951	>0.90	理想
增值拟合指数（IFI）	0.961	>0.90	理想
Tucker-Lewis 指数（TLI）	0.948	>0.90	理想
比较拟合指数（CFI）	0.961	>0.90	理想
相对拟合指数（RFI）	0.935	>0.90	理想
简约规范拟合指数（PNFI）	0.712	>0.50	理想
简约比较拟合指数（PCFI）	0.720	>0.50	理想
简约拟合优度指数（PGFI）	0.642	>0.50	理想
卡方自由度（χ^2/df）	4.57	<5.00	理想

从表5－2中可以看出，假设模型整体拟合度较好，表明假设模型与问卷调查数据具有较好的契合度。假设模型各潜变量之间的路径关系分析结果如表5－3所示。

表5－3　　　　假设模型各潜变量之间的路径关系回归系数

	估计值	标准差	关键比率	标准回归权重	P值
行为意向<---行为态度	-0.337	0.088	-3.835	-0.486	***
行为意向<---主观规范	0.984	0.164	6.002	0.956	***
行为意向<---自身条件	0.161	0.054	2.957	0.203	0.003
行为意向<---外部条件	-0.043	0.058	-0.738	-0.053	0.461

注：*** 表示在0.01的水平上显著。

表5－3的结果数据显示，对于网民参与食品安全风险治理的行为意愿，行为态度、主观规范、自身条件具有显著的影响，而外部条件的影响不显著，假设H_1、H_2得到验证，H_3得到部分验证。此外，对假设模型各潜变量之间的相关关系进行分析，结果如表5－4所示。

表5－4　　　　潜变量的协方差关系系数

	估计值	标准差	关键比率	标准回归权重	P值
行为态度<--->主观规范	0.628	0.039	15.969	0.857	***
主观规范<--->自身条件	0.476	0.035	13.494	0.740	***
自身条件<--->外部条件	0.609	0.043	14.096	0.739	***
行为态度<--->自身条件	0.619	0.042	14.640	0.648	***
主观规范<--->外部条件	0.458	0.032	14.126	0.725	***
行为态度<--->外部条件	0.505	0.038	13.186	0.538	***

注：*** 表示在0.01的水平上显著。

从表5－4的分析结果中可以看出，行为态度、主观规范、自身条件、外部条件之间存在显著的交互作用，假设H_4得到验证。

根据上述研究结果，假设模型的路径分析结果如图5－2所示。

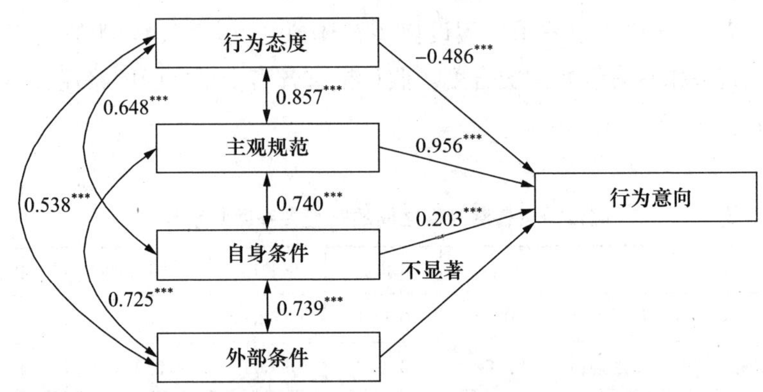

图5－2 网民参与食品安全风险治理行为假设模型的路径分析结果

注：*** 表示在0.01的水平上显著。

四 研究结论

本章基于计划行为理论设计调查问卷，并通过对调研数据的分析，研究网民参与食品安全风险治理行为意愿的影响因素，得出如下主要研究结论：

（1）对于网民参与食品安全风险治理的行为意愿，主观规范的影响最大，标准化路径系数为0.956。这可能是因为网民在网络中所受到的约束较小，而基于政府的权威性其所制定的相关政策与规定会对网民产生较强的引导作用，因此当政府通过制定相关的方针政策来推进食品安全风险治理时，将对网民参与食品安全风险治理的行为意愿产生较大的影响；此外，基于网民的从众心理，其认知与行为容易受到媒体、网络意见领袖以及其他网民的影响，媒体对食品安全风险治理的宣传、亲戚朋友以及网络意见领袖等参与食品安全风险治理的行为，会对网民参与食品安全风险治理的行为意愿产生较大的影响。

（2）自身条件对网民参与食品安全风险治理的行为意愿具有一定的影响，标准化路径系数为0.203。这可能是因为参与食品安全风险治理的食品安全专业知识与能力、便捷的途径、有效的方式是网民能够参与食品安全风险治理的一些基础条件，这些条件可以促使网民更好地参与食品安全风险治理，因此对网民参与食品安全风险治理的行为意愿具有一定的正向影响关系；然而，即使参与食品安全风险治理的食品安全专业知识与能力等条件不是很好，网民参与食品安全风险治理的行为意愿仍然可以较高，因此自身条件对网民参与食品安全风险治理的行为意愿的影响不是很大。

（3）行为态度对网民参与食品安全风险治理的行为意愿具有负向影响，标准化路径系数为 -0.486。可能的解释是，"有利于与他人交流对食品安全事件的观点、意见与情绪，最大限度地满足自己的社会归属感需求""可以抢占话语权，并获得别人的信赖与尊重""可以发挥自身的价值，满足自我实现需求"是对参与食品安全风险治理的行为的评价，这些评价更注重参与行为在满足自己社会归属感需求、抢占话语权与获得别人的信赖与尊重等方面所发挥的作用，而不是在改善食品安全状况等方面发挥的作用，因此，这些行为态度对网民参与食品安全风险治理的行为意愿具有负向影响关系。

（4）外部条件对网民参与食品安全风险治理的行为意愿的影响不显著。完善的激励机制、完善的保护机制、完善的信息反馈机制、完善的信息甄别机制是网民参与食品安全风险治理的一些外部条件，这些条件虽然能够为网民的参与提供激励与保障，但并不会显著影响网民参与食品安全风险治理的行为意愿。

综上所述，主观规范对网民参与食品安全风险治理的行为意愿的影响最大，应该进一步制定与完善食品安全风险治理的相关方针政策，积极发挥媒体的宣传作用，并努力培养具有正确价值观与丰富食品安全专业知识的网络意见领袖，引导网民积极参与食品安全风险治理。此外，基于自身条件对网民参与食品安全风险治理的行为意愿的影响，应进一步加强食品安全专业知识的宣传，提高网民食品安全专业知识水平，增强网民参与食品安全风险治理的能力，并拓宽参与食品安全风险治理的渠道，为网民提供更为便捷的参与途径以及更为有效的参与方式。

本章主要以网民为研究视角，研究网民参与食品安全风险治理行为意愿的影响因素。对于食品安全风险社会共治，其参与主体除了网民，还包括政府、媒体、企业等。如何界定各参与主体在食品安全风险社会共治中的角色与功能，协调各参与主体之间的关系，形成协同高效的食品安全风险社会共治体系，是需要进一步研究的重要问题。此外，食品安全网络舆情是公众参与食品安全管理的重要平台，如何发挥食品安全网络舆情在食品安全社会共治中的作用，也是未来研究需要重点关注的问题。

第六章

食品安全网络舆情对网民食品安全风险感知的影响

网民的食品安全风险感知影响其食品消费行为，甚至引发食品安全恐慌行为，威胁社会和谐稳定。《报告》第四章通过问卷调查研究了网民的食品安全风险感知。本章基于第四章的问卷调查数据，研究食品安全网络舆情对网民食品安全风险感知的影响，探讨食品安全风险管理的政策建议。

一　文献回顾

近年来，我国食品安全状况呈现出“整体稳定、趋势向好”的良好态势，但食品安全问题难以在短期内完全解决，频繁发生的食品安全事件不断刺激着公众脆弱的神经。从《报告》第四章的调查报告中可以看出，虽然受访网民比较认可食品安全总体状况的改善，但大部分受访网民认为我国目前食品安全风险较高。公众的食品安全风险感知是食品安全管理所要重点关注的方面，而食品安全网络舆情中的虚假信息容易对食品安全风险感知产生负面影响，甚至引发食品安全恐慌行为。研究食品安全风险感知，对于引导公众科学地看待食品安全风险，有效应对食品安全恐慌行为具有重要意义。对于食品安全风险感知，相关学者进行了大量研究。范春梅等（2012）以2008年的三聚氰胺问题奶粉事件为例分析了风险信息对消费者风险感知和控制感的影响。[①] 王二朋（2012）对食品安全事件冲击下消费者的食品安全风险感知与应对行为进行了研究。[②] 吴林海等

---

① 范春梅、贾建民、李华强：《食品安全事件中的公众风险感知及应对行为研究——以问题奶粉事件为例》，《管理评论》2012年第1期。

② 王二朋：《食品安全事件冲击下的消费者食品安全风险感知与应对行为分析——以三聚氰胺事件的冲击为例》，博士学位论文，南京农业大学，2012年。

（2013）以计划行为理论与结构方程模型为主要分析工具，研究了公众在添加剂滥用引发食品安全恐慌的情境下影响其食品添加剂风险感知的主要因素。① 马颖等（2013）运用传染病模型对食品行业突发事件风险感知传播的特征和过程进行了分析。② 崔波和马志浩（2013）选择转基因食品安全议题，研究了人际传播对风险感知的影响。③ 郭雪松等（2014）以西安市大米消费为例，研究了城市居民的食品风险感知维度及其影响因素。④ 张雯靓（2015）以崔永元、方舟子转基因食品论战为例，研究了公众人物在风险传播中对受众风险感知的影响。⑤ 此外，张金荣等（2013）、刘飞（2014）、唐晓纯等（2015）对食品安全风险感知的相关问题进行了研究。⑥⑦⑧ 从上述文献中可以看出，相关学者对食品安全风险感知的影响因素、传递过程等问题进行了深入研究，在研究思路与研究方法方面具有重要的借鉴意义。本章基于现有的研究文献，研究食品安全网络舆情对网民食品安全风险感知的影响，探寻由食品安全网络舆情的负面影响所引发的食品安全恐慌行为的应对策略。

二 研究设计

崔波和马志浩（2013）研究了转基因食品的讨论频率等因素对个体

① 吴林海、钟颖琦、山丽杰：《公众食品添加剂风险感知的影响因素分析》，《中国农村经济》2013 年第 5 期。

② 马颖、张园园、宋文广：《食品行业突发事件风险感知的传染病模型研究》，《科研管理》2013 年第 9 期。

③ 崔波、马志浩：《人际传播对风险感知的影响：以转基因食品为个案》，《新闻与传播研究》2013 年第 9 期。

④ 郭雪松、陶方易、黄杰：《城市居民的食品风险感知研究——以西安市大米消费为例》，《北京社会科学》2014 年第 11 期。

⑤ 张雯靓：《公众人物在风险传播中对受众风险感知的影响研究——以崔永元、方舟子转基因食品论战为例》，硕士学位论文，西北大学，2015 年。

⑥ 张金荣、刘岩、张文霞：《公众对食品安全风险的感知与建构——基于三城市公众食品安全风险感知状况调查的分析》，《吉林大学社会科学学报》2013 年第 2 期。

⑦ 刘飞：《食品安全的风险感知与消费策略》，《华南农业大学学报》（社会科学版）2014 年第 3 期。

⑧ 唐晓纯等：《消费者对网络食品安全信息的风险感知与影响研究》，《中国食品卫生杂志》2015 年第 4 期。

感知转基因食品的风险的影响。[①] 以相关文献的研究成果为基础，结合食品安全网络舆情的特征设计调研的问题，通过问卷调查研究食品安全网络舆情对食品安全风险感知的影响。问卷测量题项与选项如表6－1所示。

表6－1 问卷测量题项与选项

测量题项	选项
X_1：您认为，与同龄人相比，您的健康状况如何？	非常差＝1；比较差＝2；一般＝3；比较好＝4；非常好＝5
X_2：对于饮食对身体健康所造成影响，您的重视程度如何？	很不重视＝1；不太重视＝2；一般＝3；比较重视＝4；非常重视＝5
X_3：您认为，食品安全事件对健康安全的危害如何？	危害很大＝1；危害较大＝2；一般＝3；危害较小＝4；危害很小＝5
X_4：您通过网络平台参与食品安全事件讨论的频率如何？	频率很低＝1；频率较低＝2；一般＝3；频率较高＝4；频率很高＝5
X_5：您对网络中有关食品安全事件的负面信息（如转基因食品、农药残留等对身体健康可能产生的危害）的关注度如何？	关注度很低＝1；关注度较低＝2；一般＝3；关注度较高＝4；关注度很高＝5
X_6：您对网络中有关食品安全事件的正面信息（如转基因食品的优点、相关辟谣信息等）的关注度如何？	很低＝1；较低＝2；一般＝3；较高＝4；很高＝5
X_7：如果您通过网络关注过食品安全信息，那么最近一次您所关注的食品安全信息是	负面信息＝1；正面信息＝2；没有关注过食品安全信息＝3
X_8：如果您通过网络和他人讨论过我国的食品安全风险，那么最近一次与您讨论的人，他（她）认为	食品安全风险高＝1；食品安全风险低＝2；没有和他人讨论过食品安全风险＝3
X_9：您认为，我国目前食品安全风险的整体状况如何？	风险高＝1；风险低＝2

根据上述问卷测量题项与选项设计调查问卷，并于2015年7—8月进行问卷调查。调查说明、数据收集以及受访网民特征详见本《报告》第四章。

① 崔波、马志浩：《人际传播对风险感知的影响：以转基因食品为个案》，《新闻与传播研究》2013年第9期。

三　网民食品安全风险感知影响因素回归分析

本章以 X_9（食品安全风险感知）为因变量，以 X_1（健康状况）、X_2（对于饮食对身体健康影响的重视）、X_3（食品安全事件对健康安全的危害）、X_4（通过网络平台参与食品安全事件讨论的频率）、X_5（对网络中有关食品安全事件的负面信息的关注）、X_6（对网络中有关食品安全事件的正面信息的关注）、X_7（最近一次通过网络所关注的食品安全信息的特征）、X_8（最近一次通过网络进行讨论时对方的食品安全风险感知）为自变量。由于因变量 X_9 的选项为风险高、风险低，为两个水平的离散型选择项，因此选择二元 Logistic 回归模型进行研究，如式（6－1）所示。

$$Y = \ln\left(\frac{P}{1-P}\right) = A + B_1X_1 + \cdots + B_kX_k \tag{6-1}$$

其中，Y 为因变量，X_i 为自变量，A、B_k 为待估参数。

运用 SPSS 19.0 对 2490 个有效样本数据进行分析。其中，以各自变量中的第一个选项为参照项。分析结果如表 6－2 所示。

表 6－2　Logistic 回归分析结果

自变量	B	S. E.	Wals	自由度	显著性	Exp(B)
X_1			11.285	4	0.024	
X_1(1)	-0.220	0.355	0.384	1	0.536	0.803
X_1(2)	0.152	0.307	0.245	1	0.620	1.164
X_1(3)	0.459	0.299	2.351	1	0.125	1.582
X_1(4)	0.245	0.323	0.576	1	0.448	1.278
X_2			12.743	4	0.013	
X_2(1)	-0.183	0.450	0.165	1	0.684	0.833
X_2(2)	-0.944	0.410	5.312	1	0.021	0.389
X_2(3)	-0.680	0.396	2.937	1	0.087	0.507
X_2(4)	-0.479	0.405	1.400	1	0.237	0.620
X_3			39.523	4	0.000	
X_3(1)	0.576	0.154	14.035	1	0.000	1.779

续表

自变量	B	S. E.	Wals	自由度	显著性	Exp(B)
$X_3(2)$	0.917	0.181	25.734	1	0.000	2.502
$X_3(3)$	1.081	0.206	27.423	1	0.000	2.946
$X_3(4)$	0.398	0.309	1.655	1	0.198	1.488
X_4			9.329	4	0.053	
$X_4(1)$	0.150	0.219	0.472	1	0.492	1.162
$X_4(2)$	0.440	0.179	6.056	1	0.014	1.552
$X_4(3)$	0.562	0.207	7.355	1	0.007	1.755
$X_4(4)$	0.454	0.284	2.561	1	0.110	1.575
X_5			5.754	4	0.218	
$X_5(1)$	0.073	0.268	0.074	1	0.785	1.076
$X_5(2)$	0.068	0.255	0.072	1	0.788	1.071
$X_5(3)$	0.287	0.247	1.347	1	0.246	1.332
$X_5(4)$	-0.124	0.274	0.203	1	0.652	0.884
X_6			19.593	4	0.001	
$X_6(1)$	0.309	0.264	1.375	1	0.241	1.362
$X_6(2)$	0.523	0.248	4.448	1	0.035	1.688
$X_6(3)$	0.182	0.267	0.464	1	0.496	1.199
$X_6(4)$	1.103	0.317	12.070	1	0.001	3.013
X_7			37.231	2	0.000	
$X_7(1)$	0.830	0.138	36.267	1	0.000	2.294
$X_7(2)$	0.602	0.165	13.285	1	0.000	1.825
X_8			49.673	2	0.000	
$X_8(1)$	1.026	0.148	48.136	1	0.000	2.790
$X_8(2)$	0.585	0.147	15.939	1	0.000	1.796
常量	-3.281	0.466	49.634	1	0.000	0.038

卡方为322.169；自由度为28；显著性水平为0.000；对数似然值为1987.963；Cox & Snell R^2 为0.121；Nagelkerke R^2 为0.201。

从表6-2中可以看出，X_1（健康状况）、X_2（对于饮食对身体健康影响的重视）、X_3（食品安全事件对健康安全的危害）、X_4（通过网络平台参与食品安全事件讨论的频率）、X_6（对网络中有关食品安全事件的正面信息的关注）、X_7（最近一次通过网络所关注的食品安全信息的特征）、X_8（最近一次通过网络进行讨论时对方的食品安全风险感知）对受访网民的食品安全风险感知有所影响；X_5（对网络中有关食品安全事件的负面信息的关注）对受访网民的食品安全风险感知没有显著的影响。

四　结果分析

通过对问卷调查数据的 Logistic 回归分析，得出如下分析结果：

（1）受访网民对于饮食对身体健康所造成影响的重视程度对其食品安全风险感知具有显著的负向影响。从回归分析结果来看，在各选项中，“一般”选项在 0.05 的水平上显著，且回归系数为 -0.944，说明在以“很不重视”为参考类别的情况下，对于饮食对身体健康所造成影响一般重视的受访网民与很不重视的受访网民相比，食品安全风险感知相对较高。这比较容易理解。一般重视的受访网民比很不重视的受访网民更加在意饮食对身体健康所造成的影响，其对于食品安全问题对身体健康所造成的负面影响则更加关注，因此其所感知的食品安全风险相对较高。

（2）受访网民所认知的食品安全事件对健康安全的危害程度对其食品安全风险感知具有显著的正向影响。回归分析结果显示，选项“危害较大”“一般”“危害较小”在 0.000 的水平上显著，回归系数分别为 0.576、0.917、1.081，说明在以“危害很大”为参考类别的情况下，认为食品安全事件对健康安全的危害“较大”“一般”“较小”的受访网民与认为危害很大的受访网民相比，食品安全风险感知相对较低。可能的解释是，所认知的食品安全事件对健康安全的危害程度越小，其认为健康安全可能受到食品安全事件的伤害越小，食品安全风险感知也相对较低。

（3）受访网民通过网络平台参与食品安全事件讨论的频率对其食品安全风险感知具有显著的正向影响。回归分析结果显示，选项“一般”“频率较高”分别在 0.05、0.01 的水平上显著，回归系数分别为 0.440、0.562，说明在以“频率很低”为参考类别的情况下，通过网络平台参与食品安全事件讨论的频率“一般”和“较高”的受访网民与频率“很低”的受访网民相比，食品安全风险感知相对较低。这可能是因为通过网络平台参与食品安全事件讨论可以获取食品安全信息，有助于了解食品安全事件的危害以及发展、处置等情况，以相对较高的频率参与相关讨论可以降低食品安全风险感知。

（4）受访网民对网络中有关食品安全事件的正面信息的关注度对其食品安全风险感知具有显著的正向影响。回归分析结果显示，选项“一般”“很高”分别在 0.05、0.01 的水平上显著，回归系数分别为 0.523、1.103，说明在以“很低”为参考类别的情况下，对网络中有关食品安全事件的正面信息的关注度一般和很高的受访网民与关注度很低的受访网民相比，食品安全风险感知相对较低。可能的原因是，有关食品安全事件的正面信息如转基因食品的优点、相关辟谣信息等可以引导公众科学地认识食品安全风险，对正面信息的关注度较高，其食品安全风险感知便相对较低。

（5）最近一次通过网络所关注的食品安全信息的特征对其食品安全风险感知具有显著的正向影响关系。回归分析结果显示，选项“正面信息”“没有关注过食品安全信息”在 0.000 的水平上显著，回归系数分别为 0.830、0.602，说明在以“负面信息”为参考类别的情况下，最近一次通过网络所关注的食品安全信息是正面信息以及没有关注过食品安全信息的受访网民与最近一次通过网络所关注的食品安全信息是负面信息的受访网民相比，食品安全风险感知相对较低。可能是因为食品安全负面信息更容易引起受访网民对食品安全问题的担忧，无论是最近一次通过网络所关注的食品安全信息是正面信息的受访网民，还是没有关注过食品安全信息的受访网民，与最近一次通过网络所关注的食品安全信息是负面信息的受访网民相比，其食品安全风险感知都相对较低。

（6）最近一次通过网络进行讨论时对方的食品安全风险感知对受访网民的食品安全风险感知具有显著的正向影响关系。回归分析结果显示，选项“食品安全风险低”“没有和他人讨论过食品安全风险”在 0.000 的水平上显著，回归系数分别为 1.026、0.585，说明在以“食品安全风险高”为参考类别的情况下，最近一次通过网络进行讨论时对方认为食品安全风险低以及没有和他人讨论过食品安全风险的受访网民与最近一次通过网络进行讨论时对方认为食品安全风险高的受访网民相比，食品安全风险感知相对较低。这可能是因为受访网民的食品安全专业知识相对匮乏，容易受到他人的影响，因此，无论是最近一次通过网络进行讨论时对方认为食品安全风险低的受访网民，还是没有和他人讨论过食品安全风险的受访网民，与最近一次通过网络进行讨论时对方认为食品安全风险高的受访网民相比，其食品安全风险感知都相对较低。

（7）受访网民的健康状况对其食品安全风险感知具有显著影响。从回归分析结果看，受访网民的健康状况对其食品安全风险感知的影响的显著性水平为0.05，但影响关系比较复杂，无法确定影响的正负向关系。

五　研究结论

本章通过问卷调查，分析食品安全网络舆情对网民食品安全风险感知的影响。研究结果显示，通过网络平台参与食品安全事件讨论的频率、对网络中有关食品安全事件的正面信息的关注度、最近一次通过网络所关注的食品安全信息的特征以及最近一次通过网络进行讨论时对方的食品安全风险感知对受访网民的食品安全风险感知具有显著的正向影响关系。基于上述研究结果，针对食品安全风险管理提出如下政策建议。构建健康有序的食品安全网络交流平台，促进公众理性地参与食品安全事件讨论；加强对食品安全网络谣言的打击力度，科学、高效地发布食品安全信息；发挥网络意见领袖在食品安全网络信息传播方面的积极作用，引导公众正确认识食品安全风险；进一步开展食品安全知识宣传与培训，不断提升公众食品安全知识素养。

本章主要研究食品安全网络舆情对网民食品安全风险感知的影响，在未来的研究过程中需要进一步挖掘相关影响因素。此外，食品安全谣言的广泛传播可能会引发食品恐慌行为，甚至危害社会和谐稳定。食品安全谣言、食品安全风险感知、食品安全恐慌行为之间的关系也是下一步研究所重点关注的问题。

下　　篇

食品安全网络舆情理论研究

下　篇

第七章

基于社会网络分析的食品安全微博谣言研究

运用社会网络分析方法研究食品安全微博谣言网络结构特征、识别和挖掘关键节点和核心团体，探究食品安全微博谣言传播的网络结构、子群内外关系对谣言传播的影响等问题具有重要意义。本章以 2015 年“僵尸肉”事件为实证研究对象，分别进行网络结构、凝聚子群分析，挖掘网络中的关键节点。研究发现，“僵尸肉”微博舆情传播网络的小世界现象不是很显著，网络结构呈现出稀疏性、连通性、不稳定性、脆弱性等特点，可以通过重点关注和引导网络中的意见领袖，干预食品安全谣言的传播与扩散，减少因谣言所造成的恐慌情绪扩散。

一　引言

据中国互联网信息中心统计，截至 2016 年 6 月底，我国网民规模突破 7.10 亿，互联网普及率高达 51.7%[①]，越来越多的民众更倾向于通过网络这一渠道获取信息资源、传递信息以及表达看法。中国互联网的高速发展，一方面改变了公众的工作、生活方式；另一方面也为网络不实信息，尤其是谣言的滋生和传播提供了“温床”，极易误导社会舆论。由网络谣言诱发的“网络暴力”乃至线下的集群行为，已严重影响着社会经济生活和社会治安，并引起了全社会的高度关注。

近年来，自媒体的大发展使得以微博、微信为代表的移动社交媒体成为人们关注社会事件、表达内心诉求的新平台。其中，微博更是被称为“最具杀伤力的舆论载体”。鉴于微博内容简单、传播及时、具有强大的

① 《第 38 次中国互联网络发展状况统计报告》，中国互联网信息中心，2016 年。

媒体融合功能，微博成为民众“发声器”“放大器”“传播器”。但不可忽视的现象是，微博的高速传播特性和极大范围的受众面同时也使其成为虚假信息、不实言论的传播平台。较之一般的网络谣言，微博谣言能够在更短的时间内实现更广的传播范围，具有更大的社会影响力和负面效应。因此，深入研究微博中谣言发生、传播规律，规范微博谣言信息传播行为，加强治理与防范微博谣言信息传播，已经成为一个亟待解决的问题。

与网络的普及率快速增长相比，网络谣言的发生率也呈高发态势，越来越多的学者开始聚焦于网络谣言的研究。网络谣言是在网络环境下，网络使用主体以特定方式传播的未经证实的信息。① 由于网络时代信息的不对称、社会公信力危机、媒体失范以及外部环境变化所引起的社会风险，加之部分“意见领袖”“网络推手”的恶意误导，使得网络谣言在社会从众、逆反化等心理下更容易滋生、传播范围更广，传播速度更快，社会影响更大，极易产生群体思考和联想，引起公众情绪波动，诱发非理性的集群行为，危及社会稳定。②③ 食品安全问题作为网络谣言的高发区，已经成为社会的关注焦点，连续两年蝉联“中国全面小康进程中最受关注的十大焦点问题”首位。网络、微博等平台使食品安全问题更容易滋生网络谣言问题。④

社会网络分析方法较之其他方法更关注不同网络关系结构下行动者行为发展变化情况，在研究信息传播和转移过程中，更为重视传播者——人这一主体的作用，更能从本质上反映信息传播和转移的特征。⑤ 现有的有关社会网络分析方法的应用主要集中在网络舆情领域，主要聚焦于舆情领袖的挖掘以及网络结构对舆情发展影响的研究。但是，现有研究主要是采用个案研究方法，从网络密度、平均最短路径、聚类系数、中心性分析、凝聚子群分析、结构洞理论等角度剖析网络结构特征。研究发现舆情网络

---

① 巢乃鹏、黄娴：《网络传播中的“谣言”现象研究》，《情报理论与实践》2004 年第 6 期。

② 王国华、方付建、陈强：《网络谣言传导：过程、动因与根源——以地震谣言为例》，《北京理工大学学报》（社会科学版）2011 年第 2 期。

③ 姜胜洪：《突发公共事件中网络谣言的形成、传播与应对——以天津蓟县“6·30”大火为例》，《社科纵横》2013 年第 1 期。

④ 言靖：《食品安全舆情视阈下的网络道德伦理建设》，《河南工业大学学报》（社会科学版）2011 年第 2 期。

⑤ 李卓卓、丁子涵：《基于社会网络分析的网络舆论领袖发掘——以大学生就业舆情为例》，《情报杂志》2011 年第 11 期。

具有复杂的网络特性，网络结构呈现出多通路、多层次和高连通性等特点，网络中子群内部呈现强连接关系而子群之间则是弱连接关系。[①] 舆情在网络中依托节点的传播较为便利，呈现“小世界现象”。[②] 此外，在社会网络分析中可以通过中心性、凝聚子群、结构洞等发掘网络中的舆情领袖和核心团体。[③④] 这为下文奠定了重要的理论基础。

本章运用社会网络分析方法分析食品安全微博舆情的网络结构、定位网络中的意见领袖。以2015年“僵尸肉”舆情事件为研究对象，分别进行网络结构分析、凝聚子群分析，挖掘网络中的关键节点。相比采用关系策略界定虚拟网络的范围[⑤⑥]，基于事件本身，划定网络范围，可以从事件本身反映舆情网络的结构特征。文中还引入成分、K—核两个指标对微博谣言网络的连通性、成员之间关系的稳定性进行研究。

二　研究设计

（一）“僵尸肉”谣言事件概述

2015年6月23日，新华社记者李丹发表了一篇题为《走私“僵尸肉”上餐桌，谁之过》的报道，相比这份打击成果，备受网友关注的是报道开头提到的“僵尸肉”说法，并在微博等诸多自媒体平台引起热议，随后6月30日，新华网以《揭开冻品走私利益链：竟有冻品封存于1967年》为题，对海关总署打击走私冷冻肉行动再次进行报道，虽然这次没了“僵尸肉”的说法，但提及“此前南宁市警方在查获一批走私冻品时，发现其中一些鸡爪包装袋上印制的包装日期竟然是三四十年前，其中时间

① 康伟：《基于SNA的突发事件网络舆情关键节点识别——以“7·23动车事故”为例》，《公共管理学报》2012年第7期。

② 刘金荣：《基于SNA的突发事件微博谣言传播研究》，《情报杂志》2013年第7期。

③ 董亚倩、邓尚民：《基于社会网络分析的网络舆情主体挖掘研究》，《情报资料工作》2011年第6期。

④ 陈京民、韩永转：《基于虚拟社会网络挖掘的网络舆情分析》，《中国制造业信息化》2010年第3期。

⑤ 平亮、宗利永：《基于社会网络中心性分析的微博信息传播研究》，《图书情报知识》2010年第3期。

⑥ 杜杨沁、霍有光、锁志海：《政务微博微观社会网络结构实证分析——基于结构洞理论视角》，《情报杂志》2013年第5期。

最长的包装日期显示封存于1967年”。经过多轮报道与发酵，“僵尸肉”逐渐成为微博热门话题。

2015年7月9日，“僵尸肉”舆情事件出现了反转。署名“食品安全资深记者洪广玉”所写的题为《剧情逆转的时候到了：“僵尸肉”报道是假新闻》的文章在网络被疯狂转发。文章称，新华网有关查获走私冷冻肉封存于1967年的报道“进一步坐实僵尸肉的年龄”，但长沙海关、南宁海关、南宁市公安局以及广西食品药品监管局等部门均明确表示没有查到过“僵尸肉”。

几经反转，关于“僵尸肉”的舆论声音逐渐被“儿童被锁”“高温补贴”等最新热点所稀释，但是，这起因记者在调查方式、语言表达上的权衡不够所引发的“假新闻”事件，已经给民间舆论场带来如此大的冲击波。因此，深入探究食品安全微博谣言舆情传播特征显得尤为重要。

（二）数据收集与处理

鉴于新浪微博是目前国内发展最为成熟的微博平台，本章的研究数据均源于新浪微博。以“僵尸肉”为检索词，在新浪微博上搜集相关微博信息，选取2015年6月24日至2016年7月的微博，随机选取了“中国之声”“传媒老王”发表的相关微博为数据采集源，逐一记录“僵尸肉”事件的转发关系列表，鉴于微博网络具有无标度网络特性，无下级转发节点的数量在微博中居于绝大多数，若不进行处理，将无法分析一些关键节点的特征，故在数据采集时剔除了部分无下级转发用户的微博节点。最终选取了190个微博用户，记录相互之间的转发关系数据，构建190×190邻接“转发关系矩阵”，形成“僵尸肉”事件传播网络。图7-1即为该网络的可视化结果。

图7-1直观地展现了“僵尸肉”事件传播网络的结构。从图7-1中可以发现若干出度较大的节点，如编号为1（中国之声）、10（传媒老王）、123（薛蛮子）等微博用户，这些用户在“僵尸肉”事件传播网络中扮演着信息领袖的角色，其他微博用户通过这些用户获知“僵尸肉”事件信息，并通过转发其发布的信息与网络中其他节点之间建立直接或间接的信息连接。可见，“僵尸肉”事件信息通过1、10等节点，实现了全网信息的贯通，促进了谣言信息的跨群体流动，使谣言的传播范围进一步扩大，社会影响进一步加大。若将这些节点从网络中去掉或这些节点没有参与谣言信息的扩散，“僵尸肉”事件传播网络将被分割成一个个孤立的

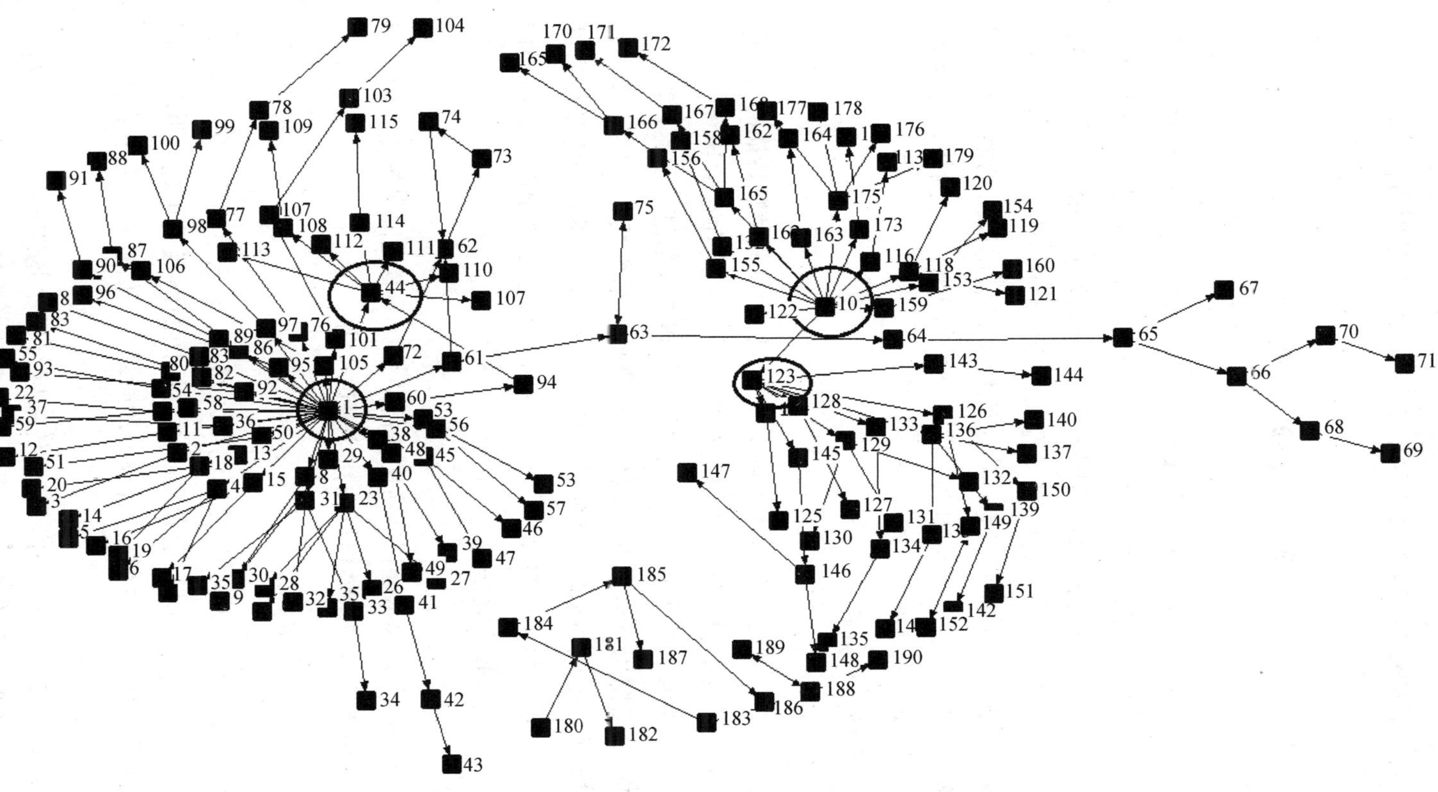

图 7－1　“僵尸肉”事件传播网络

群体，谣言信息的传播将会失去发育的机会以及扩散的渠道。

三　实证分析

社会网络分析是一种以关系为基本研究对象的跨学科研究方法，不仅可以对社会网络中成员之间的关系进行可视化表示，直观地展示网络关系结构，而且可以量化网络中成员之间的关系，通过测度网络结构的参数，如聚类系数、中心性等，帮助研究者更加关注网络中行动者之间的关系，发掘网络中的子群、关键节点等。为了系统阐述微博谣言的网络结构特征，挖掘关键节点，探讨子群内外关系，下面将分别进行网络结构分析、关键节点挖掘和凝聚子群分析。

（一）网络结构分析

1. 网络密度

网络密度是衡量网络行动者之间连接的紧密程度和信息传播的互动程度。网络密度是网络中实际存在的连线数与最大可能存在的连线数的比值。网络密度越大，微博节点之间信息联系越密切，信息互动越频繁。

在190个微博用户组成的“僵尸肉”事件传播网络中，实际连线数为194，即194对媒体微博间存在食品安全信息转发关系，网络整体密度为0.0054。表明在该传播网络中微博节点间并不存在紧密的、普遍的信息连接，网络整体较为疏松。

2. 平均路径长度

平均路径长度L表示连接网络中任何两个行动者之间最短途径的平均长度，主要用于测量网络结构特性，其表达式为：

$$L = \frac{1}{g(g-1)}\sum_{i \geqslant j} d_{ij} \tag{7-1}$$

其中，d_{ij}表示行动者i和j之间的最短路径，g表示网络中的节点数。平均路径长度L越短说明行动者之间通过较短的路径就可建立联系，行动者之间关系比较紧密，网络具有较强的凝聚力，信息在网络中能够实现迅速传播。

通过计算可知，“僵尸肉”事件传播网络的平均路径长度为1.941，即在该“僵尸肉”事件传播网络中每个行动者平均只需要通过1.941个用户就可与其他用户建立联系，进行信息交流，这表明谣言在“僵尸肉”事件网络中依托行动者的传播较为便捷，信息流通速度较快。

3. 聚类系数

聚类系数主要用于刻画行动者之间关系聚集程度，是反映网络稀疏性的重要指标。聚类系数 C_i 等于一个节点 i 的相邻点之间实际存在的边数 E_i 与最大可能存在的边数 $k_i(k_i-1)$ 之比，其中，k_i 为与节点 i 直接相连的节点数。

$$C_i=\frac{E_i}{k_i\ (k_i-1)} \tag{7-2}$$

聚类系数 C_i 的值为0—1，C_i 越大说明网络整体的凝聚力越强，行动者之间的联系越紧密，网络中存在的结构洞越少。

“僵尸肉”事件传播网络的聚类系数为0.017，聚类系数值较低。一方面说明“僵尸肉”事件传播网络中多数行动者之间信息交流并不是很充分，网络整体缺乏凝聚力；另一方面意味着网络中微博用户的集团化程度较低，微博节点因转发关系而集结成小团体的可能性较小，网络节点之间的整体凝聚性越弱。综合上述指标发现，“僵尸肉”事件媒体信息传播网络整体上较为稀疏，凝聚性较弱。

（二）关键节点挖掘

网络中的节点，也可以理解为行动者在网络中拥有不同的地位和角色。这些地位的不同，使得其在网络中的影响力或能力存在差异。那些处于核心位置的行动者，通常是网络中的“意见领袖”；而有的则为网络的边缘节点；还有的则是连接多个行动者的“桥梁”，形成网络中的“结构洞”。通过测度中心性和结构洞指标，分析微博谣言传播网络中行动者的位置角色，定位与挖掘网络中的关键节点，对于有效地监控和引导食品安全微博谣言具有重要意义。

1. 中心性

中心性主要用来表征行动者在网络中的权利，是行动者地位或网络权利的量化指标。鉴于中间中心性是分析节点在网络中控制其他节点或控制资源的能力，其分析结果与结构洞分析的结果高度一致，故选取点度中心性和接近中心性两类指标进行测度。

（1）点度中心性。点度中心性主要用来衡量网络中节点的交往能力，如果节点 i 的点度中心度值较大，表明节点 i 具有较强的交往能力，居于网络中的核心位置，拥有较大的权利。

（2）接近中心性。接近中心性主要用于描述节点 i 不受其他节点控制的能力。节点 i 的接近中心度指的是节点 i 与其他所有行动者之间的测地线长度总和，用公式表达为：

$$C_{AP_i}^{-1} = \sum_{j=1}^{n} d_{ij} \tag{7-3}$$

其中，d_{ij}表示行动者 i 和 j 之间的路径长度。

如果某节点的接近中心度值越小，表明该节点在信息的传递过程中受其他行动者的影响比较小，具有较强的独立性，处于网络的核心位置。反之，一个节点的接近中心度值越大，说明该节点越容易受网络中其他节点的影响和约束，具有较强的依赖性，处于网络的边缘位置。

计算“僵尸肉”事件传播网络中各行动者的点度中心度值和接近中心度值，分别取指标值排名前 5 的行动者，如表 7－1 所示。

表 7－1　“僵尸肉”事件传播网络的点度中心度和接近中心度（前 5 名）

编号	微博 ID	点度中心度	编号	微博 ID	接近中心度
1	中国之声	37	1	中国之声	14675
10	传媒老王	13	61	文虫叮咬	14761
44	ICE 啤酒	9	44	ICE 啤酒	14768
123	薛蛮子	9	94	李厚兴	14777
23	青春湖北	6	23	青春湖北	14777

由表 7－1 可知，“僵尸肉”事件传播网络中点度中心度值最大的是编号为 1 的行动者，指标值为 37，说明该行动者在网络中的权利最大，与网络中较多的行动者之间存在信息交流，具有较强的信息交往能力和资源控制能力，在“僵尸肉”事件传播网络中处于核心位置。其他点度中心度指标值较大的还有编号为 10 的行动者，指标值为 13。

对于接近中心度，编号为 94、23 的行动者的指标值最大，表明在“僵尸肉”事件传播过程中，该行动者不容易被其他行动者控制，具有较强的独立性。紧随其后的有编号为 61、44 等行动者。

值得注意的是，在点度中心度指标值排名前 5 的行动者中有 3 名行动者（1、44、23）的接近中心度指标值排名在前 5，这说明在“僵尸肉”

事件传播过程中，编号为 1、44、23 的行动者不仅具有较强的交往能力、资源控制能力，而且不易受其他行动者的控制，独立性较强。而其他交往能力和资源控制能力较强的行动者在获取“僵尸肉”事件信息时往往要依赖其他行动者。

存在这些独立性较强的节点表明“僵尸肉”事件的传播网络中存在“意见领袖”，他们在网络中具有较强的交往能力和独立性，影响着“僵尸肉”事件传播网络中信息的传递，使“僵尸肉”事件信息的流动范围扩大。此外，这些意见领袖可以通过与其他行动者进行信息沟通、控制网络中的信息资源等实现“僵尸肉”事件信息的跨群体流动和扩散。

2. 结构洞理论分析

社会网络理论通常将行动者之间的非冗余联系定义为“结构洞”。①相比网络中的其他节点，那些占据较多结构洞的行动者更容易获取丰富的信息资源，控制信息的传递与扩散，具有较强的竞争优势。结构洞理论作为互联网研究的热点问题，可以用来定位网络舆情领袖，分析舆情传播中弱关系的强度。结构洞理论主要包含有效规模（Effective Size）、效率（Efficiency）、限制度（Constraint）和等级度（Hierarchy）四个指标，其中最为重要的是有效规模和限制度（见表 7－2）。

表 7－2　有效规模和限制度的表达

	有效规模	限制度
含义	网络的非冗余因素	行动者拥有的运用结构洞的能力
计算公式	$ES_i = \sum_j (1 - \sum_q p_{iq} m_{jq})$	$C_{ij} = (p_{ij} + \sum_{ij} p_{iq} p_{qj})^2$
说明	有效规模越大，网络的冗余程度越低，存在结构洞的可能越大	限制度越低，说明网络越开放，结构洞的数量越多

注：表中为结构洞指标中有效规模和限制度的计算公式，其中，p_{iq}是 i 为维持与 q 的关系所花费的代价占其网络投资的比例，m_{jq}是 j 与 q 关系的边际强度。

将网络中各个行动者的有效规模和限制度指标值进行排序，整理结果

① Burt，R. S.，*Structural Holes：The Social Structure of Competition*［M］. Cambridge，MA：Harvard University Press，1992.

如表7－3所示。

表7－3　　　　结构洞指标计算结果（前5名）

编号	微博ID	有效规模	限制度
1	中国之声	36.946	0.029
10	传媒老王	13.000	0.077
123	薛蛮子	9.000	0.111
44	ICE啤酒	8.778	0.142
23	青春湖北	6.000	0.167

"僵尸肉"事件传播网络中有效规模较大的有1、10、123等行动者，有效规模值分别为36.946、13、9。有效规模越大，说明网络的冗余程度越低，表明编号为1、10、123的行动者在"僵尸肉"事件传播网络中处于核心位置，在网络中更容易对其他行动者产生控制力。此外，"僵尸肉"事件传播网络中有效规模指标值较大的行动者的限制度指标值也较小，充分说明这些行动者具有较强的独立性，不易受其他行动者的影响，占据着网络中较多的结构洞，并能够跨越结构洞获取到非冗余的信息资源，推动了"僵尸肉"事件的传播与扩散。

（三）凝聚子群分析

凝聚子群分析对于研究子群内部成员关系、分析整个网络的运行和发展情况具有重要的意义。如果一个集合内部行动者之间关系较为直接、紧密或积极，那么就称该集合为凝聚子群。关于凝聚子群的量化，主要有四种形式度量，即关系是否互惠、子群成员是否可达、子群内部成员之间交往的次数、子群内部成员之间的关系相对于内、外部成员之间的关系密度（刘军，2004）。① 基于研究需要，即研究微博谣言传播网络内各个子群内部关系的紧密程度以及各子群之间的关系情况，选取成分、K—核两个指标分析。

1. 成分分析

成分分析主要是基于子群之间和子群内部关系进行的。成分是指满足以下条件的群体，群体内部成员之间存在关联，而群体之间没有任何联系。基于用户交流视角，成分实际上是一个内部成员之间可以进行直接或

① 刘军：《社会网络分析导论》，社会科学文献出版社2004年版。

间接交流的小团体，成分的规模越大，该小团体成员拥有的交往机会越多，限制越少。由此，“僵尸肉”事件传播网络进行成分分析，分析结果见表7－4。

表7－4　　成分分析结果

成分	样本	比重
1	114	0.600
2	65	0.342
3	3	0.016
4	8	0.042

由表7－4可知，“僵尸肉”事件传播网络由4个成分组成，其中规模最大的成分拥有114个行动者，占整个网络的60%，其次是一个由65个行动者组成的成分，该成分覆盖了网络中34.2%的行动者。成分1和成分2覆盖了网络中94.2%的行动者。可见，“僵尸肉”事件传播网络是由两个较大的成分和两个较小的成分构成的，并且网络中绝大多数的节点都包含在两个较大成分中，因此，大多数行动者在网络中是相互连通的，“僵尸肉”事件信息可以实现大范围的流动。

2. 核分析

K—核分析是建立在点度数基础上的，如果一个子群中的每一个点都至少与该子群中的K个点直接相连则称这个子群为K—核。K值的大小标志着K—核的松散程度，如果K值越大，表明K—核越紧密；反之，K—核越松散。

“僵尸肉”舆情事件传播网络的K值最大为2，节点数为1个，在整个谣言传播网络中占据极小的一部分，说明“僵尸肉”舆情事件传播网络较为松散，不存在较为紧密的凝聚子群。而且，并不存在可以控制“僵尸肉”事件传播的子群。

通过对“僵尸肉”舆情事件传播网络进行凝聚子群分析，即成分分析、K—核分析，发现该微博谣言传播网络中虽然存在规模较大的群体，但是群体内部成员之间的联系不是很紧密，成员之间的关系不稳健，整个网络表现出稀疏性和脆弱性。

四 总结

基于社会网络分析方法，对“僵尸肉”舆情事件传播网络进行网络结构分析、关键节点挖掘以及凝聚子群分析，研究该微博谣言传播网络的网络结构特征，定位与挖掘网络中的关键节点，得到以下结论：

（一）食品安全微博谣言传播网络整体较为稀疏，缺乏凝聚力，行动者联系不够紧密，网络中可能存在较多的结构洞

这一结论与康伟（2012）认为“7·23”动车舆情传播网络中节点连接较为紧密的研究结论相悖。其主要原因为：（1）与本章从事件本身出发根据谣言转发关系收集关系数据不同，康伟（2012）基于关系策略收集数据，节点之间的关系相对较为紧密；（2）康伟（2012）的研究对象是突发事件舆情网络，而本章的研究对象为食品安全谣言网络，相比之下，食品安全作为最基本的民生问题，社会关注度更高、更广泛。

可见，正是由于食品安全事件是关乎民生的重大事件，在很大程度上使2013年食品安全微博谣言传播网络较为稀疏。因此，对于食品安全网络谣言的监控范围应扩大，且应站在广大公众的角度采用通俗易懂而非过于专业生硬的言论进行引导。此外，不显著的“小世界效应”在一定程度上影响着谣言信息的快速传播与扩散，因此，政府及相关部门应该准确把握应对和引导谣言的时机，力争将谣言扼杀在摇篮中，避免谣言的大范围传播，降低谣言的社会影响。

（二）意见领袖推动食品安全微博谣言的流动和传播

本章的研究表明，“僵尸肉”舆情事件传播网络中存在具有较高的社会影响力，在网络中居于核心位置的节点，例如编号为1、10、44的节点。此外，有效规模值较大、限制度值较小的节点往往在网络中占据着较多的结构洞，很容易对网络中的信息资源产生控制，是网络中的“桥”，占据着优势地位，例如编号为1、10等节点。

食品谣言信息传播网络存在点度中心度较高、接近中心度较低、占据较多结构洞的节点，这些节点既是控制谣言信息流动和传播的关键节点，也是谣言传播网络中的“意见领袖”，如在“僵尸肉”舆情事件传播网络中，编号为1、10、44等节点。因此，对于谣言传播的干预可以通过改变节点的中心度、议程设置等手段，来改变网络节点对信息的接触率、谣言信息的传播率。在舆情的监控过程中，应善于挖掘谣言传播网络中的“意见领袖”，重点关注和引导，同时应充分利用“网络大V”的影响力传播辟谣信息，通过“网络大V”与微博用户之间的互动，如转发、评论、回复等，消解谣言。此外，也可以通过提高“网络大V”在食品安全方面的知识素养和责任意识，对于那些恶意诱导公众的“网络推手”“水军”等予以法律制裁等手段，控制谣言的传播，避免非理性的集群行为产生。

（三）微博谣言传播网络呈现连通性、不稳定性和脆弱性

通过成分和K—核分析可以发现，“僵尸肉”舆情事件传播网络中存在2个规模较大与2个规模较小的成分，但是整个微博谣言传播网络基本上是连通的，没有哪个子群可以控制网络中全部信息资源的流动。此外，“僵尸肉”舆情事件传播网络中，各个子群之间以及子群内部成员之间均呈现出弱连接关系，这与康伟（2012）认为子群内部呈现出强连接关系而子群之间则是弱连接关系的研究结论相悖，究其原因，主要是相比突发事件网络舆情，食品安全谣言更容易引起社会各个领域公众的关注，其传播主体的覆盖面更广，再有就是微博用户群之间尚未形成紧密的交流互动关系。由于在信息扩散方面，不同节点可以通过弱连接关系获取更多不同的信息，因此，在食品安全微博谣言的监控与引导过程中不能忽略弱关系的强度，重点关注重要节点之间的互动关系。

第八章

基于马尔科夫链的食品安全舆情热度预测

当前，食品安全事件处于高发期，媒体和社会公众对食品安全事件高度关注，对政府的食品安全管理提出更严峻的挑战。针对食品安全舆情生命周期短、发展曲线较为规律等特点，认为基于熵权和马尔科夫链模型预测食品安全舆情热度趋势具有可行性。本章基于 2015 年的食品安全热点舆情事件，收集舆情事件在主要微博、主流食品安全论坛中的发帖量、转载量以及回复量，运用熵权法计算评价指标权重，采用马尔科夫链构造状态转移矩阵，预测食品安全舆情事件的趋势变化区间。研究发现基于熵权的马尔科夫链模型预测热度变化的准确性高，证明马尔科夫链适用于进行食品安全舆情事件的预测。

一　引言

食品安全舆情近年来一直处于公众舆论的风口浪尖上，究其原因，无外乎因其是涉及民生的重大问题，直接关系到公众的身体健康和生命安全。在处于社会转型困境的当下中国，食品安全问题的关注远超公共卫生的视域，已渐进地辐射到经济、政治领域，引发了管理层的高度重视。然而时至今日，公众对于食品安全问题的担忧和焦虑的负面情绪，仍然处在高位徘徊，并且呈现出一个重要的特点：由于专业知识的匮乏引致的网民过分反应，加之网络的催化，在食品安全领域负面舆情事件占比较大。我国正在成为世界上比较少见的食品安全舆论超强负磁场：某个食品安全事件一经曝光，即可迅即引发全国网民围观及参与。尤其是互联网平台上新型社交媒体如微博、微信等的快速发展，食品安全舆情的扩散性正被无限放大，且通常会伴随群体性的抢购、停购等行为危害行业发展，甚至引发影响社会安定的群体性事件。由此，对于食品安全舆情发展态势的研究，以期找出合适的应对之策，已成为食品安全舆情研究的重要问题之一。

尽管作为公众情绪、态度和意见集聚而成的食品安全网络舆情一直处于动态变化之中，但其运行必然要遵循某种特定规律。多数学者从定性角度研究舆情演变规律，较少学者使用定性与定量相结合的方法探究舆情的演变规律。如谢海光、陈中润①探讨了舆情热点、焦点、敏点、频点等的计算方法，在定量研究上做出了有益的探索，但仍可归结于概念的探讨，缺乏具有可行性的实证研究。统观现有的研究成果，学者们对食品安全网络舆情的发展规律，尤其是定量的发展态势预测是非常模糊的。为此，本章以2015年的热点食品安全舆情事件为例，通过定量的研究来探讨食品安全网络舆情的发展态势，以期为相关管理部门把握食品安全舆情演变规律，掌握其发展态势，以及时做好食品安全问题的预防和监测工作。

二　文献综述

（一）食品安全舆情综述

目前，学界大多从传媒、行政管理等领域，采用个案分析、对比研究等方法，聚焦在媒体对于食品安全事件的不当报道②、处理方式上③，我国食品安全监管相比欧美等发达国家的监管体系存在的差距④、我国食品安全监管模式改革的政策建议等研究内容。⑤ 但对于食品安全事件的社会危害性、网络媒体引致的食品安全事件的涟漪效应等缺乏关注。伴随着网络媒体、自媒体的介入，食品安全成为公众关注的热点问题。

食品安全网络舆情是网络舆情的一个子群，继承网络舆情的特性，由食品安全事件引发⑥，经过媒体、网民等主体对食品安全事件的报道、转

---

① 谢海光、陈中润：《互联网内容舆情深度分析模式》，《中国青年政治学院学报》（经济理论版）2006年第3期。

② 门玉峰：《北京市食品安全的媒体适度监督作用研究》，《中国商界》2010年第4期。

③ 王丽、王权：《风险时代的大众传媒与食品安全——一个基于实证研究的视角》，《新闻前哨》2011年第6期。

④ 侯瑜：《我国食品安全现状、差距及建议》，《食品研究与开发》2008年第1期。

⑤ 王耀忠：《食品安全监管的横向和纵向配置——食品安全管理的国际比较与启示》，《中国工业经济》2005年第12期。

⑥ 刘文、李强：《食品安全网络舆情监测与干预研究初探》，《中国科技论坛》2012年第7期。

载和评论，公众对食品安全形势、食品安全监管所产生的主观态度。相较其他类网络舆情而言，食品安全舆情波及范围广，具有瞬间爆发性。一旦出现食品安全问题，因其威胁到公众的身体健康，必然在短时间内产生巨大的负面影响，热度达到最高，影响范围也比较深远。值得注意的是，食品安全事件区别于一般的社会事件，容易引起联想。食品安全事件一旦发生，不但会在很长的时间内影响大众生活，引发公众的关注，往往还会联系以往发生的食品安全事件。因此，对于食品安全舆情的预警与引导，必须有合理科学的舆情热度测算方法做基础。

（二）热度评价指标研究述评

现有的舆情分析指标体系多采用分层分级指标体系。曾润喜等①认为，可以构建警源、警兆、警情三类指标体系。李雯静等②在指标的可操作性上做了较好的尝试，重点列出了网络舆情信息分析的指标和具体的指标计算方法。但构建的指标体系主要聚焦于舆情主体，未突出舆情受众的能动性作用。张一文等③着重从非常规突发事件角度构建了评价指标体系，喻国明④基于舆情分析平台，建立如同股市指数一样的“舆情指数”，以此研究舆情、民意的变化法则，但这两种体系主要从概念上进行阐述，并没有给出指标的详细计算方法。张一文等⑤又从事件舆情爆发力、网民作用力、媒体影响力以及政府疏导力四个维度来描述网络舆情热度，这给舆情热度指标的构建贡献了非常好的思路。这些分层次的指标体系无疑增强了指标的完整性，提高了结果的有效性。但是，上述大部分指标都需要通过访问、问卷或者手工搜索的方式来获得，反而降低了这种方法的使用效率和实用性。

刘湛等认为，一个舆情事件成为热点的关键在于舆情主体对于热门事

---

① 曾润喜、徐晓林：《网络舆情突发事件预警系统、指标与机制》，《情报杂志》2009年第11期。

② 李雯静、许鑫、陈正权：《网络舆情指标体系设计与分析》，《情报科学》2009年第7期。

③ 张一文、齐佳音、方滨兴等：《非常规突发事件网络舆情热度评价指标体系构建》，《情报杂志》2010年第11期。

④ 喻国明：《网络舆情热点事件的特征及统计分析》，《人民论坛》（中）2010年第4期。

⑤ 张一文、齐佳音、方滨兴等：《非常规突发事件网络舆情热度评价体系研究》，《情报科学》2011年第9期。

件的关注程度，可以通过点击数和回复数加以刻画。[①] 通过收集主要新闻网站，主要论坛，主要博客中回复数（A）、点击数（C）、回帖数（D）、转载数（B），以它们为评价指标，可以做出热度的计算。鉴于食品安全网络舆情的复杂性，加之移动终端的广泛应用，网络舆情的瞬间传播量特别大，所以，宜以小时为计量单位，其与时间的对应关系如表8-1所示。

表8-1　　网络舆情事件数据统计

主帖标题	新闻回复数（A）	主帖标题	博客/微博转载数（B）	主帖标题	论坛		时间（T）
					点击数（C）	回帖数（D）	
M	A_1	N	B_1	P	C_1	D_1	1
M	A_2	N	B_2	P	C_2	D_2	2
⋮	⋮	⋮	⋮	⋮	⋮	⋮	⋮

表8-1可以直观地标识出每一舆情事件的被关注度，但无法体现出舆情事件的总体报道量。以论坛为例，任一舆情事件往往不只一个帖子对之进行报道，所以，需要逐一统计每个主题帖的点击数（C）和回复数（D），无形中增加了操作难度。另外，表8-1在分类和布局上不够直观，不利于操作。如表中有三个主帖标题的字样，指代不明确，而且每个主帖标题内容都应该不一样，因此要用M_1、M_2来表示，但是，表中全用M表示，与表8-2不能形成对应。此外，上述方法是以时间顺序作为依据的，因此需要突出时间序列。为便于数据收集与处理，本着提高可操作性的原则，形成表8-2。

表8-2　　论坛帖子点击数和回复数统计

时间（T）	主题帖 P_1		主题帖 P_2		…		主题帖 P_n	
1	c_{1-1}	d_{1-1}	c_{2-1}	d_{2-1}	…	…	c_{n-1}	d_{n-1}
2	c_{1-2}	d_{1-2}	c_{2-2}	d_{2-2}	…	…	c_{n-2}	d_{n-2}
⋮	⋮	⋮	⋮	⋮	⋮	⋮	⋮	⋮

① 刘勘、李晶、刘萍：《基于马尔科夫链的舆情热度趋势分析》，《计算机工程与应用》2011年第36期。

上述方法对本章的研究启发性较强，因为指标比较容易获得，有较强的操作性。遗憾的是，在主题帖这一指标的选取上存在局限性，很有可能使得实验结果与现实产生较大偏差，但这种方法为本章的研究奠定了较好的基础。

（三）网络舆情热度预测方法

学界关于舆情热度的预测可以反映公众对于舆情事件的关注程度的观点已取得了一致的共识，已有许多学者在多学科领域研究了舆情热度的预测方法，已取得了一定成果。如张虹等①②基于神经网络模型对舆情热度趋势进行预测。Xu Chen 等③根据混沌理论提出了一种 WEB 舆情趋势预测方法。杨频等④提出了一种针对网络舆情意见倾向的分析方法。沃茨（Watts）等⑤⑥⑦研究了基于舆情的社会网络连接结构。钱爱兵⑧基于文本挖掘构建了不同的舆情分析算法。总体来讲，主要算法包括 K 均值算法，K 近邻算法，BP 神经网络算法，小波分析法和马尔科夫模型。

麦克奎恩（MacQueen）⑨ 于 1967 年提出了 K 均值算法后，陆续有学者⑩对该模型进行了改进，提出凝聚 K 均值聚类算法和 K 近邻算法（K - Nearest Neighbors，KNN）。聂恩伦等⑪基于 K 近邻的新话题热度预测算法

---

① 张虹、钟华、赵兵：《基于数据挖掘的网络论坛话题热度趋势预报》，《计算机工程与应用》2007 年第 3 期。

② 张钰、刘云：《基于 BP 神经网络的 BBS 上帖子回复数预测》，《电脑与电信》2008 年第 10 期。

③ Xu Chen，Hui Gao，Yan Fu，Situation analysis and prediction of web public sentiment [C]. International Symposium on Information Science and Engineering，2008：707 - 710.

④ 杨频、李涛、赵奎：《一种网络舆情的定量分析方法》，《计算机应用研究》2009 年第 3 期。

⑤ Watts，D. J.，*Small Worlds* [M]. Princeton：Princeton University Press，1999：25 - 30.

⑥ Girvan，M.，Newman，M. E. J.，Community structure in social and biological networks [J]. *Proceedings of the National Academy of Sciences*，2002，99（6）：7821 - 7826.

⑦ Borgatti，S. P.，Mehra，A.，Brass，D. J. et al.，Network analysis in the social sciences [J]. *Science*，2009，323（5916）：892 - 895.

⑧ 钱爱兵：《基于主题的网络舆情分析模型及其实现》，《现代图书情报技术》2008 年第 4 期。

⑨ MacQueen，J.，Some methods for classification and analysis of multivariate observations [C]. In：*Proceedings of the* 5th *Berkeley Symposium on Mathematical statistics and Probability*. Berkeley，University of California Press，1967：281 - 297.

⑩ 曾果：《基于 K 近邻的垃圾邮件过滤模型》，《铜仁学院学报》2008 年第 9 期。

⑪ 聂恩伦、陈黎、王亚强等：《基于 K 近邻的新话题热度预测算法》，《计算机科学》2012 年第 6 期。

认为内容相似的话题在热度和发展趋势上应该具有相似性。这种方法符合公众对于舆情的共性认识，即只需要找出类似的话题，或者历史发生事件，那么新的热点事件的发展态势就可以很直观地表示出来。但仔细分析可以发现存在如下问题：其一，新出现的热点事件，研究者是否能找出相关度较高的 K 个历史事件进行比较分析，如若相关人员找不到足够的数据来支持新话题的研究，则这个方法的普适性较低。其二，聚类方法的计算量较大。因为 K 个最邻近点需要计算每一个待分类的文本到全体已知样本的距离，这样繁复的运算无疑增加了工作的难度。其三，对于论文中选取的单纯点击数进行预测也存在质疑。一般来说，网络舆情爆发的周期比较短，同时间会有新的话题事件产生，公众一般会把注意力集中到新的事件上去，老的事件被真正关注者点击的可能性降低，而被漫游者点击的可能性增加，点击数的随机性变大，这样也会使预测性降低。

张虹等[①]以论坛、微博数据为例研究了小波多尺度算法在舆情预测中的适用性，认为论坛，微博等是复杂的非线性系统，每个帖子所形成的时间序列，又呈现非线性升、降趋势，很难运用传统的时间序列模型加以描述。但小波算法中通常采用的 ARIMA 时间序列分析方法，虽然适合处理非平稳时间序列，不过由于其参数是固定的，因此并不适应舆情发生发展过程中不确定性强的特性。

马尔科夫预测方法在水文、气象、地震、经济学等方面有广泛的应用，其核心是马尔科夫链特性运用。马尔科夫链[②]是指系统的演变是一个随机过程，未来状态与以前状态无关，仅与现在的状态有关，具有无后效性特点。马尔科夫预测的基本思想就是根据事件过去的发展规律来预测未来热度的发展趋势，即根据马尔科夫链原理，基于某些变量的当前状态及其变化趋向，预测其在未来某一特定期间内可能出现的态势。由此可见，马尔科夫链适用于离散的、随机的状态过程。

通过对选取的食品安全舆情事件的分析可看出，食品安全事件形成期较短，短时间内过渡到爆发期，爆发期热度曲线平稳，直至缓解期热度逐渐下降，前三个阶段都处于规律性的变化当中，并且食品安全舆情事件总体呈现出周期性较短特性，经常需要预测等时间间隔（如一小时）的时

① 张虹、赵兵、钟华：《基于小波多尺度的网络论坛话题热度趋势预测》，《计算机技术与发展》2009 年第 4 期。

② 何声武：《随机过程引论》，高等教育出版社 1999 年版。

刻点上热度分布情况。所以，食品安全舆情的演变过程契合马尔科夫过程的特征。另外，食品安全舆情发展的状态可以看作是一个随机发展的过程，而它的发展受当前时间的影响非常强烈，即 t+1 时刻的状态与 t 时刻的状态有关，与之前的其他状态无关，转移过程也只与当前热度值有关。[①] 这些特点正好满足马尔科夫链的前提条件。并且，马尔科夫的预测只适合短期预测，因为长时间转移概率矩阵将发生变化。因此，本章采用马尔科夫链方法进行食品安全网络舆情热度预测分析。

（四）指标权重计算方法综述

指标的权重分析也是一个重要的环节，不同的指标对于结果的影响程度不同，因此需要对指标进行权重分析，对指标进行重要性排序，这样有利于下一步的研究。如果食品安全网络舆情各个指标的权重分析结果出现误差，会直接影响事件热度值的计算，间接影响到热度趋势预测分析，使得整个分析结果出现偏差。鉴于此，为了更好地开展下面的工作，需要在指标权重计算方法上做出研究。关于指标权重的计算方法有很多，其中最主要的是 AHP[②] 层次分析法和熵值赋权法。其中层次分析法的优点自不待言，近年来的研究倾向于关注 AHP 方法的不足，如过分依赖于评价指标体系的建立、评价指标的选取；指标之间的关系取决于专家的意见。如果专家的选择不合理，含义混淆不清，或者指标之间的关系不确定，都会降低 AHP 方法的结果质量，致使决策失败。

熵权法[③]因其是一种客观赋权法日益受到重视，它的主要原理是依据各指标数据所包含的信息量大小来确定指标的权重，即根据各指标值的变异程度所反映信息量的大小来确定指标的权重。熵值与权重呈现反向关系，当某个指标的熵值越大时，则说明指标信息的无序度越高，这个指标的利用价值越小，权重越小；反之，指标的熵值越小，指标信息反映的无序度越小，则这个指标的利用价值越高，权重也就越大。极端的情况是，如果熵值等于 1，则表明某个指标的数据完全无序，其对综合评价的效用

---

① 张一文、齐佳音、方滨兴等：《非常规突发事件网络舆情热度评价指标体系构建》，《情报杂志》2010 年第 11 期。

② 吴殿廷、李东方：《层次分析法的不足及其改进的途径》，《北京师范大学学报》（自然科学版）2004 年第 4 期。

③ 张庆民等：《基于熵权—离差聚类法的城市公共安全舆情评估》，《中国安全科学学报》2012 年第 9 期。

值为0。

从本章所选取的指标来看，4个指标隶属于网民行为因素，不存在层次的划分，因此适合采用熵权法来进行食品安全舆情指标权重的计算。

三　食品安全网络舆情热度分析

（一）指标选取

从指标可获取性、可操作性等维度的考量，本章决定选取微博发帖量、论坛发帖量，论坛转载量，以及论坛的回复量来作为食品安全网络舆情热度评价指标。因为，网民在网上的发帖、转帖、评论、回复等行为本身就是受到舆情事件本身影响力、媒体作用力、政府疏导力等影响下的结果呈现。鉴于现有的社交平台已成为舆情的主要发酵地，为此，本章构建了如下指标评价体系，见表8-3。

表8-3　网络舆情客观数据统计

时间（T）	主帖标题	新闻		博客/微博	论坛	
		浏览数（A）	回复数（B）	转载数（C）	点击数（D）	回帖数（E）
1	M_1	A_1	B_1	C_1	D_1	E_1
2	M_2	A_2	B_2	C_2	D_2	E_2
⋮	⋮	⋮	⋮	⋮	⋮	⋮

从表8-3可以看出，统计的数据主要来自新闻客户端、微博和食品安全论坛三个方面。新闻网站，尤其是新闻客户端，对于食品安全舆情的发生发展起着助推作用，因此，新闻网站，尤其是门户网站提供的新闻必须引起关注。从网络舆情发生源来看，微博等社交平台已成为舆情的重要发生地。作为中国网民非常依赖的网络平台，通过统计微博的发布量，可以很快地了解到一个事件的关注量及其变化趋势。尽管论坛的发展态势呈现下滑的态势，但论坛在某些专业性食品安全事件上也产生着较大的作用。在食品安全事件的传播中，以凯迪社区、天涯论坛和强国社区这三个论坛较具影响力，这三个论坛也是比较具有代表性的论坛，注册用户较多，较为活跃的论坛。因此，从上述三处来源的数据可以代表网民在网络

上呈现出的情绪、态度等，并且真实有效，操作方便，数据易获取。

值得一提的是，本章中指标的获取不是以小时作为计量单位的，因为网络舆情事件，小时与小时之间的变化不明显，这样统计所花费的工作量太大。而一天一天地进行统计，不仅能体现舆情事件的发展规律，而且数据变化趋势比较明显，而且还能够减小工作量。由此，设计出如表 8－4 所示的食品安全舆情数据统计表。

表 8－4　　　　食品安全网络舆情数据统计

日期（T）	微博发帖量（A）	论坛发帖量（B）	论坛回复量（C）	论坛访问量（D）
××月××日	A_1	B_1	C_1	D_1
××月××日	A_2	B_2	C_2	D_2
⋮	⋮	⋮	⋮	⋮
⋮	⋮	⋮	⋮	⋮
××月××日	A_n	B_n	C_n	D_n

（二）指标权重计算

通过权重的计算，可以有效识别同层指标的作用力大小，体现各指标对舆情热度影响的重要程度，从而进行热度计算。基于熵权的指标权重计算原理如下：

（1）原始数据矩阵归一化。设 n 个评价指标，m 个评价对象的原始数据矩阵为 $A=(a_{ij})_{n\times m}$，对其进行归一化处理后得到判断矩阵 $R=(r_{ij})_{n\times m}$，公式为：

$$r_{ij}=\frac{a_{ij}-\min a_{ij}}{\max a_{ij}-\min_{a_{ij}}} \qquad (8-1)$$

（2）定义熵：在有 m 个指标、n 个被评价对象的问题中，第 i 个对象评价的熵为：

$$h_i=-k\sum_{j=1}^{m}f_{ij}\ln f_{ij} \qquad i=1,2,\cdots,n \qquad (8-2)$$

$$\text{其中}, f_{if}=\frac{r_{ij}}{\sum_{i=1}^{n}}r_{ij} \qquad (8-3)$$

并假定当 $f_{ij}=0$ 时，$f_{if}\,ln f_{ij}=0$。选择 $k=\frac{1}{\ln_m}$ 对熵 h_i 进行标准化处

理，则：

$$h_i = -\frac{1}{\ln_m}\sum_{j=1}^{m} f_{ij}\ln f_{ij} \tag{8-4}$$

(3)定义熵权：定义了第 i 个指标的熵权之后，可得到第 i 个指标的熵权：

$$W_i = \frac{1-h_i}{m-\sum_{i=1}^{m} h_i}(0 \leqslant W_i \leqslant 1, \sum_{i}^{m} W_i = 1) \tag{8-5}$$

本章基于前述步骤进行了权重赋值。微博发帖量的权重用 W_1 表示，论坛发帖总量权重用 W_2 表示，论坛回复总量权重用 W_3 表示，论坛浏览总量权重用 W_4 表示。为便于计算，结果取一位小数，分别为：$W_1=0.2$，$W_2=0.2$，$W_3=0.3$，$W_4=0.3$。

(三)热度计算

由上文分析可知，舆情热度(H)可用发帖量，回复数，浏览数进行描述。本章的数据统计主要来自微博和论坛。其中分别用 $\sum A_i$ 表示每天微博发帖总量，$\sum B_i$ 表示每天论坛发帖总量，$\sum C_i$ 表示每天论坛回复总量，$\sum D_i$ 表示每天论坛浏览总量。

由此，舆情热度(H)的表达式为：

$$H = \sum A_i W_1 + \sum B_i W_2 + \sum C_i W_3 + \sum D_i W_4 \tag{8-6}$$

其中，$W_1=0.2$，$W_2=0.2$，$W_3=0.3$，$W_4=0.3$。

(四) 马尔科夫热度预测

1. 状态划分

马尔科夫预测法实质上是预测对象未来的状态，首先对预测对象本身状态界限划分，且划分的状态间是相互独立的，预测对象在某一时间只处于当前状态。主要是依据马尔科夫模型原理，即是用初始状态概率向量，结合状态转移矩阵来预测对象未来的发展趋势。本章依据食品安全网络舆情热度进行状态界限划分。

热度值 $H=[H_1, H_2, \cdots, H_n]$ (8-7)

通过 $\overline{H}$ 来表示热度趋势值，表示为 $\overline{H}=H_{i+1}-H_i$ (8-8)

从而得到 $\overline{H}=[\overline{H}_1, \overline{H}_2, \cdots, \overline{H}_n]$ (8-9)

为便于分析，热度趋势一般划分为 4 个状态区间，以 0 为主要分界点：大于0的分为两个区间S_1和S_2，其中S_1 = 急速上升，S_2 = 缓慢上升，小于0的也分为两个区间S_3和S_4：S_3 = 缓慢下降，S_4 = 快速下降。$S_1 = [\overline{H}_{max/2}, \overline{H}_{max}]$；$S_2 = [0, \overline{H}_{max/2}]$；$S_3 = [\overline{H}_{min/2}, 0]$；$S_4 = [\overline{H}_{min}, \overline{H}_{min/2}]$。

2. 状态转移矩阵

状态转移数是热度趋势值从当前状态到下一刻状态的数目。当前状态为S_1的下一时刻也为S_1的有N_{11}个，为S_2的有N_{12}个。同理，可以生成如表8-5所示的状态转移数目表。

表8-5 状态转移统计

		下一时刻状态			
		S_1	S_2	S_3	S_4
当前状态	S_1	N_{11}	N_{12}	N_{13}	N_{14}
	S_2	N_{21}	N_{22}	N_{23}	N_{24}
	S_3	N_{31}	N_{32}	N_{33}	N_{34}
	S_4	N_{41}	N_{42}	N_{43}	N_{44}

其中，$P_{ij} = \frac{n_{ij}}{\sum_{j=1}^{\infty} n_{ij}}$且$\sum_{j=1}^{\infty} P_{ij} = 1 (i = 1, 2, 3, \cdots, n)$。元素非负$P_{ij} \geqslant 0$

(8-10)

事件参数n以天为单位，按照发生的时间先后顺序进行统计，此时X_n为有限状态马尔科夫过程，其状态空间$E = \{1, 2, 3, 4\}$。事件参数$T = \{0, 1, 2, 3, 4, \cdots, n\}$。其中，n=0表示为初始值。

$$P\{X(n+1) = j \mid X(n) = i\} = P_{ij}, (i, j = 1, 2, 3, 4) \tag{8-11}$$

表示事件在n时刻处于状态i的前提下，下一时刻（即n+1时刻）转移到状态j的一步转移概率，从而可以得到转移概率矩阵：

$$P = \begin{pmatrix} P_{11} & P_{12} & P_{13} & P_{14} \\ P_{21} & P_{22} & P_{23} & P_{24} \\ P_{31} & P_{32} & P_{33} & P_{34} \\ P_{41} & P_{42} & P_{43} & P_{44} \end{pmatrix}$$

该转移矩阵的性质为：

$P_{ij} \geqslant 0$，$(i, j=1, 2, 3, 4)$，$\sum_{j=1}^{4} P_{ij} = 1$，$(i=1, 2, 3, 4)$

矩阵 P 描述的系统由状态空间开始，下一时刻转移到状态 j 的概率分布状况。可以据此很直观地分析这个矩阵各个元素的数值大小和变化趋势。设：

$$P_{ij}^{(k)} = P(X_{n+k}=j \mid X_n=i), (i, j=1, 2, 3, 4) \quad (8-12)$$

式(8－12)表示事件由状态 i 出发经过 k 步转移到状态 j 的 k 步转移概率。

C—K 方程为：

设$\{X_{(n)}, n=0, 1, 2, 3, \cdots\}$为一个马尔科夫链，它的状态空间为 $E=\{0, \pm1, \pm2, \cdots\}$，则其 n 步转移概率满足：

$$P_{ij}^{(n)}(r) = \sum_{k \in E} P_{ik}^{(m)}(r) P_{kj}^{(n-m)}(r+m), i, j \in E, l \leqslant m \leqslant n, r \in T \quad (8-13)$$

根据 C—K 方程并结合本章 n 步转移概率为：

$$P_{ij}^{(k+1)} = \sum_{m=1}^{4} P_{im}^{(k)} P_{mj}^{(1)} \quad (8-14)$$

也就是说，一步转移概率 P_{ij} 可以计算系统的任意 k 步转移概率矩阵：

$$P^{(k)} = \begin{pmatrix} P_{11}^{(k)} & P_{12}^{(k)} & P_{13}^{(k)} & P_{14}^{(k)} \\ P_{21}^{(k)} & P_{22}^{(k)} & P_{23}^{(k)} & P_{24}^{(k)} \\ P_{31}^{(k)} & P_{32}^{(k)} & P_{33}^{(k)} & P_{34}^{(k)} \\ P_{41}^{(k)} & P_{42}^{(k)} & P_{43}^{(k)} & P_{44}^{(k)} \end{pmatrix}$$

用 $S(k) = (S_1^{(k)}, S_2^{(k)}, \cdots, S_3^{(k)})$ (8－15)

表示为第 k 个时期的状态概率向量。向量中的元素有以下性质：

(1) $S_j^{(k)} \geqslant 0$，$(j=1, 2, \cdots, n)$

(2) $\sum S_{j(k)} = 1$，$(j=1, 2, \cdots, n)$ (8－16)

第 0 时期的状态概率 S_1^0，S_2^0，…，S_n^0 成为初始状态概率，相应的向量 $S^{(0)}$ 成为初始状态概率向量。

$$S^{(k)} = S^{(k-1)} \times P = S^{(0)} \times P^{(k)} \quad (8-17)$$

上述公式就为马尔科夫预测模型，因此，在知道初始状态概率向量 $S^{(0)}$ 以及转移矩阵 P 时，就可以求出预测对象在任何一个时期处于任何一个状态的概率。

四 应用研究

2015 年 6 月 23 日，新华社记者发表《走私“僵尸肉”上餐桌，谁之过?》的新闻报道，首次食用“僵尸肉”一词，迅速引起广大媒体和大众的强烈关注。微博上，在多名网络意见领袖的转发下，瞬间引燃了涉及众多论坛热议的舆情。鉴于其在食品安全舆情事件中的典型性，本章以此事件为例，来试算马尔科夫模型的热度预测过程。

（一）热度值、热度趋势值计算

本章主要数据来自新浪微博的发帖量，凯迪社区、天涯论坛、强国社区的发帖量，回复数以及访问量。并且可以根据式（8 - 6）和式（8 - 8）得出热度值及热度趋势值，结果如表 8 - 6 所示。

表 8 - 6 “僵尸肉”事件热度趋势值

日期	微博发帖量	论坛发帖量	论坛回复数	论坛访问量	热度值	热度趋势值
6 月 23 日	4598	26	261	28480	9547. 1	
6 月 24 日	16106	13	218	35828	14037. 6	4490. 5
6 月 25 日	17930	24	493	87900	30108. 7	16071. 1
6 月 26 日	837	16	97	17564	5468. 9	- 24639. 8
6 月 27 日	115	8	76	6781	2081. 7	- 3387. 2
6 月 28 日	215	0	0	0	43	- 2038. 7
6 月 29 日	71	5	31	7203	2185. 4	2142. 4
6 月 30 日	2663	48	325	57139	17781. 4	15596
7 月 1 日	4959	20	282	8461	3618. 7	- 14162. 7
7 月 2 日	2564	14	1152	112402	34581. 8	30963. 1
7 月 3 日	4555	2	0	46	925. 2	- 33656. 6
7 月 4 日	1698	5	3	319	437. 2	- 488
7 月 5 日	8125	22	93	4934	3137. 5	2700. 3
7 月 6 日	604	5	79	5882	1910. 1	- 1227. 4
7 月 7 日	1192	14	32	2927	1128. 9	- 781. 2

续表

日期	微博发帖量	论坛发帖量	论坛回复数	论坛访问量	热度值	热度趋势值
7月8日	10354	1	4	79	2095.9	967
7月9日	7480	0	0	0	1496	-599.9
7月10日	18930	34	479	58608	21518.9	20022.9
7月11日	770	19	298	41349	12651.9	-8867
7月12日	23516	18	258	23024	11691.4	-960.5
7月13日	5211	25	50	5811	2805.5	-8885.9
7月14日	6790	10	10	1630	1852	-953.5
7月15日	131	9	10	2393	748.9	-1103.1

（二）热度趋势状态区间

根据表8-6中的趋势值，大于0的为上升状态，小于0的为下降状态，根据公式计算出了状态区间的划分值，分别为 S_1 = [15483, 30964]，S_2 = [0, 15483]，S_3 = [-16828, 0]，S_4 = [-33657, -16828]，其次计算实际数据落入各状态空间的数目，最后得出状态转移矩阵P。其中热度趋势值及其对应的状态空间如表8-7所示。

表8-7 “僵尸肉”事件状态划分情况

日期	微博发帖量	论坛发帖量	论坛回复数	论坛访问量	热度值	热度趋势值	状态划分
6月23日	4598	26	261	28480	9547.1		
6月24日	16106	13	218	35828	14037.6	4490.5	S_2
6月25日	17930	24	493	87900	30108.7	16071.1	S_1
6月26日	837	16	97	17564	5468.9	-24639.8	S_4
6月27日	115	8	76	6781	2081.7	-3387.2	S_3
6月28日	215	0	0	0	43	-2038.7	S_3
6月29日	71	5	31	7203	2185.4	2142.4	S_2
6月30日	2663	48	325	57139	17781.4	15596	S_1
7月1日	4959	20	282	8461	3618.7	-14162.7	S_3
7月2日	2564	14	1152	112402	34581.8	30963.1	S_1
7月3日	4555	2	0	46	925.2	-33656.6	S_4
7月4日	1698	5	3	319	437.2	-488	S_3

续表

日期	微博发帖量	论坛发帖量	论坛回复数	论坛访问量	热度值	热度趋势值	状态划分
7月5日	8125	22	93	4934	3137.5	2700.3	S_2
7月6日	604	5	79	5882	1910.1	-1227.4	S_3
7月7日	1192	14	32	2927	1128.9	-781.2	S_3
7月8日	10354	1	4	79	2095.9	967	S_2
7月9日	7480	0	0	0	1496	-599.9	S_3
7月10日	18930	34	479	58608	21518.9	20022.9	S_1
7月11日	770	19	298	41349	12651.9	-8867	S_3
7月12日	23516	18	258	23024	11691.4	-960.5	S_3
7月13日	5211	25	50	5811	2805.5	-8885.9	S_3
7月14日	6790	10	10	1630	1852	-953.5	S_3
7月15日	131	9	10	2393	748.9	-1103.1	S_3

（三）状态转移矩阵

根据表 8-7 的数据情况，选择 6 月 23 日到 7 月 11 日作为训练样本，得出状态转移表和状态转移矩阵，从而预测 7 月 12—15 日所在的状态区间。如表 8-8 所示。

表 8-8　“僵尸肉”事件状态转移统计

状态转移		下一时刻状态			
		S_1	S_2	S_3	S_4
当前状态	S_1	0	0	2	2
	S_2	2	0	2	0
	S_3	2	3	2	0
	S_4	0	0	2	0

根据式（8-10），可以得出状态转移矩阵 P：

$$P=\begin{pmatrix}0 & 0 & 0.5 & 0.5\\0.5 & 0 & 0.5 & 0\\0.286 & 0.428 & 0.286 & 0\\0 & 0 & 1 & 0\end{pmatrix}$$

（四）舆情热度趋势值预测

设置7月11日热度为初始值，初始向量为 $V_0=(0, 0, 1, 0)$，根据马尔科夫的预测结果为 $V_1=V_0\times P=(0.286, 0.428, 0.286, 0)$，由此可以看出7月12日处于 S_2 个概率较大。

$V_2=V_1\times P=(0.296, 0.122, 0.439, 0.143)$，由此可以预测出7月13日应该在 S_3 的概率较大，$V_3=V_2\times P=(0.187, 0.188, 0.478, 0.148)$，由此结果可以预测出7月14日应该在 S_3 的概率较大，$V_4=V_3\times P=(0.231, 0.204, 0.472, 0.093)$，由此结果可以预测出7月15日应该在 S_3 的概率较大。

用事件发展的真实数据与预测数据对比，预测数据见表8－9。从分析预测区间与实际区间的误差可以看出，预测的舆情热度趋势区间只有第一个区间有误差，准确率为75%，说明该模型能有效判别舆情热度的趋势值。

表8－9　舆情热度趋势预测

日期	预测区间	实际区间
7月12日	S_2	S_3
7月13日	S_3	S_3
7月14日	S_3	S_3
7月15日	S_3	S_3

五　研究结论与不足

本章首先建立指标体系进行食品安全网络舆情的热度计算，通过划分状态空间、构建状态转移矩阵、开展舆情热度趋势预测等步骤建立基于马尔科夫链的食品安全舆情热度趋势预测模型。并且选取2015年度的舆情热点事件“僵尸肉”事件为例进行实证分析，验证了模型的有效性和合理性。进一步得出了舆情事件都有一定的规律和发展周期，通过掌握该周期就能够对舆情事件进行合理引导。通过本章的研究，能够为政府及相关部门及时掌握食品安全事件的舆情发展动态及趋势提供参考，进而采取有效措施进行引导，缓解人们对食品安全事件的焦虑情绪。

但是，该模型也存在不足，主要体现在食品安全事件的末段。食品安全事件不同于其他事件，主要涉及公众的生命安全，所以很难像一般事件一样完全地在公众心中消退。因此，在后半阶段，虽然热度呈现出下降的趋势，但是，不是完全降到0点，而是会出现反复，马尔科夫模型对于这种反复的变化预测不是很准确，因为此时的转移矩阵已经不再适用。

再者，马尔科夫模型不能预测舆情的生成时间。一般来说，政府部门希望的是在事件还未形成时就可以预料到某一事件的产生及其发展的趋势，从而可以在早期就对事件进行处理监管。但是，马尔科夫模型做不到这一点，因为必须根据一定量的数据才能得到状态转移矩阵，从而进行预测。因此，在事件的潜伏期是不适用马尔科夫模型进行预测的。

最主要的不足还体现在马尔科夫模型不能精确预测状态拐点的时间，只能预测舆情发展的态势，这也与其运用状态转移矩阵有关，转折点前后应该使用不同的转移矩阵，因此，马尔科夫在食品安全领域的预测还没有达到非常精准的地步。对于舆情发展拐点的预测，可能需要结合更加精确的预测方法，例如，动态贝叶斯网络分类器模型等，这样，可以使食品安全网络舆情的预测更加完善，同时这也是后续努力的方向。

第九章

食品安全网络舆情伦理秩序建构

所谓舆情，是个人或群体对自身所处环境中某些与自身利益相关的公共事务所持有的态度、意见、看法和认识的总和，网络舆情则是将这些态度、意见、看法和认识通过网络的形式表达、扩散和传播的过程。随着时间的飞逝，我们已经进入电子信息迅速发展的时代，21 世纪至今，是电子信息迅速发展的20 年，在这期间，网络与人的关系越来越密切，甚至在某种程度上成为一种主要媒介用于支撑人与人之间便捷快速的沟通交流。可以说，现在的网络不仅是个人传达自我认知和情绪的一种方式，同时也是各种突发事件和热门话题的重要信息集散地，不可否认地成为反映公众现实、探讨社会热点的主要载体之一。

然而，在积极有效传达社会热点，进行讯息便捷沟通的同时，网络自身也引发了不少显性或者隐性的问题。“当互联网的巨大功能被慢慢挖掘后，人们便会不加节制地去使用这些在表面上能带给人类非常便捷的能力，而最终则是私有财产的侵害，和道德伦理的蔑视”。[①] 不得不说，信息时代，如何规范网络技术的伦理道德，尽可能减少由于网络道德缺失所引发的社会代价，重塑网络安全，构建有效的网络舆情伦理秩序是当前网络舆情建设的首要任务。特别是在涉及国计民生重点问题的食品安全方面，网络舆情的建构就显得更为重要。

一　网络舆情伦理秩序构建的逻辑起点

要构建良好合理的网络舆情伦理秩序，首先必须把握网络舆情所处环

---

① 理查德·斯皮内洛:《铁笼，还是乌托邦》，李伦等译，北京大学出版社2007 年版，第1页。

境的独有特点。与现实世界相比，网络世界的内在机理、传播规律、预警引导机制都有所差异，从根源上解释，这是由于现实世界的支撑结构与网络世界本质是不同的。结合网络舆情的实际特点，来分析网络舆情伦理秩序构建的方式，以保证伦理秩序效用最大限度发挥的道德体系。

（一）舆情生成发展的内在机理

网络舆情伦理秩序的建构离不开对网络舆情生成发展等内在机理的分析。准确了解和把握网络舆情的源起和生成特征，有助于构建合理健全的网络舆情伦理秩序。从网络舆情的表面现象分析，网络舆情多表现为参与网络舆情实践主体的作为与不作为的态度及相应的行为倾向。以食品安全网络舆情为例，食品安全网络舆情的产生主要是参与某一食品安全话题的群众由于受到价值观念和自身利益的影响而表现出对某一食品安全话题持肯定或否定的态度，并在该态度支配下对该食品问题采取积极或消极的行为方式。网络舆情的内在生成发展机理本质上是技术高度发达的风险社会公众集体情感的释放，心理学称，人类天生具有使得自己认知结构保持相对不被破坏的倾向性。而一旦这种倾向性受到干扰破坏，就会产生关于某类事件否定性的评价和态度。为了维持这种情感上的平衡，人类必然会采取相应的舆论活动来维系自己的认知，通过网络扩大自己所持的意见，以获得更多支持的同时，寻求心理上的慰藉。这让网络舆情的生成机理呈现出由点到面逐步扩大的态势和特征，因此网络舆情的伦理建构也必须是一种在从点到面过程中就有事中规制而不能单单是事后惩戒的方式。“事后的规制往往具有滞后性，从长远看还是需要在事件发生时就能够开始寻求解决方案。”①

（二）网络舆情生成发展的传播规律

按照马克思主义的基本观点，现实社会中，人和社会中的各种要素及其所形成的关系总和都将作为一个整体范式的存在。现实社会中，人以一种全面的方式，也就是说，作为一个总体的人，占有自己全面的本质。②但是，与现实社会的整体性特质不同，网络舆情在生成发展过程中更多的是呈现出去整体化的“碎片式”传播规律。所谓网络舆情的碎片化主要是针对网络舆情的传播语境而言的，人们通过网络关注自己想关注的话

① 洪巍、吴林海等：《中国食品安全网络舆情发展报告（2013）》，中国社会科学出版社2013年版，第197页。

② 马克思：《1844年经济学哲学手稿》，人民出版社2000年版，第85页。

题，搜索自己需要的信息，高度关注社会公共新闻和自身息息相关的社会安全事件，但是在面对突发性的事件时人们并不能够知晓正确的信息来源，甚至大多数人并不知道应该从哪里了解相关事件的真实信息，因而往往对事实一知半解、捕风捉影，这在某种程度上让网络的去整体化语境得到了加强。“网络的碎片式流行语有着极强大的传染性，往往容易产生跳跃性的节奏和瞬间变动的情绪。”随着互联网的发展，去整体化的网络环境在人类正常的生产生活中所占比例越来越大，网络舆论也成为社会舆论不可或缺的重要组成部分，受网络本身碎片化和去整体化的特质影响，在网络舆情中往往容易出现“英雄主义”和“原子社会”，也就是说，在网络舆情中各种意见和见解都是以有着“博主”“版主”头衔的意见领袖来形成合意的，如果没有一个核心的力量来整理和引导舆论，网络舆情就如一盘散沙，难以形成认知和行动上的合力。而如果领导力量存在不当行为或者不当思想，就容易引发网络舆情正常轨迹的偏离，引起网络灾难效应。

二　现有食品安全网络舆情治理的不足

网络本身就是一个相对虚拟化的空间，相对于社会实体空间而言，网络的规范性和监控度都略显不足。加之出于对个人隐私的保护和尊重，很多网络空间都设有对个人 ID 的加密，使得在对带有犯罪行为的食品安全网络舆情的监管过程中容易出现执法松散和无法追踪的困境。而大数据时代的数据变化和更新速度几何倍数的增长使现有的食品安全网络舆情治理还存在很多不足，具体来说，包括以下几个方面。

（一）粗放式规制

食品安全数据的发布主要还是必须依靠政府，而作为一项关系民生重大的公共数据，政府在发布相关的食品安全信息和数据时往往比较谨慎，特别是对涉及一些食品生产销售机密的数据更是如此，所以往往导致数据的“难产”和残缺不全。这些数据的“难产”和不全便是粗放式规制方式的根源。

粗放式规制是指在有关食品安全网络舆情的治理中采取放羊式的治理方式，即简单地从事实表层寻找问题的浅层原因并提出不涉及根本的解决方法，因此，只能达到治标不治本的效果。当前食品安全网络舆情的粗放式规制的原因可以从主观和客观进行分析。从客观上讲，由于食品从生产、加工到销售是一个系统链的过程，在这个过程中由于不同部门之间交流合作的磨合，往往容易出现权责不明晰的现象。从主观上讲，由于食品安全的相关数据烦琐而庞大，不同价值立场的人的解读往往有很大的不同之处，很难形成统一的价值导向。因此，相关部门在追究某一食品安全的责任时，在依靠自身立场对数据界定的过程中，容易给出错误的舆论导向，最终在网络上引进片面的认识，导致相关食品安全问题出现错误的网络舆情。而相关部门自身由于对该事件掌控能力的不足，最终只能导致粗放式的规制，即往往表现为简单地做个网络说明或者封杀造事者 ID。然而，实际上该做法并没有真正从根源上消除食品安全网络舆情的隐患，相反，大多时候使该话题变得更加敏感。

（二）运动式规制

食品安全网络舆情的运动式规制是指在对食品安全网络舆情的相关管理中没有形成事先明确的条文规定和行为约束，仅仅在事发之后就具体情况给出暂时性的解决对策的一种方式。由于这种解决方案往往只具有暂时性和片面性，类似于运动中主体位置不断变化的状态，故称为运动式规制。

食品安全网络舆情中之所以出现运动式规制的一个重要原因在于网络舆情缺乏主流价值导向，人们在虚拟空间的交流中毫无价值的引导性可言，最终走向虚拟空间价值虚无主义——认为网络空间可以隐藏自己的真实身份从而为所欲为。完全失去自律性的网络舆情也对相应的立法管制行为造成了困难，由于不能完全真实、准确地掌控被管理者的行为和思想路径，管理者只能采取运动式的规制方式，哪里出现问题就将阵地转移到哪里。特别是针对食品安全问题的网络舆情，其话题由于与大众切身利益更为密切相关，人们站在不同的立场上，其关注点也自然不同，运动式的规制看起来是一种较为合适的方法，然而，究其根源来说，运动式规制的作用往往是治标不治本，甚至在某种程度上形成了对食品安全网络舆情中价值虚无的纵容——由于经常转变视角、更换方向，使得在食品安全的网络舆情中往往难以产生伦理道德的约束，经常的运动战也难以形成相关网络舆情的主流价值导向。

（三）“马后炮”式规制

2014年7月20日，东方卫视曝光了上海福喜食品有限公司将大量过期变质肉原料回炉重做，或更改保质期等手段生产劣质食品（如麦乐鸡、汉堡等），并将之供应麦当劳、肯德基等洋快餐连锁店。而据此仅仅不到一个月的时间，同年8月7日，深圳沃尔玛洪湖店又被曝出使用煎炸半个月的黑心油，然而，沃尔玛的相关负责人称，该门店今年已经接受了26次执法检查，而且每次检查都是合格的。通过媒体的大量曝光后，监管机构才开始针对问题加强执法力度，对有问题的企业和机构实施惩治，进行行政处罚和罚款。在这些事件中我们都可以发现，规制机构并未采取有效的监管措施履行其职责，乃至在有人向规制机构举报或通过媒体曝光后，相应规制机构也没有在第一时间采取行动，而是在发生严重后果，或已经酿成公共性事件之后才采取一些迟到的补救措施。类似于这样的行为被称为“马后炮”式的规制。

与食品安全的“马后炮”式规制相对应，关于食品安全网络舆情的监管和治理往往也显示出滞后性。往往在等待一件食品安全的网络舆情事件被炒作到影响国家安全或者人身安全的时候，才会采取相应的措施，例如封杀ID，删除不良言论，或者对造事者进行行政或者民事处罚。“然而由于缺乏事前、事中、事后的全方位监管，规制机构的反应过于迟滞，必然会增加社会风险性，也会导致国人普遍对规制机构缺乏信心。”①

从上述现有的食品安全网络舆情的治理方式来看，目前在对涉及国计民生、人类切身利益的食品安全网络舆情的问题中，往往只注重事后补救，不注重过程中技术和伦理的约束，特别是没有形成系统的食品安全网络舆情的伦理规范和教育体系，而这对于当前食品安全网络舆情的发展来说，任重而道远。

三　网络舆情伦理建构的关键要素

与现实世界相比，网络世界具有即时性、广域性、强交互性的特质：即时性是网络世界信息传递的速度相对来说比较迅速，可以在短时间内实

① 杜仪方：《风险领域中的国家责任》，《行政法论丛》第十四卷，第233页。

现信息的有效传播；广域性是网络世界信息传播的范围相对而言比较宽泛，能够成等比增长的数量去覆盖人群；强交互性是网络世界信息的扩散和传播能产生更强的群聚效应，这种群聚效应是通过某一事件对具有相同心理范式的人的沟通，让人与人之间形成更为紧密的团体关系。可以说，网络环境的这些特点是一把“双刃剑”，一方面它促进了信息的有效沟通和传递，另一方面它也产生了严重的社会伦理问题。“网络改变了世界的经济政治秩序，让人与人之间有了更为即时有效的交流方式，这点不错；但是我们也应该看到，网络也导致了人类交往方式的异化，它在去中心化的同时造成了人类过度的自我沉醉，沉醉到头脑完全虚无到一切。而这让现实的伦理准则在网络世界中彻底崩塌。”① 而正是因为网络环境的这些特殊性，使规制网络舆情的伦理并不能照搬现实世界的伦理建构方式。网络舆情的伦理必须有一套重构的体系来适应网络自身的特点，以便从根本上起到规范网络秩序的作用。

（一）“本质先于存在”的原则代替“存在先于本质”的原则

关于“本质”和“存在”的这句论述源于存在主义大师萨特。“存在先于本质”（l'existence précède l'essence）在存在主义哲学中是指人类生存之外没有天经地义的道德和灵魂，道德和灵魂都是在人的生存中创造出来的，人没有遵守的必要，但是却有选择的自由。因此，萨特反对规则的预设，认为这是对自由存在本身的破坏，这样的观点被大多数伦理学家推崇并提倡，特别是积极自由主义者，特别强调人自主选择的充分性和自由性，因此，在西方现实社会中被广泛推崇。

然而，网络世界却不能完全坚持“存在先于本质”的伦理原则，不仅是因为网络世界的虚拟性太强，也是更多地基于网络的个人英雄主义过于泛滥。网络世界的体验不同于现实世界的体验，在现实世界中，每个人可以通过自己的观察、了解和思考掌握自己需要学习认识的对象，可以通过全方位的感官和思维体验去把握自己所处的现实环境。但是，网络世界的信息往往处于不对称状态，这让一些网络大咖、意见领袖的意见往往成为左右网络世界网民对事物认识的关键。通过网络大咖和意见领袖个人意志的加工，某些信息往往容易丧失掉自己的客观性和中立性，从传播扩散

① John Paul II, Message for the 33rd World Communications Day [N]. N. 4, January 24, 1999.

的开始就打上了"个人意志"的深刻烙印。以一个食品安全网络舆情的例子来说明：2008年，三鹿奶粉中三聚氰胺事件在网络上吵得沸沸扬扬，一时间引起了无数年轻妈妈的恐慌，随后不断地有关于乳制品的谣言，包括对蒙牛、伊利等国产大品牌也有了很多非议。在这种情况下，尽管政府和相关专家不断地站出来辟谣，强调其他品牌的安全可靠性，但是，一些媒体人因为各种原因一直不断地与专家唱着反调，比如朱文强、赵普还有网络红人方舟子，通过不断更新微博给中国乳业又带来一记重创。在这样的对峙下，由于这些网络大咖和媒体领袖的影响力，使大部分网民选择跟随并无专业背景知识的网络达人，以至于后来甚至波及整个中国奶粉界，以讹传讹的网络负面影响顿时铺天盖地地席卷了整个国家，以致很长一段时间内中国生产的奶粉都无人问津。网络舆情与社会舆情相比，从发起者到传播途径都是有根本差别的。社会舆情由一定阶层占主导地位，发起并控制，在传播途径上主要依靠人员聚集传播；然而，网络舆情的发起者和主导者都是没有归属或者归属模糊的大众群体，在传播上也具有虚拟性，难以辨别真假，这些使得相对社会舆情而言，网络舆情的生成机理十分复杂。如果还是坚持"存在先于本质"的自由放任原则，就难以控制相关舆情。我们必须坚持"本质先于存在"的道理，将以往的事后制裁变为事前规制，并注重对网络意见领袖意志的矫正，以采取适当积极的干预取代无大事发生就消极不作为的行为。网络的特点决定了一旦有事发生，就非常迅速直接，难以控制，因此，我们不能像处理社会事件一样，待到事情发展到一定阶段才采取必要干预方式。一句话，我们不能让"自由"的幌子成为网络舆情伦理秩序丧失的借口。

（二）以技术实在论的伦理观作为网络舆情的伦理支撑

在网络空间中，舆论的表达往往呈现非理性化，诺尔诺曼曾经说过，由于人的社会天性使得人在社会中的意见表达呈现出螺旋式的扩散和传播，对于那些被多次转发、响应、评价的话题，即便含有夸大或者修改的成分，往往也能得到及时的关注和有效的扩散；但是，对于一些没有被关注或者关注极少，也不怎么有响应、转发和评价的话题，即便内容再真实，也难以被扩散传播。由此可见，网络舆情的实践中，非理性往往压制理性成为主导舆情扩散传播的关键。

基于网络舆情的这种特殊性，应用于现实社会的伦理规范和法律体系的规制作用似乎孤掌难鸣，而市场受到网络世界虚拟特性的影响，所发挥的作用也是微乎其微。因此，三种现实世界中约束社会行为的核心要素所搭建的伦理框架，在网络世界中难免会有缺陷和瑕疵。这时，计算机伦理学家莱斯格（Larry Lessig）指出："约束网络行为和约束社会行为不同，在现实空间中约束人类行为的主要有伦理规范、法律和市场关系。伦理规范和法律通过美德和规则引导规范人类行为，而市场通过利益导向调整人类行为。网络世界依然遵循现实社会的伦理架构，但是却把这种架构更多地限制在网络空间代码中，即建构互联网的程序和协议，并以此来约束和调整人们的行为。"① 莱斯格的代码就是网络技术。通过前面对网络世界大量实例与困境分析的基础上，我们可以看到，网络舆情本身在实践的过程中就具有盲目性和非理性，因此不可能形成自觉的网络伦理规范，必须要突出技术在解决网络困境中的重要作用，因为网络本身就是技术发展的产物，我们完全可以通过技术本身的提升去解决因为技术运用所造成的问题。这实际上是一种技术实在论的网络伦理思想，通过技术（代码）体系、规范体系和市场体系的有效配合，将技术（代码）作为促成道德自律的主要方式，来应对其他方法的不足与缺陷；同时借助法律和市场的力量，对网络技术运用进行合理限制，使网络发展健康有序。例如，我们可以通过网络爬虫抓取技术收集与筛选一些网络舆情信息，设定主题目标，自动采集信息配合人工参与，实现对信息的技术引导。事实也证明，通过技术实现的对网络舆情的监管要比单纯地采取伦理说教治理预防有效很多。

（三）采取补偿性为主、替代性为辅的责任追究方式

一般而言，社会活动中设立伦理秩序，进行伦理制裁的目的是约束和引导下一次行动，从本质而言，这种约束和引导是为了寻找一种新的行为方式，能够有效替代当前有悖伦理的行为，这样的伦理体系应用于实践中，可以说是一种产生替代性行为的伦理机制。社会中的伦理规范正是在不断地约束、矫正已有错误行为的基础上，寻求更为符合社会大众利益的行为方式，并以此为基础，推进公平正义和社会的发展。可以说，现实中，运用伦理学原则解决问题的最好方式就是敦促引导产生新的可替代的行为，并将该种行为推广普及。普及的过程，既是关于伦理体系实践的过

---

① Harold Reeves, Property in Cyberspace［M］. Chicago: University of Chicago Law Review, 1996, p. 761.

程，也是伦理机制自我检验的过程。以行为的效果为依据，再次调整伦理机制本身，再以调整过的伦理机制去约束该类行为……这就是社会中伦理实践与社会本身发展的路径。

然而，网络世界却不能简单沿用现实世界的追责方式。网络世界的虚拟性和不确定性容易产生网络世界中的个人膜拜和英雄主义，从网络舆情的现实表征我们就可以看出这一点：网络世界中，对于某一个话题，网民往往一窝蜂地感性关注、评价之后就迅速消散，没有充足的时间形成理性共识，更不必说形成现实社会中牢固的集体心理范式。加之出于对网络公民利益的保护，有时候并不容易像现实社会一样，直观有效地追查到某一行为的具体发出者和实施者；即便追踪到该行为实施者的ID，其也可以通过ID的更换等技术手段来逃脱追踪，还不包括一些人采用虚假信息注册的ID。一句话，网络世界相对于现实世界而言，以原子方式存在的个人数量更多，这让现实社会中的伦理机制难以在网络世界发挥出应有作用——不仅因为原子个人和英雄主义引导下的群体往往带有非理性无序性的行为特征，更因为伦理应有的替代性追责方式并不能有效地解决网络舆情中的各种伦理问题。网络舆情不像社会舆情，解决之后人们因为有了内心规约而产生新的集体行为意识，从而替代了原有的行为范式；同一种舆情由于不同的英雄原子个人的引导，可能会带动和引发“换汤不换药”的类集体行为。因此，想沿用现实的伦理实践机制，特别是使用伦理实践机制的替代性责任机制是困难的，我们必须根据网络环境的特点寻找适合网络环境自己的追责机制，再辅之以替代性责任追究机制来完善网络伦理实践机制。而针对网络的原子式个人和英雄意见领袖特质，我们建议采取补偿性为主、替代性为辅的伦理机制。补偿性的伦理机制是对某一行为特质与现实不符合或者有违背处采取纠正方式的伦理机制，如果说替代性的伦理机制是一种先破后立，注重“立”的方式的话，补偿性的伦理机制则是边破边立，它更注重“破”的效果。换言之，它不需要替代行为的出现，它需要的是怎样规约同类行为的再次发生。

第十章

基于微博的食品安全事件网络舆情动态监控体系

21 世纪以后，网络技术创新以迅猛的发展速度在不断深入，全球正在经历一场以信息技术、网络传媒、舆情导向为核心的革命性变化，尤其是应用网络时代的到来，使舆情信息化对社会和人们的生活影响在日益深刻和广泛。网络既成为公民表达民意的重要渠道，也成为政府了解社情民意的重要窗口，中共中央总书记习近平在 2016 年网络安全和信息化工作座谈会时就曾强调："建设网络良好生态，发挥网络引导舆论、反映民意的作用。"本章主要论述舆情话题发现、舆情话题演化、舆情预警与干预的理论方法，为食品安全网络舆情动态监控提供基础。

一 引言

随着国民生活水平的提高，越来越多的人将注意力投向与人类健康切身相关的食品安全与质量上，食品安全已经成为影响社会稳定发展的重要因素，特别是当一些负面信息的曝光很容易使其走上舆论关注的风口浪尖，成为网络舆情焦点，甚至发展为负面影响巨大的社会公共事件。近年来，多例有关食品安全事件引发了网络一波又一波舆情热议潮，如 2006 年"苏丹红鸭蛋"事件、2008 年三鹿"三聚氰胺奶粉"事件、2013 年"湖南镉大米"事件、2015 年"僵尸肉"事件等。政府食品药品监督管理部门与企业在应对舆论问责时，信息公开的及时性、透明性以及言论的合理性更是把网络舆情危机推向高潮，而由此引发的舆情危机一度使政府与企业在民众心中的形象降到冰点。

心理学中有一个术语叫"负面偏好"，相比于正面的信息，我们的大脑通常对负面信息有更强烈、更持久的反应，因此，从理论上来，讲我们更加容易受到负面信息的影响。从人的心理学角度出发，人们往往对负面信息的关注比较多，因此负面信息的讨论会扩大影响范围。随着社交媒体的发展，人们希望通过这种方式来扩大事件的影响，从而获得有关部门的关注，解决食品安全问题，食品安全的讨论可以在一定程度上督促有关部门加大食品监管力度，完善食品相关法制法规，但是，参与到食品安全事件讨论的各个主体出于自身利益与知识的局限性，有可能将讨论引导到一种不正确非理性的方向，从而使得事件失控。食品安全舆情动态监控体系就是通过实时监控目标社交网络，例如微博、新闻网站、论坛，发现热点话题，对话题演化趋势进行跟踪与预测，形成舆情报告向相关部门预警，方便及时疏导，避免形成突发事件，具体包括以下几个部分：

（1）舆情话题发现。利用网络信息技术采集食品安全事件相关信息，通过分词技术与词库自动对数据进行处理，统计各词的词频，找出讨论的主题。

（2）舆情话题演化。将从两个方面考察话题演化的表现，一是话题热度随时间的波动；二是话题内容本身的演化，话题中心的转移。

（3）舆情预警与干预。根据历史数据，建立预警监控体系与模型进行预测，对同类型食品安全事件找到热度阈值，当热度达到某个阈值的情况，向政府相关部门预警，从而采取一系列行动进行疏导。

本章主要研究的媒体对象为微博，截至 2016 年 6 月，微博用户规模为 2.42 亿，已经成为中国仅次于新闻媒体报道的第二大舆情源头，微博在互联网上表现的内容形式有文字、图像、视频，其中又以文字信息为主，文字数量限制在 140 字之内，数据获取相对容易。

二　舆情话题发现

每天社交媒体中的信息量巨大，如何才能在海量的信息中找到需要关注的问题？话题发现为网络舆情监控提供服务，它的任务是在文本预处理后，把大量讨论同一事件同一话题的文本聚合在同一个簇下，以减少重复和冗余；同时，可以以话题的热度与意见领袖的影响力，更好地评估某个话题与意见领袖的潜在影响力，为舆情的监管和干预提供依据。话题的热度为粒度考察其受关注的程度。意见领袖为在人际传播网络中经常为他人提供信息，同时对他人施加影响的“活跃分子”，他们在大众传播效果的形成过程中起着重要的中介或过滤的作用，由他们将信息扩散给受众，形成信息传递的二级传播。按照处理过程，话题发现可以分为以下几个步骤：信息采集分类、网络文本处理、文本内容分词、文本向量化、网络文本聚类和话题热度评估。其中，采集和处理为聚类提供数据来源；分词和向量化是必要的转换以使后面的步骤得以进行；聚类算法的效率和精度关系到话题发现的有效性；话题热度评估有益于话题发现的数值表达和定量把握。

（一）信息采集分类

信息采集是把目标社交网络上的原始信息利用爬虫工具抓取下来，然后根据主题模式是否明确，分别用关键词搜索法与文本挖掘法对原始信息分类，选择食品安全事件的信息作为本章的目标信息。

1. 关键词搜索法

关键词搜索法是指根据目标舆情信息的话语特征，选择核心词语设为关键词，借助网络搜索引擎，通过人工或机器系统，进行舆情信息搜集的方法。这种方法比人工浏览法的效率高，能够将相关目标舆情信息及时地从网站网页上获取，并呈现出来。关键词搜索法具有目标明确、检索效率高、收集范围广等优点，但是，其搜索质量与所使用的搜索引擎工具的水平和设置密切相关，特别是借助机器系统按关键词的舆情信息，往往缺乏灵活识别、变通集成的人工优势，常使一些有价值的舆情信息不能得到及时反映。通常食品安全事件的关键词为：食品安全、卫生部、食药监局、转基因、添加剂、地沟油、食品造假、中毒、医院、伪劣、疫情、致癌、违禁等，根据关键词搜索的缺点，可以获知搜索的目标文本只覆盖了一部分食品安全事件，另一部分食品安全事件因为关键词被排斥在外，还有一部分非食品安全事件因为关键词被纳入目标信息中，从源头就严重影响了结果，因此，食品安全事件的关键词的准确性极为重要，关键词词库需要不断学习提取食品事件的主题来提高获取食品安全事件的完整性。

2. 文本挖掘法

文本挖掘是在网络数据挖掘后进行的，大部分使用基于模型的分类，基本上可以分为两大类：

（1）基于规则的分类方法，采用为类别集合的每个类别确定分类规则，然后根据类别模板统计待分类文本，确定该文本所属类别。基于规则的文本分类方法主要有：决策树、关联规则和粗糙集等，食品安全事件信息的决策树、关联规则、粗糙集不脱离以下的几种组合：{形容词/名词（毒、僵尸、转基因等）+名词（食品）}、{名词（食品）+名词（添加剂）}等。

（2）基于统计的分类方法，在使用分类模型之前，首先将数据分为两部分，其中一大部分为训练数据，剩下的一小部分为测试数据，然后使用分类模型自动根据训练集中的信息自动学习，从而构造出文本特征和类别之间的对应关系模型，利用训练好的模型对待分类文本进行分类。基于统计的文本分类方法主要有朴素贝叶斯、支持向量机、K均值等，以上的方法要结合分词后才能获得分类。国家对食品的种类有标准的分类，选择某个时间段的所有微博，通过食品一、二级分类筛选出与食品相关微博，提高事件的准确度，降低搜索事件时间。

基于规则的分类方法采用特定的分类规则，比较理性，符合行为认知；根据概率统计方法确定分类，能取得较好的分类效果。从整体上看，基于规则和统计的分类方法各有千秋，目前的主要研究方向为采用两者的结合，提高分类的精确度。

（二）网络文本处理

网络文本处理就是把原始互联网信息进行包含剔除无关字符、提取正文和必要信息等操作的清洗，食品安全事件必要信息包括正文、来源、作者、发表时间、作者粉丝数量、职业等，其中，正文就是发现舆情话题、情感的基础，正文按照标点符号截成句子集合；作者就是参与舆情的主体，如政府、企业、媒体、网民；发表时间是为了辅助话题演化分析；作者粉丝数量可以转化为网民影响力大小的指标，根据影响力网民可以细分为意见领袖、潜在意见领袖、一般网民；职业也是辅助分析作者影响力的指标。

（三）文本内容分词

为了将文本内容转化为一个个可以被计算机识别的汉语词语，以便后序的相应操作，文本内容分词是首先将汉语句子分割成若干个字符串，最后在分词算法的帮助下将字符串进一步分割为词。常用的分词算法有基于词典的分词法、基于统计的分词法。①

---

① 陈平、刘晓霞、李亚军：《基于字典和统计的分词方法》，《计算机工程与应用》2008年第10期。

基于词典分词法也称为“字符串匹配分词算法”，许多分词系统都提供一个词典，将待分割的中文字符串与词典中的词条进行匹配，如果词典中存在该字符串，则表明字符串匹配成功，完成分词。字符串匹配的算法有正向最大匹配算法、逆向最大匹配算法、邻近匹配算法和最短路径匹配算法等。

基于统计分词法的思想是：在汉字中，词是最稳定的组合，上下文中字与字相邻共现的概率能够较好地反映成词的可信度。因此可以对语料中相邻共现的汉字的组合频度进行统计，并作为分词的依据。比较常用的统计量有词频、互信息、t 测试差[①]等。

食品安全事件具有自己的特殊性，它只关注食品类事件，本章将选用基于词典的分类方法与分词软件（ICTCLAS 2016）对筛选出来的食品相关微博进行分词，分词软件使用的词典除了软件自带的词典（名词、动词、形容词等），还有与食品相关的词库，同样，为了提高话题的准确性，词库需要进行动态的学习与更新。

（四）文本向量化

文本向量化就是依据分词后的词频统计值将文本表示为一组关键词及以其词频为权重的空间向量。由于食品安全事件类话题的词性通常为食品相关类名词，因此食品类事件的微博关键词就是食品名词。如果文本可以用向量 $TF = (TF_1, TF_2, TF_3, \cdots, TF_n)$ 表示，其中，TF_i 是食品词库中第 i 个词的出现频率然后对此向量进行计算，就得到表示此文本的最终向量 $v = (v_1, v_2, v_3, \cdots, v_n)$。由于短文本有字数限制，例如微博，网民有可能为了节省字数以便发表更多的观点，因此这个与话题有关的词可能在此条微博中只出现一次，于是可以用二项取值来表示这种现象，即词出现在微博中为 1，否则为 0，见式（10 -1）。

$$v_i = \begin{cases} 0, & if\ tf_i = 0 \\ 1, & if\ tf_i \neq 0 \end{cases} \tag{10-1}$$

考虑词在一个微博中出现的频率，不足以得出此词就是话题的结论，如果一个词在大部分微博中出现，且是食品类名词，那么基本可以断定此

① 孙茂松、肖明、邹嘉彦：《基于无指导学习策略的无词表条件下的汉语自动分词》，《计算机学报》2004 年第 6 期。

词为食品安全事件一个话题，本章借用 TFIDF[①][②] 法进行计算，它是考虑了特征出现的文档频率的全局加权算法：

$$v_i = tf_i \times \log\left(\frac{T_r}{D_i}\right) \tag{10-2}$$

其中，tf_i 可以是出现的次数或者是 v_i 值，T_r 是整个文集中文本的数量，D_i 是出现特征 i 的文本数量。

当然，如果文档是长文本的话，那么需要考虑词在文本中出现的频率，同时作为 v 的取值 $v_i = tf_i$，还可以利用下式对 tf_i 稍作变化，以降低频率的影响：

$$v_i = \log(tf_i + 1) \tag{10-3}$$

（五）网络文本聚类

网络文本聚类[③]是计算文本向量之间的距离或者相似程度，以确定两个文本是否同属一个话题；对于未预先设置分类数量，聚类通常在定义了相似性的基础上，设置聚类目标，即组内相似性之和最大，组间相似性之和最小，进行分类。首先介绍相似性计算公式，如果有两个文本，它们分别对应的向量为 A 与 B，那么相似性公式 cos(θ) 为：

$$\cos(\theta) = \frac{A \times B}{|A| \times |B|} \tag{10-4}$$

余弦值越接近 1，也就是两个向量越相似，其同属于一个话题的可能性也越大。由于文本向量的组成为食品名词，因此，对文本聚类后获得食品安全相关话题。

（六）话题热度评估

话题热度评估[④]通过综合考虑话题中的单位时间的评论数、转发数，来评估该话题的受关注程度。如果微博中第 i 条微博的转发数和评论数用 C_i 表示，那么关于此话题的转发总数与评论总数分别为：

$$C = \sum_{i=1}^{n} C_i \tag{10-5}$$

---

① P. Soucy, G. W. Mineau, Beyond TFIDF weighting for text categorization in the vector space model [J]. *International Joint Conference on Artificial Intelligence*, 2005, 26 (2), pp. 1130 - 1135.

② 施聪莺、徐朝军、杨晓江：《TFIDF 算法研究综述》，《计算机应用》2009 年第 29 期。

③ 彭京、杨冬青、唐世渭、付艳、蒋汉奎：《一种基于语义内积空间模型的文本聚类算法》，《计算机学报》2007 年第 8 期。

④ 王岩：《面向金融领域 BBS 的话题发现和热度评价》，硕士学位论文，哈尔滨工业大学，2010 年。

$$C = \sum_{i=1}^{n} D_i \tag{10-6}$$

其中，n 为涉及该话题总的微博数量。那么话题热度的表达式为：

$$H = w_1 \sum_{i=1}^{n} C_i + w_2 \sum_{i=1}^{n} D_i \tag{10-7}$$

其中，$w_i(i=1、2)$是微博转发数和评论数的权重。目前，权值确定方法基本来源于专家知识和经验，属于这类方法的有层次分析法、模糊综合评价法、德尔菲法等。尽管该类方法的主观随意性较强，但由于评价人员可以根据实际问题和知识经验做出判断，获得的权值往往更符合实际。

另外，由于一个微博的评论中参与话题网民的身份标识，例如网民身份标识为微博大 V 或者是公众人物，那么网民的粉丝量就多，转发其微博内容可能性大，导致网民在评论与转发的影响力也不一样，因此要根据网民的身份标识与粉丝量设置评论与转发的权重，这在本章第四部分将会重点介绍。

三 舆情话题演化

了解舆情话题的演化路径与演化规律，对于舆情的处理事件与处理方法的选择将会起重大的作用。本节将从两个方面考察话题演化的表现：一是话题趋势，话题热度、情感随时间的波动，话题热度是指对话题/事件本身的关注强度、讨论的激烈程度，话题情感为对话题支持与反对的情况；二是话题内容本身的演化，判断后续的话题与历史话题的相关性，用来体现话题中心的转移。

（一）话题趋势

1. 话题热度趋势

将话题从中抽取出来，根据生成的话题空间找到相应的话题支持文档，计算文档支持率作为话题强度；如果将某一社交网络话题交流的信息量 h 认为是随时间变化的连续可微函数，即 h = h(t)，那么得到话题的强度趋势，不难看出 h(t) 越大，网络舆情热度越高；反之，舆情热度越低。

在自然状态下，一般网络舆情信息扩散经历发生、发展、稳定等阶段，然而，随着互联网技术的发展，微博、微信等快速通信方式的加入，公共危机事件网络舆情便迅速扩散，使发生阶段时间缩短（甚至为 0）。基于此，本章选取戈姆珀茨（Gompertz）① 曲线来描述网络舆情信息扩散规律，即选取戈姆珀茨模型作为网络舆情热度模型，其微分模型如下：

$$\frac{dh}{dt}=f(h)=rh\ln\left(\frac{K}{h}\right) \tag{10-8}$$

其中，K 为网络空间容纳该类公共危机事件信息的上限；r 为信息增长率，由公共危机事件性质决定；h_0 为信息初始值，表示网民对公共危机事件初始的关注程度。

舆情事件发生后，随着网络舆情信息的扩散，政府或企业必然出面化解网络舆情危机，其中最直接有效的方式就是及时、持续、全面、科学地发布或转发事件相关信息。网民交流的信息和值 h(t) 越大，政府需要发布或转发的信息就越多，因此，政府化解网络舆情信息数量与网民交流的信息和值 h(t) 成正比，若定义这个比为单位时间化解系数，用 E 表示，那么，在政府干预下的网络舆情热度模型为：

$$f(h)=rh\ln\left(\frac{K}{h}\right)-E \tag{10-9}$$

话题热度的分析需要保证各时间窗口话题的一致性，因此采用后离散时间型对整个网络舆情事件新闻文本进行话题抽取及热度分析，可以发现事件的关注焦点，适合于事件平息后的网络舆情分析，并且能够广泛应用于行业典型事件进行系列分析，以期发现不同行业网络舆情的话题演化特征，有助于建立有效的网络舆情预警系统。

2. 情感趋势

情感趋势分析中，运用的较多的方法是传染病动力学，它的基本模型是 1927 年克马克和麦肯德里克（Kermack and McKendrick）建立的 SIR 传染病模型。该模型将个体分为以下三类：易感者 S（Susceptibles），表示未染病但有可能被该类疾病传染的人；感染者 I（Infectives），表示已被感染具有传染力的人；免疫者 R（Recovered），表示对该类疾病免疫的人。基于 SIR 模型，学者针对不同的情况对模型进行了相应的扩展，不考虑出生与死亡等种群动力学因素，当传染病无潜伏期时，动力学模型可表示为 SI、SIS、SIRS 等模型。当考虑传染病的潜伏期时，则得到 SEIR 或 SEIRS

① 兰月新、王芳、董希琳等：《公共危机事件网络舆情热度模型研究》，《情报科学》2016 年第 2 期。

等模型，即在被感染后成为患病者 I(t) 之前有一段病菌潜伏期，并且假定在潜伏期内的感染者没有传染力，其中，E(Exposed) 表示感染而未发病者。

在微博网络中，接收到舆情信息但未转发该信息的用户可认为是具有传染能力的潜伏个体。所以，基于 SEIR 模型[①]提出了符合微博网络中信息裂变式传播模式的舆情话题演化模型，其中 S（易感态）表示未接收到舆情话题的微博用户，E（潜伏态）表示接收到话题微博的微博用户，I（传播态）表示转发话题微博的微博用户，R（免疫态）表示知道话题信息但是失去兴趣的微博用户。

设微博中群体规模为 N，{1，2，3，…，i，…，n}为其中个体，这 N 个个体及它们之间的连接构成复杂社会网络 G(N，E)。网络 G 中连接各节点的边都是有向的，也就是说，在网络舆情信息扩散的过程中，个体只受到他的“关注个体”的影响并且能够将这种影响传递给他的“粉丝个体”。网络中个体 i 的入度用 i_k 来表示，它是 i 所有关注个体的数量，入度分布 P(k) 表示入度为 k 的个体在所有个体中所占比例。假设时刻 t 处于非知情状态、知情状态、传播状态和移出状态的个体数量分别为 S(t)、E(t)、I(t) 和 R(t)，且 S(t) + E(t) + I(t) + R(t) = N，那么该时刻各状态个体数在群体中所占的比重可以表示为 s(t)、e(t)、i(t) 和 r(t)，且有 s(t) + e(t) + i(t) + r(t) = 1。在假定度相同个体具有相同的行为表现时，可以利用平均场的方法建立如下微分方程组：

$$\begin{cases}\dfrac{ds_k(t)}{dt} = -ks_k(t)\Theta_k(t)\\[2ex] \dfrac{de_k(t)}{dt} = \lambda ks_k(t)\Theta_k(t) - \omega e_k(t) - \varpi e_k(t)\\[2ex] \dfrac{di_k(t)}{dt} = (1-\lambda)ks_k(t)\Theta_k(t) + \omega e_k(t) - \gamma i_k(t)\\[2ex] \dfrac{dr_k(t)}{dt} = \varpi e_k(t) + \gamma i_k(t)\end{cases} \qquad (10-10)$$

其中，参数 λ、$1-\lambda$、ω、ϖ、γ 分别对应状态 $S\to I$、$S\to E$、$E\to I$、$E\to R$、$I\to R$ 之间的转移概率，$\Theta_k(t) = \sum_j P(j\mid k)i_j(t)$ 表示 t 时刻入度

① 张伟：《基于复杂社会网络的网络舆情演化模型研究》，博士学位论文，哈尔滨工业大学，2014 年。

为 k 的节点有一条边来自传播节点的概率。

（二）话题中心转移

目前舆情事件发展分为两类：第一类是话题的生命周期为话题产生、话题蔓延、话题衰退三阶段；第二类是话题的生命周期为初始话题、话题热化、话题蔓延、焦点转移、子话题衍生、子话题热化和话题衰退七阶段，子话题为原话题衍生出的内容焦点发生转移后的新话题，表示一个观点或叙述的重点。

通过绘制多个时间截面的复杂社会网络图可以发现，话题与子话题存在一定的关联关系，即转发与评论促使话题的文本网页链接到子话题，每个文本通常会涉及一组话题，一个话题可由一组关键词表示。网络舆情信息的继承性和延续性体现为相邻时间片段的文本内容间存在关联，其对应的话题在时间上具有延续性，为舆情监测和预警提供了可能。

随时间发展变化的舆情信息可用时间序列上相互关联的文本集表示，每个文本视为一组话题的混合分布，话题是一组关键词的分布。根据舆情分析的需要将文本流按一定的时间粒度进行划分。时间 t 内到达的文本集记作 $D_t = \{d_1, \cdots, d_n\}$，其中，$d_i(i=1, \cdots, n)$ 为舆情信息对应的一个文本。令词汇集为 V，对于文本 d_i，令 $P(z)$ 表示话题出现的概率，$P(w \mid z)$ 表示话题包含词 $w \in V$ 的概率。根据贝叶斯规则，关键词对于话题的后验概率为：

$$P(z \mid w) = \frac{P(w \mid z)}{P(w)} \tag{10-11}$$

其中，z 是由一组话题构成的话题向量，话题 k 出现对应于向量 z 的第 k 维。历史时间片中文本涉及的话题（以下简称话题分布）以及话题所含关键词的分布（以下简称词分布）为当前时间片的话题演化分析提供了先验知识。当新文档到达时，利用 Online LDA（OLD）[①] 增量构建新模型，使用演化矩阵来记录以前的模型结果，而且利用演化矩阵实时地检测新话题的产生。OLDA 通过计算演化矩阵中连续两个时间窗内的相对熵度量在连续时间窗口内同一主题在内容上的差异性。如果相对熵大于阈值，就认为探测到新的主题。OLDA 避免了 DMM 在每一时刻只能处理一

① 胡艳丽、白亮、张维明：《网络舆情中一种基于 OLDA 的在线话题演化方法》，《国防科技大学学报》2012 年第 2 期。

个文件的弊端，提高了主题识别效率，但是，OLDA 由于采用离散时间方式，使得适用领域有所限制。

四　舆情预警与干预

由于网络的公开性，网络信息的发布往往具有随意性、虚假性，加上网民发布信息的情绪化特点，很容易导致信息失去真实性和客观性。不确定信息在突发事件发生时期会大量涌入网络，对网民的思想和行为发生作用，可能会引起不必要的恐慌。因此，政府相关监管部门应利用科技手段加强对网络信息的监控，当事件出现时，及时向有关部门预警，并采用干预手段，从而减少虚假信息、谣言的传播，降低网络舆情危机的发生概率。

（一）食品网络舆情预警指标体系

食品网络舆情预警指标体系[①]需要从公共关注、参与主体、情感色彩和传播扩散四维度进行构建。

表 10－1　　食品网络舆情预警指标体系

目的	一级指标	二级指标
舆情预警指标	公共关注	事件真实度（X_1）
		事件影响力（X_2）
	参与主体	发布者影响力（X_3）
	情感色彩	支持评论（X_4）
		否定评论（X_5）
	传播扩散	单位时间发帖量（X_6）
		单位时间转发量（X_7）

1. 公共关注

公共关注是指在微博传播过程中，微博信息内容本身对用户的吸引度，下面包含事件真实度和事件影响力两个指标，这些都是用来描述微博

① 曾润喜：《网络舆情突发事件预警指标体系构建》，《情报理论与实践》2010 年第 1 期。

信息自身性质的指标。

（1）事件真实度（X_1）。舆情事件的真实度会随着事件的发展，而发生不同的变化。一个事情越真实，那么它对政府监管部门与企业舆情危机的影响就越大。真实度由专家打分，得分在0—1之间。0表示某舆情危机主题是假的，1表示是真实的，100%真实发生，0.5表示部分真实，0.7表示大部分真实。

（2）事件影响力（X_2）。食品安全是一项十分重要的安全性指标，不仅仅是因为它可以带来经济价值，更重要的是食品安全与老百姓的生活安全保证息息相关。由于已经发生的一些食品安全事件和一些新闻或者微信中关于饮食健康问题，民众对此类事件具有心理阴影，一段时间内很难恢复对此类事件的信任，例如，奶粉安全、添加剂的滥用，一旦有风吹草动，此类事件或者相关事件再发生，事件影响力很大。事件影响力也是由专家打分，得分介于0—1之间，0表示某舆情影响力小，1表示舆情影响力大。

2. 参与主体

在微博中，存在不同的消息发布主题，同一条微博，不同的人发出或者转发都会产生不一样的效果。

发布者影响力（X_3）。前面提到按照粉丝数量对网民进行划分。大V就是我们常常所称的“舆论领袖”，这类人只占极小的比例，在新浪微博中，10万以上粉丝的大V超过1.9万个，百万以上粉丝的大V超过3300个，千万以上粉丝的大V超过200个。网络中大部分是数量众多的普通网民，虽然单个声音是微小的，但是，绝大多数的声音集中爆发，则会形成巨大的舆论影响力，普通网民的粉丝数量为1000以下。与此同时，还有两类人物：潜在领袖人物、活跃人物，它们介于舆论领袖与普通网民中间，粉丝数量分别为1万—10万、1000—1万。本章将网民分为四类的依据是食品安全事件作为众多话题中的一个子话题或截面，其参与的人员也是网民中的一个子集或截面，因此发布者影响力就是综合考虑参与到讨论中的微博大V数量 n_1、潜在领袖人物数量 n_2、活跃人物数量 n_3 与普通网民数量 n_4，影响力的计算公式IF如下：

$$IF = w_1 \cdot n_1 + w_2 \cdot n_2 + w_3 \cdot n_3 + w_4 \cdot n_4 \qquad (10-12)$$

其中，w_1、w_2、w_3、w_4 为每类网民在发布中影响权重，根据专家意见给出其具体取值。在网络舆情事件传播中，发布者负面影响力越高，政府与企业舆情危机就愈加严重。

3. 情感色彩

情感色彩主要是评价民众对网络舆情事件的舆论倾向性，总体上看，可以分为支持性评论和否定评论。

（1）支持评论（X_4）。对于某条食品安全事件的微博，下面表示支持评论的数量。支持性评论是对网络舆情事件中，反对涉事单位，主张严查、严办、严惩相关单位的评论，支持评论数量越高，食品舆情事件也就愈加严重。

（2）否定评论（X_5）。对于一些涉及食品安全事件的微博有言之不公的，下面的评价中，并非一股脑地批评、指责，还有一些对于微博披露信息持有否定意义的评价的数量。此指标用负值来表示，否定评论数越多，食品安全事件危机压力就相对减轻。

4. 传播扩散

传播扩散就是综合考虑发帖数、转发数和点赞数对某一主题的传播情况。

（1）单位时间发帖量（X_6）。发帖数就是在某个时间段内，比如一天、一个小时，在微博上产生有关某主题信息的数量。此指标公式为：

$$R=\frac{f(t_2)-f(t_1)}{t_2-t_1} \tag{10-13}$$

其中，$f(t)$ 是指在微博中，针对某一话题，产生的微博评论数量。此指标可以使用微博自动的搜索引擎，输入#XX#，直接统计话题。此指标计算公式的分母表示在某个时间跨度，是从绝对数的角度进行直接描述。分子除以分母表示在某一跨度内，反映了发帖数的变化大小。发帖数越高，越容易引起舆情事件。

（2）单位时间转发量（X_7）。一般来说，公众对于某条微博感兴趣，他（她）才转发；而他这一转发，又被别人转发。转发数越高，受众越多，政府企业舆情危机也就愈加严重。

（二）多元线性回归预警模型

虽然根据前面舆情监控预警指标体系已获知各项指标，那么如何通过各项指标进行预警呢？本节在历史数据支持下，拟用多元线性回归模型将各个指标综合起来生成最终预警值，首先分析各指标之间的相关性，事件真实度（X_1）影响着支持评论（X_4）与否定评论（X_5），事件影响力

（X_2）影响单位时间发帖量（X_6）与单位时间转发量（X_7），发布者影响力（X_3）影响支持评论（X_4）、否定评论（X_5）、单位时间发帖量（X_6）与单位时间转发量（X_7），因此，该多元线性回归模型可以表示为：

$$r = \beta_0 + \beta_1 x_1 + \beta_2 x_2 + \beta_3 x_3 + \beta_4 x_4 + \beta_5 x_5 + \beta_6 x_6 + \beta_7 x_7 + \beta_8 x_1 x_4 + \beta_9 x_1 x_5 + \beta_{10} x_2 x_6 + \beta_{11} x_2 x_7 + \beta_{12} x_3 x_4 + \beta_{13} x_3 x_5 + \beta_{14} x_3 x_6 + \beta_{15} x_3 x_7 \quad (10-14)$$

当超过历史设定的观测阈值时，进行低预警，这时政府与监管部门可以任舆情发展；如果是阈值的两倍，进行中预警，密切观察舆情的走势；如果是阈值的10倍，进行高预警，这时政府与监管部门立即召开会议，开展干预措施。

（三）政府对食品网络舆情干预建议

（1）政府和食品安全事件的相关企业应深刻理解网络传播规律，正确认识网络虚拟社会的新特点，努力消除网络恐惧症，切实改变危机面前“要么不予理睬、要么采取不正当手段压制”的局面。提高各级政府和社会管理者的网络媒介素养，尊重网络民意，并对网络民意进行科学甄别，既不能一味地删帖、屏蔽，甚至报复，堵塞民意渠道；也要防止被网络民意所束缚，甚至被挟持。

（2）政府和食品安全事件的相关企业应及时提供事件发展的动态信息，发布和宣传事件相关的背景知识，并利用媒体正确引导网民的观点和行为，帮助网民对网络舆情进行理性的甄别，减少观点错误的网民的影响系数。在数字化媒体盛行的互联网时代，政府和企业可以借助新媒体等数字传播渠道，对突发食品安全事件信息进行实时发布，并及时观察和识别网民的反应，对错误观点、虚假信息进行及时纠正，防止网民对错误观点和行为出现“羊群效应”。

（3）健全网上舆论引导机制，充分发挥网络“意见领袖”在处理公共舆论危机过程中的作用，正确疏导负面舆论。“意见领袖”在网络舆论中具有巨大的影响力和号召力，有时能呼风唤雨，很容易产生群体效应。政府在处理公共舆论事件时要倾听“意见领袖”，发挥其在引导社会舆论向健康理性方向发展中的作用，聚同化异，扶正抑偏。

（4）做好虚拟社会司法立法工作，探索网络虚拟社会治理新模式，将言论自由纳入法制轨道，使网络治理从“人治”走向“法治”。要完善虚拟社会管理和互联网的相关法律法规，依法打击网络违法犯罪行为，净化网络环境，优化网络生态。

五　总结

食品安全是一个关乎全社会每个消费者利益的问题，随着我国经济与社会的持续发展，以及人们收入水平的不断提高，消费者对食品的安全性要求越来越高。网络的普及性更加方便消费者接触与交换各类食品安全信息，负面的信息总会引起广大的关注，同时也最容易令事件走向失控的局面，因此，建立食品安全网络舆情监控体系对维护社会稳定具有重要的影响。对于如何监控食品安全网络舆情，并对食品安全网络舆情进行恰当的引导策略，本章给出了相关的理论和技术支撑。在明确处理的对象后，对目标媒体实行全面及时海量信息自动抓取，并对所采集的信息以进行聚类分析或者支持向量等分类方法获取食品安全相关的信息，通过分词技术或者关键词搜索等实现话题发现功能，情感分析与传染病学等方法来实现话题演化功能，根据话题演化生成或监控指标建立的回归模型预测的结果，给出当前比较热点的食品安全舆情事件和事件的发展程度，并根据舆情事件的扩展程度做出及时的引导和相应措施。

第十一章

网络舆情大数据与食品安全风险社会共治*

近几年来，大数据发展浪潮席卷全球。全球范围内，运用大数据推动社会治理、提升政府服务和监管能力正成为趋势，欧洲、美国等发达国家相继制定实施大数据战略性文件，大力推动大数据发展和应用。我国也高度重视大数据的发展，特别是2015年3月“互联网+”行动计划在政府工作报告中被正式提出以来，各行各业开始大力推动大数据、云计算、移动互联网、物联网等新兴技术在传统行业中的应用和创新。食品安全领域的学者和实践者们也在积极探索大数据技术在食品安全监管方面的应用场景，无论是具体的食品安全管理流程创新，还是食品安全监管机制改革，都做出了诸多有意义的尝试。例如，政协委员刘昕在2014年“两会”上提交的《关于建立食品安全风险监测大数据平台的建议》已被政府采纳，并正在以国家食品安全风险评估中心为依托加紧建设。[①]2015年6月，国务院出台《促进大数据发展行动纲要》[②]，将食品安全作为大数据应用的重要领域。

自2013年3月国家食品药品监督管理总局成立以来，政府监管层面的食品安全管理职能得到整合，效率大大提高，在实行大部制改革后的第一个全国食品安全周，国家食品药品监督管理总局将主题定为“社会共治，同心携手维护食品安全”[③]，社会共治的理念和相应的机构职能改革为大数据战略的应用提供了良好的基础。社会共治机制下，参与食品安全治理的主体不仅是政府监管部门，还包括食品的生产者、消费者及企业和

---

* 如无特别说明，本章的有关案例数据均来源于网络上的新闻报道。

① 具体内容参见 http：//cppcc. china. com. cn/2014 －05/26/content_ 32494961. htm。

② 具体内容参见 http：//www. gov. cn/zhengce/content/2015 －09/05/content_ 10137. htm。

③ 张曼、唐晓纯、普冀喆等：《食品安全社会共治：企业、政府与第三方监管力量》，《食品科学》2014年第13期。

政府行为的监督者——媒体、其他社会力量如第三方认证和检测机构、中立的科学力量等。[①] 其中发挥普通公众的监督力量尤为重要，移动互联网和社交媒体的飞速发展给公众提供了便捷的意见表达渠道，使网络舆情信息逐渐成为食品安全大数据的一个重要组成部分。如何借力网络舆情大数据推动食品安全风险社会共治，成为推动食品安全大数据战略的一个重要方向。本章将结合 2015 年食品安全网络舆情事件，分析当前食品安全网络舆情的一些新形势、新特点，并从社会共治的治理角度出发，研究政府如何借助食品安全网络舆情的大数据分析，来引导公众、媒体等参与食品安全风险治理，从而降低食品安全风险，提高食品安全治理能力。

一 食品安全网络舆情的新形势

2015 年，随着电子商务在各行各业的深入发展和渗透，特别是以线上线下结合（O2O）为代表的电商模式受到消费者和食品行业商家的广泛青睐、以淘宝为首的食品商售卖平台、以微信为依托的食品微商平台、各大点评网站和外卖平台，打破了传统的食品销售和流通模式，在促进食品行业快速发展革新的同时，也带来了诸多食品安全隐患。总体来看，在当前互联网和电商发展的背景下，突出的食品安全问题包括互联网平台售卖食品尚未有效纳入监管、进口食品安全问题骤增和食品安全谣言泛滥问题三个方面，这些新的问题构成了食品安全网络舆情的新形势。

（一）围绕互联网平台食品安全的网络舆情

2015 年食品电商延续前年的热度继续快速发展，“三只松鼠”互联网品牌成功地鼓舞了一大批食品企业，到 2015 年年底，食品电商已经形成空前的规模，并逐渐从淘宝、京东、1 号店等主要互联网电商平台延伸到微信，形成了著名的“微商”平台，还有许多食品企业和零售商打造了自己的电商通道。此外，与食品餐饮密切相关的点评网站和外卖平台也同时火起来，“百度外卖”和“饿了么”两大主要互联网外卖平台的补贴大战吸引了众多用户。而当前的食品安全监管体系尚未将电商、微商、外卖等互联网平台纳入有效监管，一方面因为这些互联网售卖流通渠道非常分

---

① 彭亚拉：《论食品安全的社会共治》，《食品工业科技》2014 年第 2 期。

散且数量庞大；另一方面也没有统一的监管标准和监管机制做支撑。在2015年的食品安全网络舆情事件中，有多起围绕电商、微商、外卖等互联网平台的案例，在这些案例中，网民质疑的重点不再是政府的监管是否到位，而是互联网平台是否承担起应有的“监管”职责。

【案例1】微商平台食品安全问题

2015年1月25日，据红网报道，家住长沙市阳光100三期79栋的刘女士的孩子吃了在微信朋友圈里买的自制蛋糕、饼干后出现肚子疼、拉肚子的现象。业内人士指出，因为微信朋友圈卖食品没有办理卫生许可证，原材料进货渠道是否正规，烹制时的卫生条件是否达标，食品保鲜是否完善，这些消费者都无从得知，且出现问题后消费者难以维权，这都增加了微信销售食品的安全隐患。1月30日，据广西新闻网报道，“微商”的营销方式出现时间还不长，监管法规尚不健全。正因为监管有难度，所以一旦出现质量或者其他问题，消费者很难维权。国家食品药品监督管理总局2014年已起草了相关的管理办法并征求各地意见，估计不久会出台相关的管理办法。

【案例2】网购食品安全问题

2015年3月12日，据《京华时报》报道，思念食品董事长李伟、华泽集团董事长吴向东等食品企业掌门人称食品在我国网购市场总交易额中所占比例正不断提升，但网售食品目前存在不少问题，网售食品从生产、流通到消费都存在隐患，并呼吁相关部门加强监管。网购食品，在生产环节存在大量“三无”产品，在流通环节，网售食品的混合配送存在较高的污染风险，在消费环节，当网购食品出现问题时，不少消费者都面临维权难题。

【案例3】外卖平台食品卫生及安全问题

2015年4月15日，据新华网报道，昨天上午，由杭州经济技术开发区食品安全委员会办公室牵头，联合开发区市场监管局、环保局、公安、行政执法大队等单位，对下沙新城客运站旁的“黑外卖”进行了整治。开发区食安办的工作人员王淑玲告诉记者，下沙新城客运站旁的这排简易房都是临时搭建的，2014年年底，食安办就发现这里有几家在做“黑外卖”的店铺，当时已经整治过一次了，并且明确告知相关责任人不允许再从事“黑外卖”的经营，但没想到，一开学，这些“黑外卖”又死灰复燃了。

在几类互联网平台中，外卖平台的食品安全问题最严重，在过去一年中所引发的网络舆情问题也越来越严重。2016 年央视的“3·15”晚会曝光了“饿了么”平台的“黑外卖”问题，在消费者中掀起轩然大波，也引起了食品药品监督管理等监管部门的重视。2016 年 8 月 26 日，北京市食品药品监督管理局约谈了百度外卖、美团外卖、饿了么等 5 家网络订餐平台，并通报了 30 家存在问题的店铺信息，公开曝光其中 21 家问题典型商户。根据 2016 年 7 月北京市的投诉情况，2/3 的投诉与食品安全相关，包括外卖餐食不干净、不卫生、有异物等多种问题。[①] 据统计，饿了么外卖平台自 2016 年“3·15”以后已经累计下线近 2200 家商户，百度外卖平台也下线了 1000 余家问题商户，美团外卖平台下线问题商户更是达到了 9000 余家，三大订餐平台累计下线用户达到一万两千多家。[②]

（二）围绕进口食品安全问题的网络舆情

自 2008 年“三聚氰胺”毒奶粉事件发生以来，国内的奶制品品牌形象一落千丈，国内消费者对国内奶制品品牌的信任度大大降低，这种不信任逐渐波及其他国产食品品牌。2011—2015 年食品安全网络舆情事件逐年递增，消费者对国外食品安全性的信任度远高于对国产食品的信任，再加上跨境电商的发展使普通消费者购买进口食品更加便捷，于是大量的消费者形成对进口食品的依赖，并忽视了进口食品安全问题。虽然国家食品药品监督管理总局及各地方食品药品监督管理局公布了很多关于进口食品的不合格问题，但起初这些并未引起广泛重视，可以看出，随着近两年进口食品安全问题骤增，网民群体对进口食品的安全问题也表现出越来越多的担忧。

【案例 4】进口食品卫生及安全问题

七款中国台湾豆干含致癌染料：中国香港食安中心呼吁停售，2015 年 1 月 7 日，据新华港澳报道，七款中国台湾进口预先包装豆干含染色料二甲基黄，中国香港食物安全中心呼吁市民停止食用，业界立即停售。受影响产品皆由裕香食品厂生产，名为大沙茶豆干、黑胡椒豆干、香菇珍味豆干、红蒜珍味豆干、鲁肉珍味豆干、麻辣盐酥鸡豆干和芝麻素食条豆干。

---

① 具体报道参见 http://media.china.com.cn/cmcy/2016－08－30/844201.html。

② 具体内容参见 http://news.xinhuanet.com/legal/2016－08/10/c_ 129219503.htm。

53 款美国食品上黑榜：17 款冻猪产品含“瘦肉精”。2015 年 1 月 13 日，据新华食品报道，国家质检总局发布了 2014 年 11 月不合格进口食品、化妆品信息。不合格食品中有 53 款来自美国。值得关注的是，有 17 批美国冻猪产品被检出含有莱克多巴胺，即“瘦肉精”成分。国家质检总局表示，是入境口岸检验检疫机构实施检验检疫时发现的，都已依法做退货或销毁处理，未在国内市场销售。美国出口的冻猪产品曾在 2014 年的多个月份因被检出莱克多巴胺被销毁或退回。

中国台湾企业大统益等企业植物油被曝含重金属铬：2015 年 1 月 20 日，据中国新闻网报道，新竹市当局查出多家植物油大厂包括大统益、大成、泰山、福懋等厂生产的 7 款植物性酥炸油，包括台糖烤酥油、福寿特级耐炸油、汉氏益康耐炸油、福懋顶级烹调油、泰山鲜榨的番好炸油、大成纯炸油、美食家油炸专用油含重金属铬、高含量反式脂肪，已通报“卫福部”要求回收，也通令辖内餐厅、学校不得使用。据了解，新竹市 95% 的餐厅、夜市业者皆使用这 7 款油。

雀巢 3 批进口速溶咖啡登黑榜：2015 年 1 月 20 日，据《北京商报》报道，国家质检总局日前公布，3 批德国进口的雀巢速溶咖啡因标签不合格被销毁。雀巢中国区相关人士称，产品是由一个上海经销商进口的，雀巢并不知情。事实上，这并不是雀巢旗下产品第一次出现在国家质检总局入境不合格食品名单里。除了这次因标签不合格而被销毁的速溶咖啡，雀巢旗下的多款产品在过去几年，均因菌落总数超标、超过保质期或者违规使用食品添加剂等原因而登上过质检“黑榜”。

430 批次入境不合格乳品新西兰占比第一：2015 年 1 月 30 日，据新华食品报道，2013 年 10 月至 2014 年 11 月国家质检总局公布不合格入境乳制品名单中，共有来自 34 个国家和地区 430 批次的乳制品被检不合格；主要来自新西兰、中国台湾、澳大利亚、意大利和法国等国家和地区；违规使用化学物质、超过保质期、菌落总数超标和大肠杆菌超标为不合格主要原因。以上不合格产品均已依法做退货、销毁或改作他用处理，且未在国内市场销售。

（三）围绕食品安全谣言的网络舆情

当前互联网环境下的食品安全谣言有两个主要来源，一个是来自媒体的不实报道，另一个是来自社交媒体个人用户发布的不实信息。有些媒体（甚至是权威媒体）为了博眼球、吸引用户流量，发布夸大和不实的食品安全信息，对公众造成误导，引起恐慌。例如，下面案例中的报道都是来自央视等权威媒体。随着社交网络平台的普及，微信、微博等社交工具受到大众青睐，特别是微信朋友圈相对“封闭”的生态特点，给谣言和不实信息的传播带来了生长空间，有许多用户对不实信息不加甄别就进行传播，加之社交网络的指数级扩散效应，使谣言传播非常迅速。中山大学大数据传播实验室统计了自 2014 年 11 月 3 日起 17 个星期内被多人举报为“诈骗和虚假信息”的 625 篇文章，分析发现七类主题“谣言”数量最多：食品安全、人身安全、疾病相关、健康养生、防骗、金钱、亲子，其中食品安全高居榜首。①

【案例 5】媒体不实报道

央视调查：电影院爆米花含铅：2015 年 1 月 4 日，据《现代快报》综合央视报道，央视节目组记者分别在电影院、超市购买了 6 种爆米花，经检测人员取样检测后发现，6 份爆米花样本中，有 4 份样本含铅。其中，爆米花含铅量最高的达到每千克 0.042 毫克，而最低的含铅量为每千克 0.018 毫克。根据我国国家食品卫生标准，膨化食品的含铅量不得超过每千克 0.5 毫克。从以上检测结果来看，4 份含铅的爆米花的含铅量并没有超标。

网传“草莓打药致蜜蜂成堆死亡”种植户称荒唐：2015 年 1 月 27 日，据央视网报道，近一段时间，一篇题为《一位蜂农的忠告：珍惜生命　远离草莓》的帖子在网上流传。帖子中提到，草莓园为了防虫害在晚上打药，打药之后蜜蜂就会出现陆续大量死亡的现象，持续时间在一周到十来天。专家对此表示，草莓是比较抗病的，用农药量相对来说很少。此外，采集蜂一般寿命是在 25 天左右，蜜蜂因为自己本身生物学特性，它们会把这些死蜂搬到巢门外，所以出现巢门外有大量蜜蜂死亡的现象，属于正常现象。因此，帖子中所述为谣言。

总体来看，2015 年以来食品安全网络舆情的新形势主要表现在舆情的高度碎片化、参与主体关系错综复杂，以及封闭型谣言传播。食品安全问题的曝光除了来自监管部门和媒体调查，消费者也积极参与到其中，小范围的网络舆情事件增多，呈高度碎片化。同时，食品安全网络舆情的参

① 何凌南、李姝慧、蔡晓纯、张志安：《微信公众号“谣言”传播研究报告》，中国皮书网，2015 年 7 月 6 日。

与主体关系因互联网平台的加入变得更加错综复杂，在传统的食品安全事件中舆论指向的对象通常是政府监管部门和涉事企业，现在针对互联网平台的恶性舆情明显增多。此外舆情传播方面，消费者曝光的食品安全信息的真实性和客观性难以保证，加上部分媒体未经调研和证实就匆匆发布，甚至发布具有煽动性的报道，造成该重视的食品安全问题未引起消费者重视，谣言反而乘虚而入，吸引了大众眼球。与以微博为载体的网络舆情相比，微信构成了一个相对封闭的网络空间，更加利于谣言传播，且对信息真实性的考证有赖于消费者自身，给食品安全网络舆情的监管带来许多新的问题。

二 网络舆情大数据的重要价值

食品安全大数据主要包含两部分内容，一部分是食品在消费环节之前产生的数据，如生产记录、检测记录、物流记录等；另一部分是食品消费环节及之后产生的数据，如销售记录、新闻报道、消费者的评论等。食品安全大数据的应用主要体现在以互联网技术为基础的食品安全追溯技术，喷码、防伪、标识、管理软件等传统厂商借助云计算、云存储和系统集成等大数据技术转型为食品安全追溯系统提供商。此外，社会化媒体的大数据也日渐成为食品安全系统的重要支撑，也就是网络舆情数据。

当前互联网环境下，食品安全网络舆情信息体量巨大。食品安全网络舆情信息主要涵盖三种类型的公众评论（或意见）信息，第一种是消费者针对食品本身的评论，如产品好坏，是否存在质量问题等；第二种是公众针对监管部门发布信息的评论，如国家质检总局定期公布某批次食品的抽检结果，公众针对曝光的食品安全问题发表意见和看法；第三种是公众针对媒体发布信息的评论。例如，挖掘社会化媒体的相关评论，可以帮助公共卫生机构确定食源性疾病暴发的源头，并根据相关评论数据找到可能未被发现的相关餐厅。

2015 年的食品安全网络舆情与之前相比新增加了一项内容，就是公众对互联网平台的评论。从前一节的分析可以看出，互联网平台正在成为一个新的食品安全责任主体，当前针对政府监管部门的恶性舆情减少，围绕互联网平台的网络舆情明显增多。在传统的食品安全监管中，食品企业是监管的主要对象，现在互联网平台为食品生产企业、食品加工企业和食品零售商（包括个体零售商）提供了新的供应链渠道，互联网平台作为连接消费者和食品供应商的“中间人”，消费者对于加强互联网平台监管力度的呼声越来越高。例如央视“3·15”晚会曝光“饿了么”平台的“黑外卖”后，“饿了么”平台成为消费者口诛笔伐的对象，政府监管部门“约谈”多家外卖平台，敦促其对注册商户的餐饮资质和卫生情况进行调查并下线“黑商户”，这一举措赢得网民的普遍欢迎。

这种新的网络舆情态势一方面体现了网民认识到互联网平台下食品安全问题监管的难度，不再一味地谴责政府监管的不足；另一方面也体现出网民积极参与食品安全监管的意愿，并推动互联网平台承担起应有的责任。整体来看，当前的网络舆情数据在维度上和内容上都呈现出更高的价值，成为推动互联网平台、媒体以及第三方机构监督作用的有效力量，同时对于促进食品相关企业的自律有重要意义。

（一）解决信息不对称问题

当前网络舆情大数据对解决食品安全监管主体间的信息不对称性具有重要意义，网络舆情可以反映出公众的主要关注点，帮助政府监管部门了解其所发布的食品安全信息是否有效传达给公众，同时了解公众对食品安全风险的感知能力。网络舆情还能反映出食品安全事件中媒体和公众对食品供应端（包括互联网电商平台、食品企业、食品零售商等）的意见和态度，以及对食品安全治理的期望。

（二）促进互联网平台的监督作用

食品安全监管长期以来面临食品产业“小、散、乱、低”所带来的挑战，互联网平台的出现虽然带来一些新问题，但是也给食品安全监管带来了新的机遇。首先，互联网平台将原来的“小而散”的食品企业和零售商聚集在了一起，降低了政府监管部门掌握食品企业和零售商信息的难度，食品安全问题更容易被发现和追踪。其次，互联网平台是一个典型的双边市场，特别是一些电商平台将消费者和食品供应商联系在了一起，互联网平台上的用户评价信息更具针对性和真实性，为消费者监督提供了良好的渠道。最后，许多大型互联网平台拥有强大的技术基础和数据分析能力，有助于协助政府监管部门提高食品安全的治理能力。因此，互联网平台上的网络舆情信息对于食品安全有重要作用，可以协助互联网平台及时发现食品安全问题，找到责任方并采取进一步的措施。

（三）实现社会共治的基础

当前的食品安全网络舆情体现出网民群体的关注点向多面性发展，因此监管部门需要重新思考是否应当改变对网络舆情进行“监管疏导”的心态，而是改为“有效利用”的心态，借助网络舆情数据推动食品安全的社会共治。大数据技术的战略意义在于掌握庞大的数据信息之后，对这些数据进行专业化处理和“加工”，通过“加工”实现数据的“增值”。网络舆情大数据将食品安全的监管主体和各利益主体串联起来，对网络舆情大数据的挖掘不仅可以及时发现食品安全问题和事件源头，还可以挖掘出政府监管部门、互联网平台、食品企业和零售商、媒体、公众之间的相互关系，因此网络舆情大数据是实现社会共治的重要基础。

三　网络舆情大数据推动社会共治

社会共治是一种多方位的管理手段，包括立法执法主体管理、自我管理和其他利益相关方的参与。[①] 近年来，社会共治成为政府管理领域关注的热点问题，2013 年国家食品药品监督管理总局成立以来，推动食品安全社会共治已经在各个层面达成共识。食品安全社会共治强调加强企业自律，积极发挥第三方监督力量的作用，包括媒体、非政府机构、公众等社会力量。[②] 构建清晰、明确的责任体系是食品安全社会共治的核心部分，一方面要明确各自主体的责任，明确政府与社会主体各自的边界，明确政府、社会与市场的边界；另一方面，要细化社会共治主体的权力与职责、权利与义务。[③] 其次，要明确社会共治具体的要素，有学者总结了五个最重要的社会共治要素[④]：①明确的公共议题和共同目标；②多元主体的共

① Eijlander, P., Possibilities and Constraints in the Use of Self – Regulation and Co – Regulation in Legislative Policy: Experiences in the Netherlands – Lessons te Be Learned for the EU? [J]. *Journal of Applied Sciences Research*, 2005, 17 (4), pp. 899 – 902.

② 张曼、唐晓纯、普蓂喆等：《食品安全社会共治：企业、政府与第三方监管力量》，《食品科学》2014 年第 13 期。

③ 邓刚宏：《构建食品安全社会共治模式的法治逻辑与路径》，《南京社会科学》2015 年第 2 期。

④ 王春婷、蓝煜昕：《社会共治的要素、类型与层次》，《中国非营利评论》2015 年第 1 期。

同参与；③多元的互动过程与规则；④可辨识的、互动的共治平台；⑤多元的动力基础或共治介质。其中，第四点“可辨识的、互动的共治平台”非常重要，在当前互联网环境下，建立食品安全大数据平台是社会共治的基础，也是政府监管部门、企业、互联网平台、媒体、公众开展协作的基础。大数据平台的建设并非难事，但是需要提前规划清楚建设数据平台的目标和意义，以及如何使大数据平台为实际的监管职责服务，进而提升共治能力，下文将从食品安全监管的各责任主体出发，阐述在实际监管中如何借助网络舆情大数据推动不同责任主体间的合作，提高监管能力和监管效率。

（一）加强政府监管部门与互联网平台的合作

近年来，我国食品安全监管政府部门在信息化建设方面重视程度越来越高，投入力度也比较大，建成了不少行业监管平台和食品相关信息数据库，但是，与当前社会共治的需求相比还存在较大的距离，主要表现为各自建设的信息化系统由于缺乏统一的标准无法实现数据共享和互联互通，过分注重监管业务忽视信息互动交流，注重数据采集忽视数据分析和发现等。政府的主要数据资源是权威的食品安全检测数据、资质审批数据和监管过程中形成的调查数据，这部分数据如果能和网络舆情数据互联互通将具有重要意义，网络舆情所曝光的食品安全问题可能是检测数据库里已经存在的，也可能是新的，这两部分数据的结合将使得食品安全数据在维度上更完整，分析结果也会具有更大的价值，有助于对食品企业和零售商等食品从业者形成更客观的信用评价，推动食品安全信息实时反馈机制的形成，缩短监管执法时间。

但是，大数据平台的管理和相应的分析能力需要大量具备专业技术能力的人才投入，政府部门的公职人员难以满足这些需求，一个有效的解决方案就是与互联网平台展开深度合作。政府部门需要赋予互联网平台参与监管的权利，制订具体的操作方案，明确相应的政府对接部门，充分发挥互联网平台的技术力量。在之前的几起外卖平台整治行动中，食药监和工商等部门“约谈”互联网外卖平台负责人，这并不是一种具有可持续性的监管方式，同时也难以调动互联网平台的积极性。最近“电信诈骗”案中互联网公司和政府部门的合作模式给了食品安全监管一个很好的启发，互联网巨头“阿里巴巴”和“腾讯科技”成立了专门的“伪基站实时监控平台”，并组建了相应的“专案打击”团队，配合公安部门调查电信诈骗类的违法犯罪行为。[①] 食品安全的监管也可以借鉴这种做法，政府部门可以不必建立专门的舆情平台，而只需将积累的权威检测数据和相关食品企业和零售商的工商注册信息开放给互联网平台，由互联网平台提供线索，合力打击食品安全违法犯罪问题，通过和互联网平台的合作，提升自己的数据分析能力，提高监管能力。

（二）依靠互联网平台监管提高企业自律

现在各大互联网平台（电商网站、外卖网站、点评网站、微商）中的食品供应商多为小微企业或个体商户，很多缺乏食品从业或卫生资质，存在很大的食品安全风险，政府监管部门难以触及所有商户，并进行实时监管，与此同时来自消费者的舆情数据就存储在互联网平台上，互联网平台具备强大的数据分析能力，可以快速识别存在食品安全问题的用户。互联网平台可以根据舆情数据的分析，设立食品安全风险预警机制，及时对网络平台上的食品企业和零售商发出预警或警告，通过这样的“威慑”机制，可以提高食品企业和零售商的自律意识，进而培养出互联网环境下的自律文化。

（三）借助互联网平台规范媒体和公众责任

随着公众对食品安全问题关注度的提高，媒体对此类事件的曝光力度增加，各界对媒体的评论也出现两种不同的声音。一方面媒体的正面作用得到了充分的肯定，及时地向公众传递信息，全面报道引起公众关注，发出预警，避免食品安全事件在不知情的情况下影响范围的扩大，并且对政府的工作起到辅助和监督的作用。另一方面有学者则表明部分媒体的报道存在内容失实，跟风炒作，夸大食品安全问题，过分引起公众恐慌等现象，引起负面的社会效果。正如本章第一节案例5反映的问题，不只是一些小媒体，甚至权威媒体也会发布食品安全的不实信息，对公众造成误导。正面与负面的效应同时存在是当前媒体面对食品安全问题所表现出的状态，但是，随着人们对社交媒体依赖度的增加，媒体的负面效应已经成为一个不可忽视的问题，仅仅依靠媒体的自律也难以遏制负面效应的发展。大部分媒体都拥有自己的网络平台和移动平台，虽然网民评论会对媒体报道的真实性提出质疑和反馈，但是，这些信息并未被媒体有效利用起来用于提高自身的管理。与此同时，以微信为代表的社交媒体平台正在形

① 具体报道参见 http：//tech. 163. com/16/1005/10/C2JV689S00097U7S. html。

成对媒体报道的监督纠错机制，前文提到微信平台中被用户举报最多的文章中，食品安全相关的谣言是最多的，这些谣言中除了由个人或企业公众号撰写，有不少也是来自媒体公众号，目前微信平台对谣言采取的措施仅仅是短期封号或长期封号，并不能起到实质性的改善作用，如果能将这部分内容纳入政府部门的监管范畴，将对食品安全谣言的遏制和媒体责任规范产生积极的影响和作用。

此外，普通大众对社交媒体上的不实食品安全信息没有建立起主动的验证意识，对于谣言的传播起到了进一步的推动作用，互联网平台开通验证举报通道，给公众参与提供了一个有效的实现渠道，政府监管部门应当积极发挥大众的纠错作用，鼓励大众对食品安全相关的不实信息、煽动性文章、不实新闻报道进行验证和举报，引导媒体和公众发挥积极的监督作用。

四 小结

基于互联网和大数据的食品安全社会共治理念是未来的发展趋势，网络舆情数据作为反映社会监督状况的主要渠道，蕴含着巨大的应用价值。政府监管部门应当改变从前对网络舆情的“监控”心态，积极分析和利用网络舆情数据所包含的有用信息，借助网络舆情数据推动食品安全的社会共治。例如，如何通过网络舆情大数据的挖掘和分析，降低食品安全风险治理各主体间的信息不对称？如何推动政府监管部门与互联网平台的数据合作，发挥互联网平台的技术力量对食品企业与零售商进行辅助监管，提高企业的自律意识？

当前的食品安全网络舆情形势下，互联网平台的责任和义务正在成为网络舆情的一个新的关注点。大型互联网平台作为网络舆情的承载体，将食品安全的各责任主体连接了起来，这为网络舆情数据赋予了新的意义。网络舆情数据不再仅仅反映公众对食品安全问题和政府监管工作的看法，而是更加广泛地涵盖了各主体间的责任、诉求、关系、约束，等等。要想充分利用网络舆情数据的价值并发挥其作用，需要加强政府部门和互联网平台的合作，特别是推动数据层面的合作，建立起有效的监督反馈机制，一方面实现对互联网平台上食品企业和零售商的实时监管，敦促其加强自律意识；另一方面实现对媒体和公众责任的规范，遏制食品安全谣言的产生和传播，使得监管真正落到实处。在此基础上，才能进一步探讨如何将社会共治理念与大数据技术手段相结合，建立一个完善、全面的食品安全监管体系，使多方监管力量有效融合。

第十二章

食品安全风险交流模式研究*

近年来，食品安全事件不断发生，食品安全问题关系到每个人的身体健康和切身利益。随着社会的发展和生活水平的提高，公众对食品安全的要求越来越高，公众不再像以前那样只是满足基本的生活需求，而是希望主动参与到食品安全治理中。但转基因问题、食品供应链和生活环境恶化等因素，让食品安全问题日趋复杂，这些因素对食品安全部门在食品安全评估和监管上造成了巨大的挑战。风险交流作为风险分析的重要组成部分，贯穿风险评估和风险管理整个过程。风险交流的目的主要是促进公众对风险信息的科学理解，提高公众对整个食品行业的信心和促进食品行业的健康发展。但是，风险交流在我国起步很晚，在理论和实际应用中都还做得远远不够，这既是挑战，也是机遇。国家食品药品监督管理总局成立以来也将风险交流作为食品安全工作的重要一部分，但食品安全问题需要政府、企业、公众等的共同努力。

一　风险交流的内涵和发展历程

风险交流作为一个学术概念，最早是在20世纪70年代末80年代初提出的，风险交流的研究是伴随着西方国家环境运动而发展起来的，并随着社会和科学技术的发展而逐渐演化为一门涉及风险评估、心理学、传播学、社会学等多领域和多学科的新兴学科。

早期的风险管理中，政府部门和风险专家是风险管理的主体。他们认为，风险管理是政府和专业人士的职责，只要将风险的影响控制在一定范围内，就没有必要向公众告知风险，更不必让公众参与到其中。直到20

* 如无特别说明，本章所有关案例数据均来源于网络上的新闻报道。

世纪 80 年代中期，随着核能工业、有毒废弃物以及其他危险物对西方发达国家的威胁及公众对此类事件的关注，人们认为，环境政策的制定忽视了公众的参与。为此，1983 年美国国家环境保护局局长威廉·卢克希斯实施了“在环境风险管理中必须把公众知情和公众参与作为基本原则”这一理念，1987—1988 年，美国相继建立了一些风险交流的基础与应用研究中心，风险交流逐渐被西方国家所重视，标志着风险交流开始走向成熟。[①] 从此，风险交流正式成为风险分析、决策和管理中的组成部分。1989 年，美国国家研究院风险认知与交流委员会出版了《改善风险交流》一书。[②] 书中对风险交流做了如下定义：“个体、群体以及机构之间交换信息和看法的互动过程，这一过程涉及风险特征及相关信息的多个侧面。它不仅直接传递风险信息，也包括表达对风险事件的关切、意见及相应反应，或者发布国家或机构在风险管理方面的法规和措施等。”该书的出版标志着风险沟通研究从单向告知向公众参与的转变。学者一般认为，风险交流经历了没有公众参与的“前风险交流阶段”、单向告知受众信息的自上至下的传播模式和公众参与的双向交流的模式三个阶段。

世界卫生组织和联合国粮农组织（WHO/FAO）出版的《食品安全风险分析——国家食品安全管理机构应用指南》中明确指出：“风险交流是在风险分析全过程中，风险评估人员、风险管理人员、消费者、企业、学术界和其他利益相关方就某项风险、风险所涉及的因素和风险认知相互交换信息和意见的过程，内容包括风险评估结果的解释和风险管理决策的依据。”这意味着风险分析涉及的所有人都是风险交流的参与者，包括政府管理者、风险评估专家、消费者、企业、媒体、非政府组织等。[③] 目前，各国一般采用世界卫生组织和联合国粮农组织对风险交流的这个定义。

世界卫生组织又将食品安全风险管理的发展总结为三个阶段。[④] 最初应用的是如图 12－1 所示的专家决定模型（Technocratic Model），该模型

---

① 薛庆根、高红峰：《美国食品安全风险管理及其对中国的启示》，《世界农业》2015 年第 12 期。

② National Research Council, Improving risk communication [M]. Washington D. C.: National Academy Press, 1989.

③ FAO/WHO：《食品安全风险分析：国家食品安全管理机构应用指南》，人民卫生出版社 2008 年版，第 97 页。

④ WHO, Risk perception and communication, Denmark: WHO Regional Office for Europe [C]. 2006 (1), pp. 6－18.

主要从专业技术和专业科学两个角度考虑，认为只要具备科学依据和完整的专业知识，就足以做出决策，其风险管理决策的制定完全基于专业技术考虑。风险交流限于政府（风险管理者）与专业技术人员（风险评估者）之间，没有关注风险的社会、经济、文化以及公众的风险认知等非技术的影响因素。

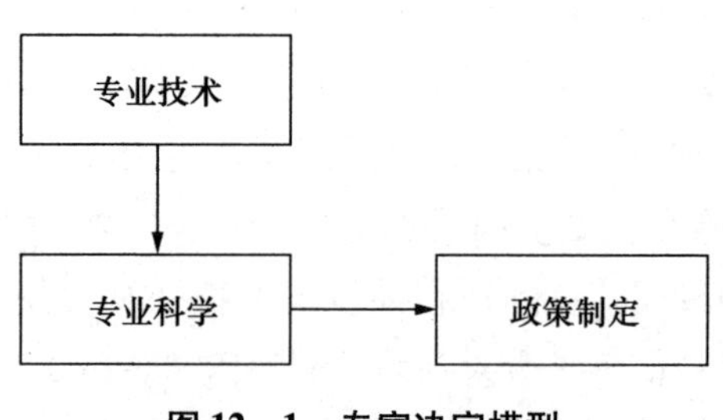

图 12－1　专家决定模型

然而，对于许多食品安全事件而言，仅从专业技术角度进行解释往往是不充分的。如果仅靠专业词汇和科学术语向公众解释食品安全问题，从公众本身来说可能仅仅是空洞的说教，并不能达到改变公众的风险认知，更难以把握食品风险事件带来的社会影响，于是专家决定模型逐渐被抉择主义模型取代。该模型提出风险管理决策不仅要考虑专业技术因素，而且要考虑非技术因素，继而提出了风险交流策略，以帮助实现风险管理决策。如图 12－2 所示模型，该模型不仅考虑了专业技术因素，即风险评估；而且还考虑了非专业技术因素，即风险管理；并权衡各方面因素，即开展风险交流。该模型从风险管理的角度将风险的多侧面、多层次的影响因素纳入了风险管理。但不足之处在于，风险交流只是作为一个下游策略出现，基于科学的风险预测被视为是有根据的、客观的和理性的，而公众的风险认知却被认为是片面的、主观的或非理性的，风险交流还局限于教育和纠正公众风险认知的单向信息传递。

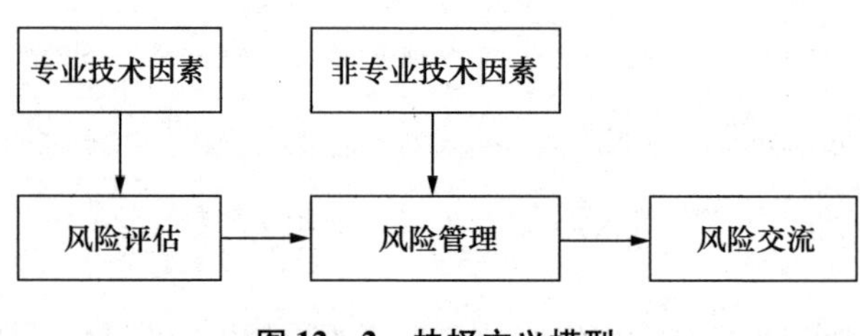

图 12－2　抉择主义模型

20 世纪 90 年代初，研究发现仅靠专业和科学途径的风险评估和风险管理，在很多时候达不到预期的效果。尤其需要明确的一点是，不同的种族和国家对风险存在不同认知，因此应当放在社会、文化、经济的大背景下去理解风险。[①] 抉择主义模型演化为如图 12－3 所示的协同演化模型，该模型中食品安全的利益相关方参与到风险分析中来，进行双向式的风险交流。风险管理决策作为下游的步骤，既从风险评估中获得专业科学信息，也考虑到基于科学的风险评估可能难以接受，需要结合社会、经济、政治、文化等风险认知影响因素，做出利益相关方可接受的风险管理决策。双向的风险交流始终连接着风险评估者、风险管理者，以及每一个阶段涉及的外围利益相关方。

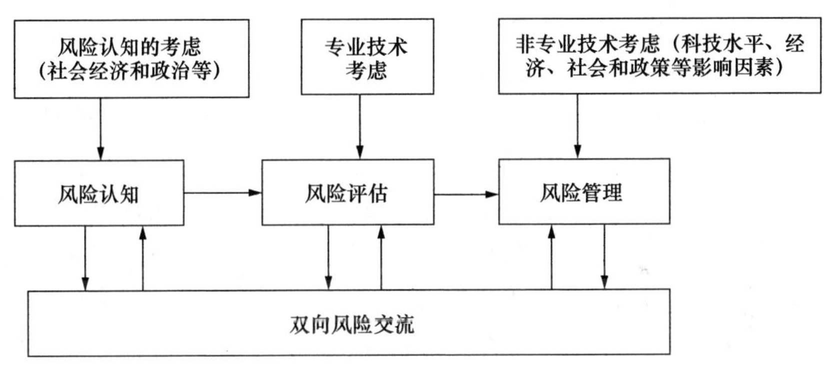

图 12－3　协同演化模型

从上面食品风险管理发展的三个阶段可以看出，从最初的没有考虑风险交流仅依靠专业技术和科学性进行政策制定，到后来的考虑非专业技术因素，通过风险交流策略将风险的多侧面、多层次的影响因素纳入了风险管理中，再到后来的让食品安全的利益相关方参与到风险分析中来，进行双向式的风险交流。风险交流的作用从最初的只是辅助风险管理的决策，到后来的贯穿风险评估和风险管理的整个过程，风险交流对整个风险管理过程起到了至关重要的作用。

国内外学者对风险交流的研究也促进了风险交流的发展。科维洛

① Bennett, P., Calman, K., *Risk Communication and Public Health* [M]. Oxford University Press, 1999 (3－7), pp. 20－65.

(Covello)① 对风险沟通中交换的具体信息进行了补充，认为风险交流是利益主体之间对风险本质、影响范围、严重性或控制措施等信息的互换。桑达曼（Sandaman)② 认为，风险交流的主要作用在于通过信息传递，统一政府机构与媒体、专家与公众之间关于风险的认知，维持相互之间的信任，从而有效地预防并降低风险。雷诺兹（Reynolds)③ 更加强调风险交流过程中信息传播的重要性，他认为应急管理过程中，由于公众获得的信息不同、处理信息的方式不同，使其对风险的认知各异，从而塑造了不同的风险应对行为。风险交流是通过信息收集、组织，并对信息进行再现和提炼以为决策服务的过程，因此，对于一个组织，制订周密的风险沟通方案以减少危机发生时的决策范围是有必要的。玛丽·麦卡锡和玛丽·布伦南（Mary McCarthy and Mary Brennan)④ 研究了有效风险交流中的障碍及其形成因素，认为需充分尊重公众的知识水平、饮食习惯和过去经历食品安全事件的经验，了解公众所认知的风险，进行预防性宣传教育，使公众不再抗拒科学用语，建立良好的风险交流基础。只有这样，风险交流策略才能得以顺利实施。科德克斯（Codex)⑤ 认为，风险交流不仅要对公众说明风险背景和科学评估的结果，还要表达政府对风险的关注、意见以及采取的控制措施等信息。无论是日常科普还是应对突发事件，有效的风险交流能促进社会各界正确认识食品安全风险、引导公众做出知情和理性的决策、引导媒体客观报道，有利于政府采取管理决策。

国内的风险交流研究晚于西方发达国家，也是最早出现在社会学领域，在理论发展的过程中逐渐被管理学和传播学纳入知识体系。2005 年开始，国内学术界开始较为清晰地界定“风险交流”这一概念，国内的风险交流研究是建立在风险社会和危机传播研究基础之上，研究范围后来逐渐扩展至风险交流过程中多个利益相关方，融合了与社会学、心理学、

---

① Covello, V. T., Risk communication: An emerging area of health communication research [J]. Communication Yearbook, 1992, 15 (1): 359 -373.

② Sandaman, P. M., Responding to community outrage: Strategies for effective risk communication [M]. Amer Industrial Hygiene Assn, 1993.

③ Reynolds, B., Crisis and Emergency Risk Communication. http://www.absa.org/abj/abi/OS1001 revnolds.ndf.

④ Mary McCarthy, Mary Brennan, Food risk communication - Some of the problems and issues faced by communicators on the Island of Ireland (IOI) [M]. Food Policy, 2009 (34), pp. 549 -556.

⑤ Codex Alimentarius Commission, Procedural manual. (2011 -01 -20). http://ftp.fao.org/codex/Publications/ProcManuals/Manual_ 16c. pdf.

管理学的相关知识。但最初的研究多以大众传媒为风险交流的传播者，主要关注新闻报道内容的社会控制。

国家卫生计生委办公厅在2014年发布的《食品安全风险交流工作技术指南》规定："食品安全风险交流是指各利益相关方就食品安全风险、风险所涉及的因素和风险认知相互交换信息和意见的过程。"[①] 这是对"食品安全风险交流"唯一做出明确的概念界定的规范性文件。根据食品法典委员会及相关标准的定义，风险交流是指在风险分析全过程中，风险评估者、风险管理者、消费者、产业界、学术界和其他利益相关方对风险、风险相关因素和风险感知的信息和看法，包括对风险评估结果解释和风险管理决策依据进行的互动式沟通。[②③] 国内很多学者也对风险交流内涵、工作方法、意义等做了研究。强月新和余建清[④]认为，风险沟通过程的实质是不同利益诉求主体对风险进行定义和建构的过程，该过程也是对社会权威和权力的一种重新认定。魏益民[⑤]认为，食品安全风险交流是指，在食品安全科学管理者、生产者、消费者、感兴趣的团体之间进行风险评估的结果、管理决策意见和见解传递的过程。王芳[⑥]等认为，风险交流是风险分析的重要组成部分之一，通过利益相关方之间的信息交流，提高对风险的一致性认识和理解；在制定风险管理决策时，有助于增强过程的透明度，并达成一致性观点，提高风险分析过程的效率；同时，也为风险管理决策的实施和落实提供了坚实的基础。有效的风险交流可以推进在风险管理者和评估者之间达到更高度和谐一致的风险管理措施，得到各利益相关方的支持。韩蕃璠和钟凯[⑦]分析了专家与非专家在风险认知模式上的主要区别，将食品安全风险的技术风险与公众的认知因素分开处理，运

---

① 国家卫生计生委办公厅：《食品安全风险交流工作技术指南》，2014年1月28日印发。

② 信春鹰主编：《中华人民共和国食品安全法解读》，中国法制出版社2015年版，第62页。

③ 袁杰、徐景和主编：《〈中华人民共和国食品安全法〉释义》，中国民主法制出版社2015年版，第82页。

④ 强月新、余建清：《风险沟通：研究谱系与模型重构》，《武汉大学学报》（人文科学版）2008年第4期。

⑤ 魏益民：《食品安全风险交流需法律支持》，《光明日报》2014年11月30日第5版。

⑥ 王芳、陈松、钱永忠：《发达国家食品风险分析制度建立及特点分析》，《中国牧业通讯》2009年第1期。

⑦ 韩蕃璠、钟凯：《数字与感知：风险事件特征在食品安全风险交流中的重要性》，《中国食品卫生杂志》2014年第26期。

用社会学的成果，将公众的风险认知特点纳入风险交流策略中。彭倩[1]认为，进行有效的风险交流应该包括风险的性质、利益的性质、风险评估的不确定性和风险管理的选择四方面要素。贾凡和张文胜[2]研究认为，建立以互动性、信息一致性、准确性、及时性、公开透明、诚信、易懂性为基本原则，以食品安全知识普及、预警交流、应急管理为基本理念，政府、企业、消费者、非政府第三方各利益相关者相协调的覆盖全民的食品安全风险交流创新机制对于提升食品安全风险交流效率具有十分重要的意义。王怡和宋宗宇[3]研究了社会共治视角下的食品安全风险交流，认为其目的并不是要求公众像风险评估专家和风险管理者一样看待问题，而是增进各方对彼此观点的了解与理解，缓解公众的负面情绪，引导公众对风险的合理知觉，促进公众对政府部门的信任。同时，应深化食品安全监管体制机制改革，在明确政府监管作用和地位的基础上，形成市场、社会与政府协同治理的格局。此外，还须加大风险交流相关基础研究的投入，加快学科建设，注重消费者风险识别能力的提升和对媒体从业者风险交流技能的培训，促进风险交流的有效性。

二 国外食品安全风险交流模式

（一）美国

美国的食品风险分析起源于 1997 年发布的《总统食品安全协议》。基于风险评估结果，美国联邦政府采用合理的管理、技术和经济方案，按照计划主动处置风险，力求在降低成本的同时给予消费者最大的食品安全保障。[4]

美国负责食品安全的主要监管机构有设置在美国农业部（USDA）下的食品安全检验局（FSIS）和动植物卫生检验局（APHIS）、卫生与人类

---

① 彭倩：《风险分析——食品安全性管理的新趋势》，《科技风》2009 年第 6 期。

② 贾凡、张文胜：《我国食品安全风险交流机制与对策研究》，《食品研究与开发》2014 年第 9 期。

③ 王怡、宋宗宇：《社会共治视角下食品安全风险交流机制研究》，《华南农业大学学报》（社会科学版）2015 年第 4 期。

④ 薛庆根、高红峰：《美国食品安全风险管理及其对中国的启示》，《世界农业》2005 年第 12 期。

服务部（DHHS）下的食品和药品管理局（FDA）及联邦环境保护署（EPA）等机构分工负责相关食品的安全（见图 12 -4），并制定有关法规和标准。食品安全机构对总统和对国会负责，它们通过与立法者沟通参与法律及条例的制定，公开发表有关食品安全问题的言论，确保食品安全水平的提高。① 美国要求联邦所有负责食品安全风险管理的机构建立风险评估协会，即 ARA。ARA 为风险评估提供技术支持和服务，并协调联邦和各州的相关机构，其总体目标是在需要时开展风险评估。ARA 建立了来自不同领域、有着不同背景、代表不同利益群体的专家库，对每个项目进行评价，确保最有效地利用现有资源，避免重复工作，同时独立的风险评估确保了食品安全立法的科学性，为有效的风险管理提供了依据。在信息资源方面，鼓励相互通报各自的活动信息，从而创造更多合作机会。ARA 通过风险信息交换数据库（the Risk Information Exchange，Risk IE）、国际毒性评估风险数据库（International Toxicity Estimates of Risk Database，ITER）、ARA 时事通讯、网站等方式及时发布信息。②

从图 12 -4 可以看出，风险交流在美国的风险评估与风险管理中发挥着重要作用，美国政府食品监管的行政部门和风险评估联盟进行双向的风险交流能够更有效率地实施食品安全监管。同时，它使保护公众远离食品风险的政府规制公开化、透明化。例如，在紧急情况下，政府将通过全国范围内各个层级的食品安全系统电信网和大众媒体将紧急情况告知社会大众，并通过信息分享机制告知国际组织、地区组织和其他国家，使消费者和相关组织能够及早进行预防，免予受到不安全食品的危害。③ 风险交流分别受到《行政程序法》《联邦咨询委员会法》和《信息公开法》三部法律的保护。美国政府在制定食品安全相关的法律法规时，要求每条法规的制定都要有充足的事实及科学依据，并且要求食品安全方面的科学家通过媒体公开向社会公众解释相关法律法规的科学基础，以增加法律法规的公信力。这样公开、透明的立法程序，加强了立法机构与公众之间的交

---

① 薛庆根、高红峰：《美国食品安全风险管理及其对中国的启示》，《世界农业》2005 年第 12 期。

② 陶宏：《风险分析在食品安全国家标准制定中的应用研究》，硕士学位论文，清华大学，2012 年。

③ 薛庆根、高红峰：《美国食品安全风险管理及其对中国的启示》，《世界农业》2005 年第 12 期。

流，使所制定的法律法规能充分反映民众意愿并且给公众以正确的信息导向。①

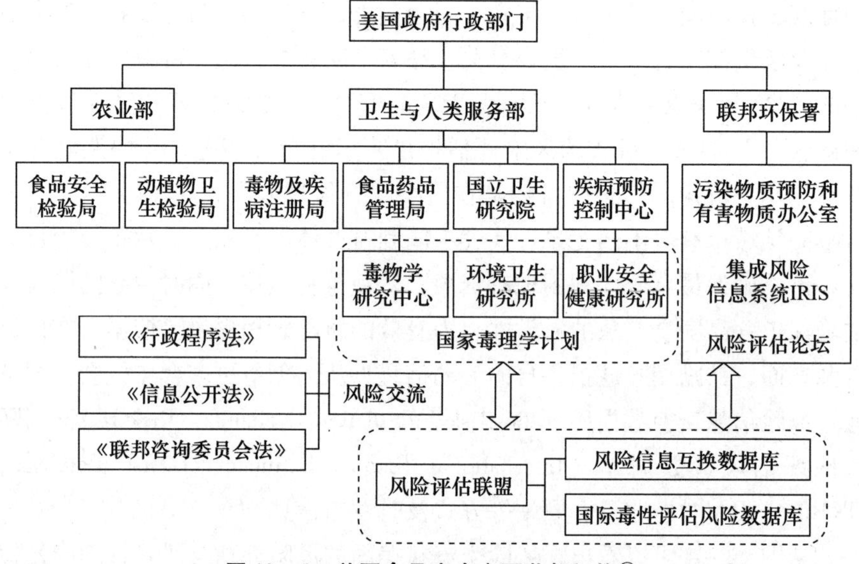

图 12－4　美国食品安全主要监督机构②

（二）欧盟

2000 年 1 月，欧盟发布食品安全白皮书，提出成立欧洲食品安全局（EFSA），并且食品安全管理局必须根据风险分析进行管理，加强对食品安全"从田间到餐桌"全过程进行监管的想法，并且对食品安全管理局设置过程的细节性问题提出了详细讨论，指明了食品安全管理局的主要职责是负责食品风险评估和风险交流。③ 2002 年，欧盟颁布 178/2002（EC）号法令，同时成立了欧洲食品安全局。随着 EFSA 的成立，欧盟基本形成以欧洲议会，欧洲理事会以及各成员国政府为风险管理者，EFSA 负责风险评估和风险交流的食品安全管理体系。这一食品安全防范模式的主要特点是由风险评估者来主导风险交流工作。④

---

① 王希佳、彭菲、张琳、曹慧：《食品安全风险交流途径的分析与研究》，《上海食品药品监督情报研究》2014 年第 4 期。

② 陶宏：《风险分析在食品安全国家标准制定中的应用研究》，硕士学位论文，清华大学，2012 年。

③ 曾莉娜：《中国食品安全风险分析机制研究——基于国际比较的视角》，硕士学位论文，上海师范大学，2010 年。

④ 岳改玲：《欧洲食品安全局的风险交流机制及启示》，《新闻界》2013 年第 13 期。

欧盟食品安全局（EFSA）是一个独立的法定机构，不同于美国食品监管机构，EFSA 不具备制定规章制度的权限，并且不隶属于欧盟的任何其他机构，欧盟食品安全局主要由管理委员会、咨询论坛和科学委员会、科学小组和行政主任几个部分组成，如图 12－5 所示。

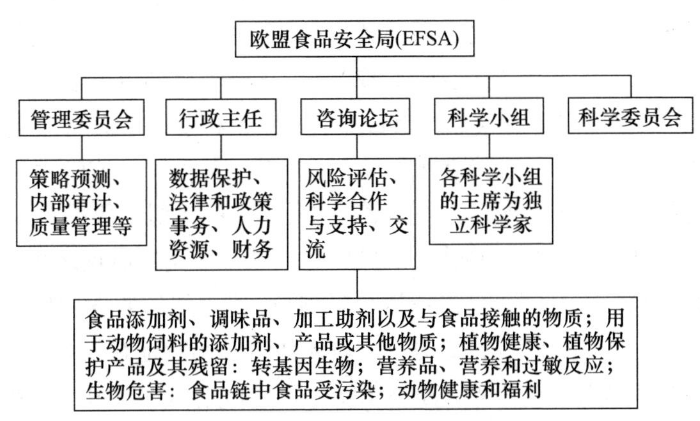

图 12－5　欧盟食品安全主要监督机构①

欧盟食品安全局在成立之初就规定其主要职能："安全局应在那些直接或间接地影响到食品安全的各个领域，为其成员提供立法和政策上的支持，支持的手段包括科学建议和技术支持；安全局应公开且透明地为这些领域中的所有事项提供独立的信息；进行风险交流；促进协作并构建起网络体系。"② 风险交流是 EFSA 运行的重要环节，EFSA 认为，其风险交流所要实现的最终目标是："协助利益相关者、消费者和普通大众理解那些风险决策背后的根本原因，以使其达成一个均衡判断，这些判断反映的是事实真相并且关系到其自身的利益和价值观。"③ 通俗地讲，风险交流是双向的互动式交流，强调各个利益相关方的参与。在信息交流方面，根据

① 陶宏：《风险分析在食品安全国家标准制定中的应用研究》，硕士学位论文，清华大学，2012 年。

② Review of EFSA's Communications Strategy：What have we achieved? What have we learned? Supporting document for EFSA's Draft Communications Strategy 2010－2013，http：//www. efsa. europa. eu/en/keydocs/docs/commstrategyreview2010. pdf.

③ Risk communication：Mak ing it clear，timely and relevant，Feature story，11 July 2012，http：//www. efsa. europa. eu/en/press/news/120711e. htm.

不同的受众选择相关的利益团体和组织进行特定的风险交流，再通过他们与消费者进行交流，这样能很好地满足不同受众对风险信息的交流①，在和成员国主管部门密切合作，并与利益相关者公开磋商的基础上，致力于对现有的和新出现的风险提供独立的科学建议，并进行明确的沟通。②

从图 12－6 可以清晰地看到，EFSA 把欧盟风险交流机制的受众区分为两个层次，第一层次就是不同的利益相关团体或组织，主要包括风险管理者（欧洲议会、欧洲理事会、各成员国）、风险评估者（各成员国的风险评估者）、政策制定者（欧盟和欧盟以外）、利益相关方（环境、消费者、健康等非政府组织、产业组织）、利益相关方（科学或学术组织）和媒体（食品、健康和欧盟事务）六类组织。这些组织由于其自身的性质和特点，可以很好地与一些特殊的目标受众进行交流，而且这些组织在与 EFSA 的互动交流中还可以提供对食品风险评估有用的数据和信息，如食品产业组织、环境组织等，这对于风险评估工作无疑是有益的。交流受众的第二层次就是普通消费者，虽然 EFSA 通过利益相关组织与消费者进行了风险交流，但并没有中断与普通消费者的直接交流，EFSA 通过网站公

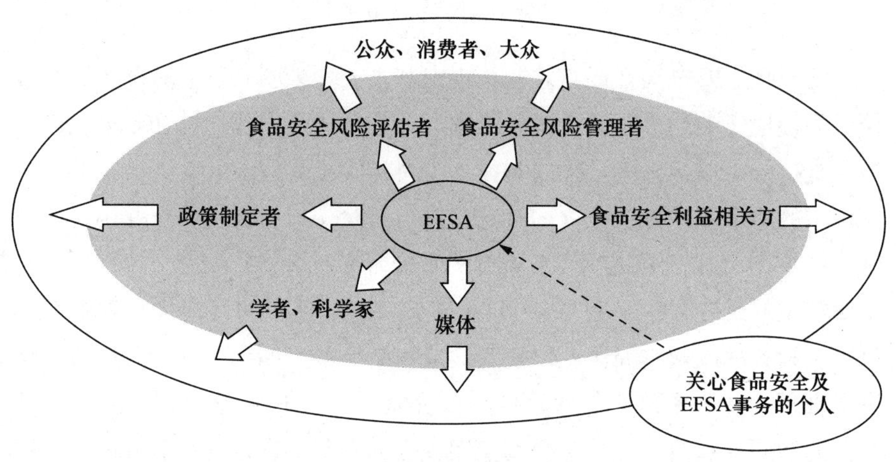

图 12－6　欧盟风险交流机制③

① 罗季阳等：《欧盟食品安全风险交流机制和策略研究》，《食品工业科技》2011 年第 7 期。

② 岳改玲：《欧洲食品安全局的风险交流机制及启示》，《新闻界》2013 年第 13 期。

③ 王希佳、彭菲、张琳、曹慧：《食品安全风险交流途径的分析与研究》，《上海食品药品监督情报研究》2014 年第 4 期。

布公告、网上问答、热线电话以及调查问卷等形式保持了与普通消费者之间的交流，了解和掌握公众对食品风险的认知程度，并在此基础上发布报告，对其风险交流效果进行评估。[①]

（三）日本

日本在 2003 年 6 月出台了以风险分析作为基本的《食品安全基本法》，并依据此法律于 2003 年 7 月 1 日成立了食品安全委员会，由其统一负责食品安全事务的管理和风险评估工作。《食品安全基本法》第 11—13 条规定，制定与实施食品安全政策的基本方针是采用风险分析手段，通过风险评估、风险管理和风险信息沟通三个步骤最大限度地降低风险，而且为了反映国民对制定政策的意见，并确保其制定过程的公正性和透明性，政府在制定食品安全政策时，应采取必要措施，向国民提供相关政策信息，为其提供陈述意见的机会，并促进相关单位、人员相互之间交换信息和意见。[②]

该法规定：（1）成立隶属于内阁府的食品安全委员会，从事食品安全风险评估。（2）厚生劳动省和农林水产省负责食品安全风险管理。（3）风险交流由上述三个机构紧密联合实行，综合性的风险交流经营由食品安全委员会负责。[③]

食品安全委员会主要实施食品安全风险评估、风险信息沟通与公开、紧急事态对应。风险评估作为食品安全委员会主要职能，大体上以风险管理机构提交的评估请求或者食品安全委员会自身指定的评估来实施。根据对此类风险评估的评估结果，食品安全委员会向首相及具备风险管理职能的各省负责人提出政策建议以便确保食品安全措施的实施。[④] 农林水产省和厚生劳动省在职能上既有分工，也有合作，各有侧重，农林水产省主要负责生鲜农产品及其粗加工产品的安全性，侧重在农产品的生产和加工阶段；厚生劳动省负责其他食品及进口食品的安全性，侧重在这些食品的进口和流通阶段。农药、兽药残留限量标准则由

① 王希佳、彭菲、张琳、曹慧：《食品安全风险交流途径的分析与研究》，《上海食品药品监管情报研究》2014 年第 4 期。

② 谷悦：《日本的食品风险管理》，《中国食品》2015 年第 14 期。

③ 同上。

④ 同上。

两个部门共同制定。① 如图 12－7 所示。

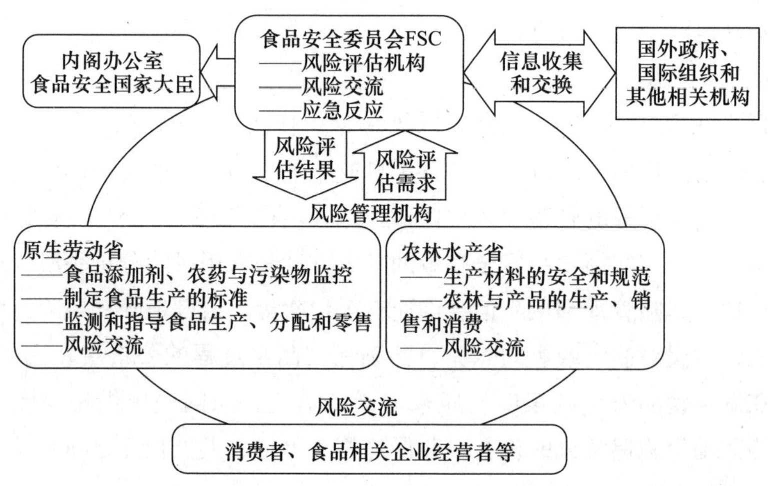

图 12－7 日本食品安全主要监督机构②

从图 12－7 中可以看出，在每个行政机构中都会有风险交流环节，同时三个部门相互以及与普通消费者、企业等之间会有风险交流进行信息反馈，增加风险管理的透明性。风险沟通是日本食品安全委员会机制运行的重要环节，在食品安全监管中，食品安全委员会进行风险评估后，厚生劳动省和农林水产省对其评价结果和内容等信息，与相关人员交换意见后决定采取应对风险的政策与措施。同时，委员会通过各种形式与消费者、企业和相关机构等交换信息和意见。例如，在食品安全委员会官方网站上公布相关资料和会议记录，并就已完成风险评估的案件向国民募集意见，在全国范围召开意见交流会和食品安全监测会，并发送相关电子杂志等，以各种方式进行沟通。这样，就形成了委员会、行政机构、消费者与企业的多方信息沟通渠道。国家行政机构负责搜集、整理并提供与食品安全相关的信息；地方公共团体负责对本地区存在的具体的食品安全问题提出应对措施；食品生产、流通、销售环节的关联企业负责就相关环节中存在的食

① 廖卫东、时洪洋：《日本食品公人安全规制的制度分析》，《当代财经》2008 年第 5 期 。

② 陶宏：《风险分析在食品安全国家标准制定中的应用研究》，硕士学位论文，清华大学，2012 年。

品安全问题提供信息并积极配合应对；消费者负责对食品安全问题发表意见，切实参与到风险评估和风险管理中。信息沟通机制集中了各方面优势，使食品在各个环节中存在风险的相关信息能够在第一时间进行交流。食品安全委员会事实上起到了与各省厅、企业以及消费者的协调功能。①

（四）加拿大

1997 年，加拿大议会颁布了《加拿大食品检验署法》，并成立了加拿大食品检验署（CFIA），负责风险评估和风险交流工作。同时把卫生部和农业与农业食品管理局合并为加拿大卫生局，作为风险管理机构，负责制定食品标准和管理政策，并协调食品安全管理工作。② 如图 12 – 8 所示。

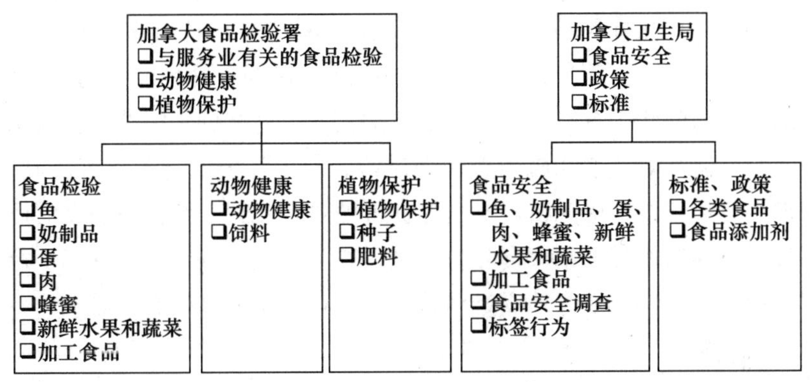

图 12 – 8　加拿大食品安全主要监督机构③

CFIA 是政府行政执法的专门机构，拥有国家赋予的行政强制力，但其实际运营模式却采取了公司化管理模式，在许多地区，大城市的办事处也可能就在一个街道小门面里办公，这突出体现了 CFIA 转化职能、服务社会的理念。自成立之初，CFIA 就从企业战略设计与实施角度出发不断强化自己作为一个独立组织的价值使命，即“致力于守护食品、动物和植物，以促进加拿大居民、环境和经济的健康和福祉”，并强调更好地制

① 王怡、宋宗宇：《日本食品安全委员会的运行机制及其对我国的启示》，《现代日本经济》2011 年第 5 期。

② 陶宏：《风险分析在食品安全国家标准制定中的应用研究》，硕士学位论文，清华大学，2012 年。

③ 同上。

定和实施战略以满足利益相关者的需求；同时为了保证其公信力，CFIA以维持其声誉作为核心目标，以科学为基础来构建值得信赖的检测平台。正是有了强大坚实的技术基础，CIFA才能利用创新的方法、最佳实践路径和现代工具构建其一流的食品安全管理模式，以实现这些目标。①

2012年，加拿大政府通过了《加拿大安全食品法案》，该法案将在2015年实施。CFIA具体负责落实该法案，并为此推行“加拿大安全食品行动计划”。CFIA通过推动标签现代化计划来制定一个更现代的食品标签制度，响应当前和未来的挑战。在食品标签现代计划实施之前，CFIA通过其官方网站做了大量的民意调查，结合消费者群体、食品工业、学术界和地方政府等多方面的不同意见，以期形成具有操作可行性且符合消费者购买需要的现代化标签制度。通过食品标签现代化计划，CFIA试图在其监管范围内达到三方面目的。首先，要提高消费者对食品标签的关注度，方便消费者访问相关食品标签标注的有关信息。这有助于消费者在购买食品的时候能够高效获取相应信息后做出符合自身需要的合理决策。其次，要和世界贸易组织等国际机构对食品标签的要求一致，在保护加拿大居民食品安全的同时增强加拿大食品行业的国际竞争力。最后，在CFIA特殊授权的食品标签领域更好地满足消费者、行业组织者和政府的需求。②

（五）德国

德国实施的是以“风险”为导向的食品安全监管体制。2001年德国政府将原来的联邦食品、农业和林业部改组为联邦消费者保护、食品和农业部（BMVEL），该部接管了原来卫生部的消费者保护和经济技术部的消费者政策制定职能，对全国食品安全进行统一监管，其目标职能是保护广大消费者；保障粮食等各种食物质量安全以及推进适合于环境和动物特点的农业生产方式，BMVEL的建立使联邦政府能够统一管理食品安全问题并且克服了以往联邦监管责任分散化的体制弊病。2001年公布的“消费者健康保护的组织”报告中明确指出，德国当前在食品风险规制上存在的不足之一就是缺乏独立的风险评估机构。报告建议应设立一个机构，其

---

① Herath, D., Hassan, Z., Henson, S., Adoption of Food Safety and Quality Controls: Do Firm Characteristics Matter? Evidence from the Canadian Food Processing Sector [J]. *Canadian Journal of Agricultural Economics/Revue canadienne d'agroeconomie*, 2007, 55 (3), pp. 299-314.

② 巫强、陈梦莹、洪颖：《加拿大食品检验署风险管理的创新驱动机制研究与启示》，《科技管理研究》2014年第18期。

职责：一是收集、分析和评估食品风险信息（风险评估和风险沟通），提供客观和预防性的政策建议；二是充当联邦消费者保护、食品和农业部与国际研究机构之间的媒介；三是作为欧洲食品安全局（EFSA）的代表。为此，联邦消费者保护、食品和农业部于2002年成立了两个相互独立的新机构：联邦风险评估研究所（BFR）和联邦消费者保护和食品安全局（BVL）。[①]

德国食品安全监管在走向以“风险”为导向的改革过程中，除建立独立的风险评估机构和风险管理机构，以实现两者的分离外，还非常注重贯穿整个食品风险监管中的风险沟通，通过引入各种力量的参与，促进各自对于风险态度和认知的沟通与交流，来实现对食品风险的预防与控制。联邦风险评估研究所的一项重要职能是向社会公众提供有关食品和产品的风险信息。为了实现风险信息交流的持续和互动，它定期组织专家听证、科学会议及消费者讨论会，向一般公众、科学家和其他相关团体公开其评估工作和评估结果，并且通常会在其网站上公布专家意见和评估结果，积极地以简易的方式与普通公众对评估过程进行交流，向消费者提供科学研究成果。作为风险管理机构的联邦消费者保护和食品安全局也一直与消费者协会、行业组织和其他相关机构保持交流，以收集信息为制定风险管理措施提供参考。同时，积极参与风险信息交流与沟通的组织还有商品测试基金会、联邦消费者中心联盟、消费者保护、食品和农业信息服务协会以及德国营养协会。[②]

三　草莓致癌事件风险交流的案例分析

（一）事件过程

2015年4月26日央视财经频道《是真的吗》节目播出一组有关草莓的报道，称该栏目组记者随机在北京购买的8份草莓均检测出含有百菌清和乙草胺两种农药。节目称，前者含量符合国家标准，后者在国家的草莓残留物标准中并无登记，但相比欧盟标准，有的草莓超标6倍。专家介

---

① 刘亚平、杨美芬：《德国食品安全监管体制的建构及其启示》，《德国研究》2014年第1期。

② 同上。

绍，美国已把乙草胺列为 B2 类致癌物，如长期食用乙草胺残留的食物，可能会导致乙草胺的代谢物中毒，有致癌性。央视关于草莓致癌的报道播出后引起各大媒体、学者以及广大群众的关注和热议，很多专家和媒体对草莓致癌进行了评论和报道，一部分对央视的检验结果持相同观点，但也有部分提出强烈质疑，根据农药使用范围、乙草胺降解周期和草莓种植管理程序分析，认为草莓使用乙草胺并且残留的可能性不大。同时，一些草莓种植户表示，“乙草胺作为一种除草剂，种草莓时使用乙草胺是不可能的，因为把草杀死的同时，肯定也会把草莓杀死”，“就算用乙草胺也只在种植草莓之前使用过，草莓种下去之后从未使用过”。对广大消费者来说，“乙草胺从哪来的”“乙草胺是什么”可能并不重要，他们更关心的是，草莓究竟能不能放心吃。不管草莓有没有含有乙草胺或者会不会致癌，央视这项关于乙草胺的检验结果都会对草莓销量产生影响，此次乙草胺事件对北京昌平草莓产业的影响最为严重，经统计，草莓每栋日销量由 8.26 公斤下降至 1.5 公斤，单价每公斤由 39 元下降至 16 元，每栋日采摘人次由 2.43 人下降至 0.06 人。自事件发生至今，全区 6000 栋草莓日光温室已造成经济损失 2683.26 万元人民币，观光采摘游客骤降了 21.33 万人次。同时辽宁、北京、安徽、吉林等多地草莓产业损失惨重，数十万草莓种植农户损失巨大。

（二）风险交流过程

4 月 27 日上午，昌平区农业局和昌平区农业服务中心对辖区内草莓种植户进行情况调查、取样、送检。当天从兴寿、小汤山、崔村镇提取了 30 个样品送检，均未检出乙草胺。北京市农业局从昌平区抽检的样品也未检出乙草胺。

4 月 28 日，媒体就乙草胺致癌问题采访了林业果树研究所和食品与信息交流中心的专家，专家表示：从草莓的标准种植过程来看，使用乙草胺并导致其残留超标的可能性很低。乙草胺是一种芽前封闭除草剂，一般在作物出芽前使用，从草莓的生长周期看，此时的使用不可能会残留那么久，消费者买到含乙草胺草莓的概率并不大。另外，草莓属于草本植物，对除草剂非常敏感，过多使用乙草胺会对草莓苗造成伤害，甚至杀死幼苗。在草莓的结果期也不可能使用，因为此时用除草剂毫无效果，只会增加成本；而且如今的草莓种植大多采用地面覆膜，以防草莓触地后发生霉变，降低品质和产量。覆膜的另一个效果就是抑制杂草生长，所以几乎也不需要打除草剂。

4月30日，北京市食安委发布消息，北京市开展全范围抽检，样本覆盖了山东、河北、辽宁、浙江等草莓外埠主要产地，抽取的175个样本均未检出乙草胺。此外，江苏、湖南、陕西、辽宁等地也对当地草莓做了抽检，结果均显示，无乙草胺残留。陈怀勐曾说，权威部门的抽检结果，依然恢复不了市民对昌平草莓的信心。

4月30日，辽宁省农委发布消息，针对有媒体报道的北京市场草莓检出乙草胺超标问题，辽宁对沈阳、丹东、辽阳等草莓主产区生产的草莓进行了抽样检测。此次抽样检测共计抽取草莓样品51个，未检出乙草胺。

5月1日，《农业日报》对北京草莓致癌进行辟谣称，“草莓种植过程中用乙草胺的可能性小”。

5月2日，《人民日报》刊发报道，表示“吃草莓致癌”不靠谱对草莓致癌进行辟谣。随后，各大媒体、网站纷纷跟踪报道。

5月2日，北京市食安委有关负责人表示，目前市农业部门已在全市范围内开展农药专项检查。全市将进一步加大对本市外地进京和自产草莓产品质量安全检验检测的力度，加强日常监督检查，严禁不合格产品上市。

5月13日，北京市网信办、北京市科协、昌平区农业服务中心等部门联合相关农业主管部门、专业检测机构、专家学者、果蔬种植户，对乙草胺事件后出现的“吃草莓可致癌”谣言进行再次澄清。

5月28日，北京科学仪器社区沙龙在清华大学举办了主题为“由草莓事件引发的反思——检测机构应该怎样自律”的活动。活动由北京科学仪器装备协作服务中心和慕尼黑展览（上海）有限公司主办。来自中粮营养健康研究院、北京大学研发实验服务基地、聚光科技、北京绿绵科技、哈希公司、北京市可持续发展科技促进中心、中仪大珩等单位的20余人参加了此次沙龙活动。

7月3日，北京神农天地状告央视这一错误报道带来的严重后果，该案在海淀法庭审理。同时，长丰县草莓协会等行业组织，也通过其他方式向高层反映了这一“乌龙事件”。

7月17日，“乙草胺毒草莓事件”的被告和原告达成了庭外和解，至此引起全国轩然大波的“乙草胺毒草莓事件”暂时平息。

（三）应对分析

1. 及时发布

在对于突发事件进行风险交流时，尤其是食品安全事件，在事件发生后及时发布信息有利于缓解公众恐慌，引导社会舆论，树立政府公信力。在此次事件中，4 月 26 日央视报道了草莓含有乙草胺具有致癌作用后，各大媒体在第一时间进行了跟进报道，有的对致癌信息进行原意报道，有的媒体对草莓致癌提出了质疑，并采访了相应的专家对草莓含有乙草胺并且具有致癌性进行了科学的解读，使消费者能够在第一时间了解事件情况，依据风险框架社会放大理论（SARF），公众感知的风险是由媒体信息的数量和质量决定的。[①] 媒体对一个事件报道数量的增加会导致公众看法的改变。[②] 相关部门和专家对该事件的及时回应和解读，不仅应对了社会舆论而且有效地降低了公众的恐慌情。

2. 发布科学、清晰完整的信息

风险交流过程中，信息的科学性和是否清晰完整同样非常重要，科学性是指信息是否有科学依据，这也决定了信息的可信度，信息的清晰指发布信息的语义是否明确，完整是指发布的信息不能缺少任何一个环节，原始信息的充分和透明。信息的清晰完整有助于公众准确了解事件的进展情况，不会因为断章取义对事件进行曲解。回顾此次乙草胺致癌事件，北京市食安委和昌平区农业局等政府部门第一时间进行更广范围的草莓样本调查，并将检验结果及时完整地向消费者进行公布，体现了政府透明公开、切实有效的工作行动和对食品安全问题“零容忍”以及随时接受社会监督的工作态度。同时，《农业日报》和《人民日报》又对草莓乙草胺事件进行了科学和清晰的解读。从图 12 －9 关于“乙草胺”百度指数的热度变化可以看出，在 4 月 26 日央视关于草莓乙草胺致癌的报道播出后，乙草胺的热度在 26 日当天瞬间激增，呈直线达到顶峰，在随后的几天内又逐渐恢复到平稳状态，说明政府和媒体等对该事件的科学解读和相应措施对舆情热度的变化具有很大的安抚作用。食品安全问题是每个消费者都会

① BOARD BIA, Global media report of online news coverage on Irish Pork and Dioxin between 01/12/2008 and 19/10/2010.

② Yang, J., The evolution of risk perceptions related to Bovine Spongiform Encephalopathy – Canadian consumer and producer behavior. *Journal of Toxicology and Environmental Health*, 2011, Part A, 74 (2), pp. 191 –225.

关注的问题，食品安全事件发生后，消费者更加关心的是这些食品还安不安全，能不能正常食用。公众通过政府和媒体的报道满足了消费者的这种心理，而且使公众对草莓乙草胺事件有了更加科学的认识，对待该事件的态度变得更加理性，从而避免了不必要的恐慌情绪。

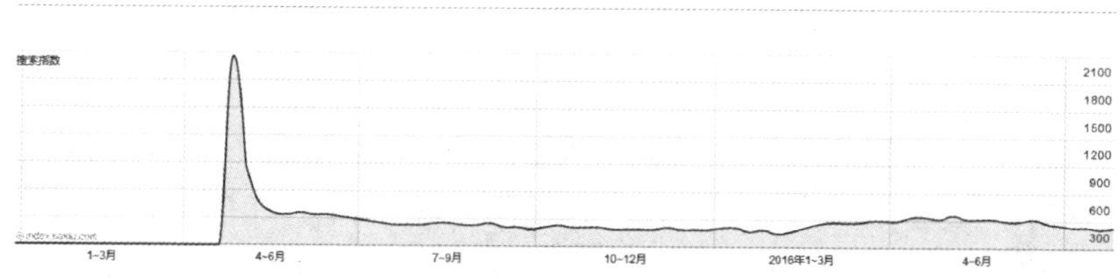

图 12－9　草莓乙草胺致癌事件的舆情走势

3. 统一的信息和发布渠道

我国当前的食品安全管理可以看作是“九龙治水”的模式，具体来说，在食品链上中下游有多个环节，食品最初的种植养殖环节由农业部门管，到了加工环节是工业部门管，流通的时候，又变成流通部门管，在这三个环节中又夹杂着质监、食监、公安、工商、卫生部门等，就形成所谓“九龙治水”的格局，这种多部门分段管理的监管模式在实际管理过程中容易出现职责不清和权责不明的监管盲区，而且由于牵涉部门多，动作难以协同，导致一些食品安全问题的整治，难以全面深入。曾被公众诟病为“几个部门管不了一头猪，十几个部门管不了一桌菜”。在草莓致癌事件中分别有北京市网信办、北京市科协、昌平区农业局、昌平区农业服务中心、北京市食安委等多个部门参与，进而统一发布信息和统一发布渠道就变得至关重要，多部门统一发布渠道可以有效地提高效率，统一发布信息可以确定统一立场避免造成公众误解。该事件中几个部门的做法和立场相对一致，事件发生后的一周内分别进行科学解读和辟谣，但到了 5 月 13 日，事件已经发生了两个多星期，在前面几次辟谣效果并不是特别理想的情况下，北京市网信办、北京市科协、昌平区农业服务中心等部门联合相关农业主管部门、专业检测机构、专家学者、果蔬种植户等才对该事件进行统一辟谣，在这个只需要几天的时间足以将某一舆情事件固化成绝大多数人根深蒂固的认知的互联网和自媒体世界里，这么晚的时间才进行联合行动谣言已经对草莓行业造成了不可挽回的损失。

4. 充分应用网络渠道和社交媒体

社交媒体是人们彼此之间用来分享意见、见解、经验和观点的工具和平台，现阶段主要包括社交网站、微博、微信、博客、论坛、播客等。在Web 2.0 时代，信息的传播速度已经不可同日而语，一个事件的爆发，可能在几个小时的时间被成千上万的网民所传播，想要掩盖某个事件几乎是不可能的事情。目前，被我国相关政府部门使用的是政府机构微博、政务微信、微信公众号等，部分政府部门还会有自己的 APP 客户端。《人民日报》和微博联合发布《2015 年上半年人民日报·政务微博影响力报告》。报告显示，政务微博已进入深入、稳定发展期。截至 2016 年 6 月，新浪认证的政务微博为 145016 个，其中政务机构官方微博 108115 个，公务人员微博 36901 个。报告指出，政务微博应对突发事件的能力提升，成为辟谣主力，矩阵协作使微博问政取得更好效果，“互联网 + 政务”战略推动政务微博服务职能升级，政务微博运营水平成为行政能力的“标尺”。这种全新的、数字化的沟通方式不仅增进了政府部门对于微博、微信等舆论阵地的导向作用，同时也拉近了政府部门和公众之间的距离。相关部门在进行风险交流时，除了通过电视、报纸、广播等传统媒体的方式，也要通过社交媒体将信息及时地传达给可能受影响的受众，与公众进行双向风险交流，对社会舆论进行引导。

四 国外食品安全风险交流经验对我国的启示

我国食品安全风险交流起步较晚，食品安全风险交流是我国食品安全监管工作中的短板。虽然我国依据 2009 年颁布的《食品安全法》成立了风险评估中心，并在 2013 年 3 月国务院机构改革中明确了风险评估中心在风险交流中的主体地位，2015 年新修订的《食品安全法》中也有多个条款涉及了风险交流的内容，但涉及面较窄，仅包含风险信息发布主体、渠道的规范，风险知识的科普宣教等内容。而且由于长期以来对公众参与渠道、信息发布方式采取了严格控制，食品安全风险交流依然没能摆脱“单向传播”的局面。[①]

① 徐信贵:《政府公共警告的法律问题研究》，法律出版社 2014 年版，第 89 页。

（一）加强独立的食品安全风险交流机构的构建

我国负责食品安全监管的机构众多，包括卫生行政部门、商检局、质监局、食品药品监督管理局等，各个部门在实际食品安全监管过程中往往会出现职责不清和权责不明的监管盲区，从而导致效率低下，信息不一致、不准确等问题。为此，国务院于 2010 年年初设立食品安全委员会并单设了食品安全委员会办公室，将多个部门多环节监管的职责进行整合，统一食品安全监督管理。在 2013 年 3 月国务院机构改革中，仍保留国务院食品安全委员会，但具体工作由国家食品药品监督管理总局承担，而食品安全委员会委员几乎全部由其他部委负责人兼任，机构设置缺乏独立性，与其他机构间的配合以及与消费者的风险信息沟通上也没有切实可行的措施，同样容易产生职责不明、管理不到位的问题。[①] 此外，我国 2011 年成立了国家食品安全风险评估中心，这是我国在 2009 年引入食品安全风险分析机制后为风险评估工作所设立的专门机构，评估中心的成立填补了我国长期以来缺乏食品安全风险评估专业技术机构的空白。但国家食品安全风险评估中心现在尚处于起步阶段，缺乏公众认知度和影响力，而且评估中心所发布信息的权威性也受到了一定的影响。国家食品安全风险评估中心的机构设置如图 12 – 10 所示。

从图 12 – 10 可以看出，风险交流工作属于评估中心下属的风险交流部，食品安全风险评估中心属于理事会决策监督管理模式的公共卫生事业单位，在风险交流中缺乏独立性。这就容易出现内部权力分配不当、利益冲突无法协调等问题，使行政机关进行风险交流的价值目标出现选择错位，专家的风险知识存在理性不足、独立性不强，而公众的价值诉求又得不到积极回应。而包括日本在内的很多发达国家都是由风险评估机构来主导风险交流工作，借助风险评估机构的独立性，使其在风险交流中能够准确、有效地传递风险评估的相关信息，并能统一决定食品安全方针和风险管理措施。[②] 目前食品安全风险交流活动也主要是定期进行开放日活动、科普知识宣传活动等，地方政府食品安全风险交流工作也在逐步推进中，但不够系统化，尚处于宣传和传达信息阶段，并没有形成交流机制。

---

① 岳改玲：《欧洲食品安全局的风险交流机制及启示》，《新闻界》2013 年第 13 期。

② 戚建刚：《风险规制过程合法性之证成——以公众和专家的风险知识运用为视角》，《法商研究》2009 年第 5 期。

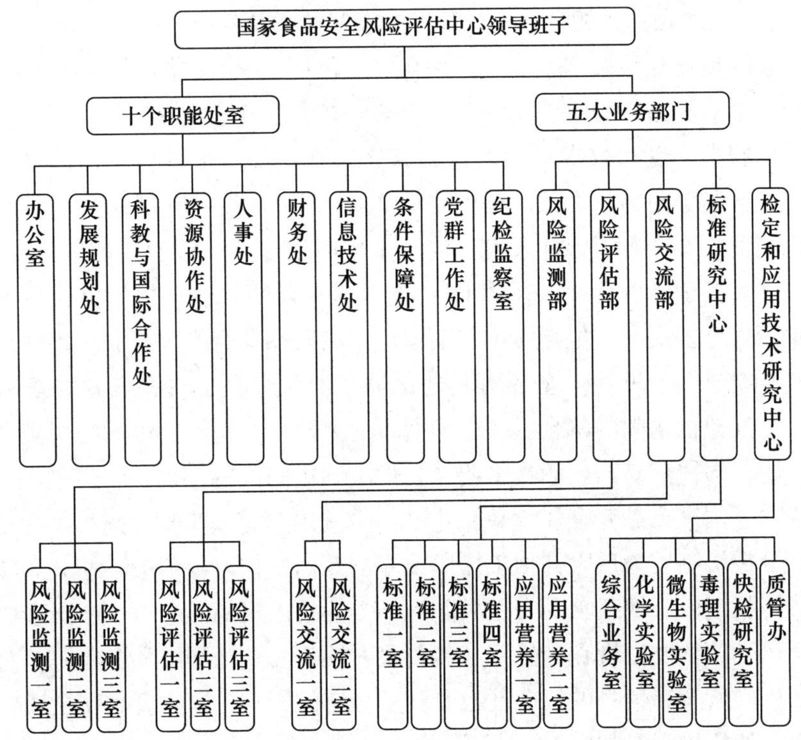

图 12－10 国家食品安全风险评估中心机构设置

（二）加强食品安全风险交流制度化建设

我国在2015年新修订的《食品安全法》促进了我国食品安全状况的改善，新修订的《食品安全法》中有几条涉及食品安全的风险交流问题，这几条明确规定了生产经营者、政府部门、媒体等应该做什么，但在具体实施过程中却面临着很大的困难和挑战，很多名词没有准确的定义和可参考的示例。例如，该法第二十三条规定："县级以上人民政府食品药品监督管理部门和其他有关部门、食品安全风险评估专家委员会及其技术机构，应当按照科学、客观、及时、公开的原则，组织食品生产经营者、食品检验机构、认证机构、食品行业协会、消费者协会以及新闻媒体等，就食品安全风险评估信息和食品安全监督管理信息进行交流沟通。"但在实践中，食品检验机构和评估机构对信息公开发布是受限的，这就使风险交流中的"双向沟通"难以彻底地贯彻下去。明确政府主导是好的，但还需要制定符合现在中国国情的具体办法，并且配置必要的资源。国外例如，美国食品安全监督机构和欧洲食品安全局制定的《FDA风险交流策略计划》《欧洲食品安全局交流战略》，对风险交流工作进行了规划。同时通过各类法律法规和相关文件，比较详细地阐述了食品安全风险交流工作的目标、采取的策略和交流方式，在增强可操作性的同时也保证了风险交流工作的持续性。我国在法律层面可以进一步明确细化包括风险交流在内的食品安全风险分析制度，主管行政部门出台相关部门规章，将风险制度化、常态化，改变原先以事件为中心的事后应急沟通，转换为以信息为中心的事前交流。通过规章制度提高风险信息的权威性，并保证作为风险管理者的行政部门能够配合风险交流工作。

（三）建立食品安全风险交流公众参与机制

现在，公众的食品安全意识已经越来越强，对于信息透明化的需求越来越高，食品安全问题关系到每个公众自身，互联网大大方便了公众获取信息，公众在食品安全问题上的自我保护意识使每个人都会对食品风险进行一个自我判断。如果信息提供者再以隐匿的方式、有选择地提供信息的交流方式势必会对公众对食品安全的信任产生很大的影响。从欧美国家在食品安全领域的风险交流经验来看，重视公众在风险交流过程中的参与，风险交流可以看作是修补人民与政府间信任断层的良好途径。让公众参与食品安全风险交流的对话。如今，通过形成“共识”促进“共治”是各国食品安全风险交流发展的新趋势。让公众参与到风险交流的过程中不仅是指公众参与的合法性和参与过程的透明性，而且通过参与能够促进公众参与能力的培养。公众参与风险交流能力的培养是指应依据群体特点，针对食品安全风险的性质、评价方法、应对措施等方面进行指导、教育，引导其形成合理的风险感知，获得进行风险决策所需的知识与技能。①

我国也可以借鉴外国公众参与风险交流的经验，通过法律的方式保障公众参与食品安全风险交流的权利。加快公众参与制度的建设，丰富信息公开的内容，拓宽公众参与的渠道，完善公众参与食品安全风险交流的管理机制。

（四）搭建食品安全风险交流多样化信息沟通平台

目前，我国食品安全风险信息的交流沟通基本限于下述几种方式：①政府信息发布，包括新闻发布会、预警信息发布、国家食品药品监督管

---

① ［日］元吉忠寛：《リスク教育と防災教育》，《教育心理学年报》2013年第52期。

理总局的抽检信息发布、国家食品安全风险评估中心网站的信息发布、农业部的信息发布等；②公众的信息反馈，主要是消费者投诉举报；③政府提供的信息咨询；④食品安全教育宣传活动；⑤媒体的报道与解读；⑥一些民间科学性网站提供相关风险信息及应对策略。

从上面几种交流沟通方式可以看出，我国的现有“风险交流”途径大部分是一种应急单向信息发布，属于危机公关，没有常态化的交流手段，且缺乏双向的互动，缺乏日常状态下大量及时的信息沟通，往往等到事态严重再进行控制，这不仅是政府效率低下的表现，也大大增加了政府管理成本。单向的信息发布并不是风险交流，缺少公众、业界、学界、消费者等主体的主动参与，使政府对于公众感知和风险获知需求的感觉能力很差，多处于被动状态。[①] 新修订的《食品安全法》第一百一十八条规定，“国家建立统一食品安全的信息平台”，这条规定明确了食品安全风险交流中信息发布的主体和渠道，但仍缺乏针对不同受众的信息沟通平台和渠道。可汲取日本的经验，在现有基础上，建立特定事件的专家评审会、媒体说明会和与消费者的意见交换会等信息沟通平台。强化中央与地方，专家与消费者等不同层面的风险交流，使风险交流信息能够畅通地传递给相关利益者，以满足日常、紧急情况下不同类型受众对于风险信息的需求。[②]

（五）加强风险交流基础研究

国外政府在普及食品安全知识的同时，为提高风险交流效率，也注重对于消费者风险认知、政府工作评价、消费者信息偏好等内容的研究，并依据研究成果定制风险交流策略和方式。[③]

风险交流是在风险认知和风险管理的研究基础上发展而来，因此交流的原则与技巧也是风险认知和风险管理规律的延伸。目前对风险交流的研究，更多的是集中在消费者对食品安全事件的风险感知方面，消费者对风险交流工作的评价、信息偏好基本没有涉及。因此，我国在做好食品安全

① 孙颖：《风险交流——食品安全风险管理的新视野》，《市场监管风险管理》2015 年第 8 期。

② 王怡、宋宗宇：《社会共治视角下食品安全风险交流机制研究》，《华南农业大学学报》（社会科学版）2015 年第 4 期。

③ S. Cope, L J. Frewer, J. Houghton, G. Rowe, A. R. H. Fischer, J. de Jonge, Consumer perceptions of best practice in food risk communication and management: Implications for risk analysis Policy [J]. *Food Policy*, 2010, 35, pp. 349 – 357.

知识普及的同时，也要鼓励对于风险交流的基础研究，提供资金、项目等方面的支持鼓励食品安全监管机构联合有实力、有经验的研究院所、高校和社会力量，开展风险认知和风险管理方面研究，为我国的食品安全风险交流探索出一整套适合国情、民情的方法和技巧。

第十三章

微博中意见领袖的识别研究

微博是食品安全网络舆情中重要的自媒体平台，对于食品安全网络舆情的发展具有重要影响。在微博中，意见领袖通过发布与传播食品安全相关信息，影响网民的食品安全认知。因此，识别微博中的意见领袖，并发挥意见领袖在食品安全网络舆情引导中的积极作用，对于食品安全管理具有重要意义。

一 引言

互联网的快速发展使信息传播可以跨越时间和空间的限制，网民能在短时间内持续关注某一热点问题，由此导致网络舆情爆炸式扩散，并引发连锁反应。网络舆情影响着社会舆论的走向，是公众对于特定事件所持有态度的集中反应。为了有效应对网络舆情危机，及时向政府或企业发出预警报告，需要实时监测网络舆情数据。研究者发现，微博网络中存在一些影响传播的关键个体，当信息被其转发后能够引起持续的、更大规模的传播。[①] 这些强信息传播影响力个体对网络舆情的演变产生了巨大影响，如果能及时介入和干预这些个体，对抑制流言扩散、引导信息传播方面具有重要的作用，有利于网络舆情监测预警、引导管控等工作的开展。由于意见领袖对网络舆情的产生和发展有着重要的指引作用，挖掘和识别网络舆情中的意见领袖有重要意义。微博已经成为众多互联网用户发表意见与情感的主要方式，通过话题挖掘技术，微博实时发现热点话题，并将此话题设置成热门话题，网民进入微博界面时就可以方便地加入热点话题的讨论以及评论或者转发，通过以上方式就可以引导社会关注那些事件，挖掘网

① 赵艳丽：《网络舆论监督：打造同一个舆论场》，《青年记者》2007 年第 16 期。

民的利益诉求，发现潜在的社会问题，引导舆情向良性方向发展。

二 意见领袖的分类

“意见领袖”的概念最早是由拉扎斯费尔德（Lazarsfeld）等提出[①]，它是指在信息传递和人机互动过程中经常为他人提供信息、意见、评论，并对他人有较大影响的“活跃分子”。意见领袖在大众传播效果的形成过程中起着重要的中介或过滤的作用，由他们将信息扩散给受众，形成信息传递的两级传播。

（一）基于行业分类

微博意见领袖群体数量众多，其内容成分多样。根据该群体的不同特点，按行业将其分为媒体型微博意见领袖、专业型微博意见领袖、明星型微博意见领袖和草根型微博意见领袖[②]，并分别进行论述。

媒体型微博意见领袖是指由传统媒体或新媒体人组成的意见领袖群体。他们利用带有“自媒体”特征的微博，改写传统新闻产生制作的标准，在微博平台内揭露事实真相。

专业型微博意见领袖指在某一领域因为拥有专业/行业知识而具有权威发言权的微博意见领袖，或者其能代表某一部门/企业发出权威声音的微博意见领袖。他们往往带有“权威性”的符号标识。因此专业型微博意见领袖既包括狭义的个人微博，也包括广义的政务微博或企业官博，由于企业官博在微博舆论引导单一，一般只关注与自己相关的微博事件；而政务微博在和本身相关的微博舆论引导方面就表现积极，导致网民们认为，狭义的专业型微博不存在利益主体，因此相对公平公正。对于食品舆情事件特殊性，狭义的专业型微博意见领袖的引导作用更大。

明星型微博意见领袖为开通微博并拥有众多微博粉丝且能带来舆论影响的青年文体界明星。这类人头顶偶像光环，将现实偶像的影响力带入互联网，再凭借公众人气与个人魅力等稳坐微博意见领袖的“头把座椅”。在现实生活中，相对于一般网民，一些名人或者专家的微博，具有较高的

---

① Katz, E. and Lazarsfeld, P. F., *Personal influence*. Glencoe: Free Press, 1955.

② 朱梦：《我国微博“意见领袖”形成及舆论影响研究——以新浪微博为例》，硕士学位论文，中南大学，2013 年。

知名度和权威性，并且拥有着大量的粉丝，传播力极强。并且在发生突发事件后，名人的呼吁要比普通人的呼吁更具有号召力和凝聚力，他们发布的微博信息相对于一般人而言，转载数量和评论数量要多得多。

草根型微博意见领袖是以微博草根达人为主的，带匿名性质的微博博主。他们积极投身微博、质疑权威，从而获得网民的注意，通过具体的某件突发事件可以对其他微博用户施加影响。

（二）基于领域分类

按使用领域分类，意见领袖可分为传统意见领袖、网络意见领袖、社交网络意见领袖，顾名思义，传统意见领袖就是大众媒体传播中具有威望的人，而网络意见领袖是由传统意见领袖演化而来，主要是指网络论坛、新闻评论、电子商务评价平台等 BBS 类型的网络中有影响力的人，而社交网络意见领袖则为微博类型的网络起着重要传播作用的人。网络意见领袖与社交网络意见领袖的行为特征与以往传统的意见领袖具有较大的差异，其主要体现在：意见领袖具有时空属性，即现阶段的意见领袖不一定是以前和将来的意见领袖。另外，意见领袖发布的信息受到高度关注、圈群化、跨界化、亲和力、影响力，因此，需要有必要梳理三者的异同。本章以传统意见领袖、网络意见领袖和社交网络意见领袖的研究发展作为主线，通过对文献的梳理，对各个阶段识别指标、方法与工具进行归纳。[①]如表 13－1 所示。

表 13－1　　三种意见领袖的对比

	识别指标	识别方法		识别工具
		定性	定量	
传统意见领袖	地位、威望、影响力	自我报告法、观察法、关键人物访谈法	社会计量法、简单统计测量法	意见领袖量表、调查问卷
网络意见领袖	活跃度（主帖数、回帖数、平均回复长度、发言频率） 关注度（总跟帖数、平均被回复长度、被点击量） 威望度（注册时长、等级）	自我报告法、观察法	社会计量法、基于影响力扩散模型、基于聚类的方法	SPSS 等

① 唐相艳、朱燕丽、于泠、陈波：《意见领袖筛选方法研究》，《情报探索》2013 年第 7 期。

续表

	识别指标	识别方法		识别工具
		定性	定量	
社交网络意见领袖	中心度（点度中心度、中间中心度） 网络约束度（网络有效规模、网络约束系数） 能量度（核心—边缘模型、影响力系数）	自我报告法、观察法	基于聚类的方法、基于PageRank算法、HITS算法、社会网络分析法等	UCINET等

三　意见领袖识别的研究方法

当前国内外对于网络意见领袖的研究有很多，应用也很广泛，从金融市场、政治事件到网络舆情等多个领域，金融领域主要研究网络营销和电子商务领域的意见领袖，大部分文献集中在意见领袖对于网络口碑、购买行为等方面的影响[①]；塞尔策（Seltzer）的研究表明，78%的顾客会信任意见领袖推荐的产品和服务，在舆情传播中同样如此。网络舆论中的意见领袖进行研究主要分为三类。

（一）基于微博个体属性的方法

基于微博个体属性的方法研究集中在网络意见领袖的特征和类型方面，考察微博个体属性中能够表征个体传播影响力的特征，利用其影响力进行评价。较早研究主要利用粉丝数评价，但粉丝数只能说明个体“吸引力”大小，并不能评价其传播影响力。目前的评价指标除了粉丝数、回复和转发数、回复者和转发者数，也围绕传播范围、传播深度和传播速度展开研究。

本章通过微博话题的意见领袖参与率、微博转发率和微博评论率三个指标来评价和度量意见领袖的微博话题参与行为和特征。

① 姜景、李丁、刘怡君：《基于微博舆论生态的突发事件管理策略研究》，《管理评论》2015年第4期。

意见领袖参与率 U(t) 是指一段时间(t, t + Δt) 内参与热点话题 tp 讨论的意见领袖人数 $|V|_{\Delta t}^{tp_i}$ 与意见领袖总人数 |V| 百分比，计算方法如下：

$$|U|(t)=\frac{|V|_{t}^{tpi}}{|V|}$$

在微博环境下，通常微博用户会对自己感兴趣的或认同的微博信息进行转发，经过转发可以扩大微博信息的影响范围，提高其影响力。意见领袖话题微博转发率 R(t) 采用(t, t + Δt) 时间内，其发表的与话题 tpi 相关的微博的转发数与所有微博转发数的百分比：

$$R(t)=\frac{N_{rt}^{tp}}{N_{rt}}=\frac{\sum_{k=0}^{m}|N_{rk}|_{t}^{tp}}{\sum_{i=0}^{n}|N_{ri}|_{t}}$$

其中，n 表示单位时间内意见领袖发表的微博总量，m 表示其中话题 tp_i 相关的微博总量，$|N_{ri}|$ 表示第 i 条微博的转发数，$|N_{rk}|_{t}^{tp}$ 表示在(t, $t+\Delta t$) 时间内与话题 tp 相关的第 k 条微博转发数。

微博用户对微博信息进行评论，可以加强用户之间的交流，使微博信息发布者更好地阐述自己的观点，从而加大微博影响力。意见领袖话题微博评论率 C(t) 是指(t, t + Δt) 时间内，其发表的与话题相关的微博的评论总数与所有微博的评论总数的百分比：

$$C(t)=\frac{N_{ct}^{tp}}{N_{ct}}=\frac{\sum_{k=0}^{m}|N_{ck}|_{t}^{tp}}{\sum_{i=0}^{m}|N_{ci}|_{t}}$$

其中，$|N_{ci}|$ 表示第 i 条微博的评论数，$|N_{ck}|_{t}^{tp}$ 表示在(t, $t+\Delta t$) 时间内与话题 tp 相关的第 k 条微博评论数。

本章试图通过建立基于动态系数的多元回归模型来判断参与行为的影响力。由舆情传播的特点可以得知，当舆情主体参与进来时，即 U(t) 越大，其转发的可能性越大，其评论的可能性也越大，即 R(t) 与 C(t) 都越大，因此，为了更好地模拟舆情事件的规律，将有相关性的自变量相乘后作为一个新的自变量，即 $U(t)^{p}R(t)^{q}$、$U(t)^{m}C(t)^{n}$，通过取对数，$U(t)^{p}R(t)^{q}$ 可以化为 plogU(t) + qlogR(t)，同理，$U(t)^{m}C(t)^{n}$ 可以化为 mlogU(t) + nlogC(t)。

为了预测因变量随时自变量的变化值，将自变量的时间变量提前一个时间片，构建以U(t-1)、R(t-1)、C(t-1)为自变量，y(t)为因变量的动态系数的多元线性回归预测模型：

$$\begin{aligned} y(t) &= b_0 + b_1U(t-1) + b_2U^2(t-1) + p\log U(t-1) + q\log R(t-1) + \\ &\quad m\log U(t-1) + n\log C(t-1) \\ &= b_0 + b_1U(t-1) + b_2U^2(t-1) + b_3\log R(t-1) + b_4\log C(t-1) \end{aligned}$$

其中，b_0 为常数项，b_1、b_2、b_3、b_4 为回归系数，b_1 为 $R(t-1)$、$C(t-1)$固定时，$U^2(t-1)$每增加一个单位时对 $y(t)$的效应，即 $U^2(t)$对 $y(t)$的偏回归系数，b_2、b_3、b_4 同理。

（二）基于网络拓扑统计特征的方法

基于网络拓扑统计特征的方法是以社会网络分析方法为代表的图论方法。为了利用社会网络分析确定意见领袖，最重要和最常用的概念就是中心性，网络中心性测量行动者位置的重要性。[①] 评价中心性有多种指标，如点度中心度、中间中心度和接近中心度。刘军[②]在《社会网络分析导论》中指出：在实际测量“中心性”的时候，到底选择哪种测度依赖于研究问题的背景，如果关注意见领袖，可采用点度中心性的测度；如果研究成员通过连线控制其他成员之间信息传播程度，可采用中间中心度；如果分析相对于信息传递的独立性或者有效性，可采用接近中心度。

1. 点度中心度

点的度数中心度是用来测量行动者在整个网络中地位优越性或特权性及影响力的重要指标。一个点的点度中心度等于网络中与该节点有直接联系的节点个数，如果一个行动者与较多的社群成员有直接的关联，即点度数高，该点所对应的行动者就是意见领袖，他能够有效控制及影响网络中其他行动者之间的活动；相反，与他人很少联系的行动者则居于边缘地位，即点度数低，对社群的贡献不大，无法影响其他人。因此，在虚拟社群中，常常通过测量行动者点的度数中心度来判断谁有资格成为社群中主要的核心人物，这也是对意见领袖最简单、最直接的测量方法。[③] 点度中心度越大说明这个节点的点度中心度拥有的权力越大，即信息交流能力和

---

① J. Borgatti, R. Brilliant, CFA Art, Likeness and beyond: Portraits from Africa and the world [J]. *Ssrn Electronic Journal*, 2006, 8 (3), pp. 258-268.

② 刘军：《社会网络分析导论》，社会科学文献出版社2004年版。

③ 李卓卓、丁子涵：《基于社会网络分析的网络舆论领袖发掘——以大学生就业舆情为例》，《情报杂志》2011年第11期。

信息资源掌控能力强，与众多节点之间存在交流，也就是意见领袖，其计算公式为，令 A 是网络图的邻接矩阵，deg（i）为 DEG 节点 i 的度，则节点 i 的点度中心度 c_i 即为该节点的度数。

$$c_i^{DEG} = \deg(i)$$

点度中心度能比较直观地衡量一个节点的影响力，计算开销相对较小，但针对大规模的微博网络，其将忽略部分影响力个体。

2. 接近中心度

接近中心度[①]是指个体与社交网络中所有其他节点的捷径距离（最短路径）之和。接近中心度用来分析个体通过社交网络对其他个体的间接影响力。节点 i 的接近中心度 c 被定义为：

$$c_i^{CLO} = e_i^T S1$$

其中，S 为一个矩阵，它的（i，j）元素表示从节点 i 到节点 j 的最短路径长度；1 表示所有元素都为 1 的向量。接近中心度需要计算网络中所有节点对之间的最短路径，计算开销大，优点是能够衡量一个节点的间接影响力。

3. 中间中心度

中间中心度是指节点处于其他节点最短路径上的能力。中间中心度用来分析节点对信息传播的影响，即个体在多大程度上处于其他个体中间，是否发挥出“中介”作用。节点 i 的中间中心度为：

$$c_i^{dest} = \sum_{j,k} \frac{b_{jik}}{b_{ik}}$$

其中，b_{ik}表示节点 i 与 k 之间的最短路径数目；b_{jik}表示节点 j 与 k 之间，且通过节点 i 的最短路径数目。计算中间中心度的朴素方法为计算所有节点对之间的最短路径，需要 $O(n_3)$ 的时间开销与 $O(n_2)$ 的空间开销。

（三）基于链接分析的方法

基于链接分析的方法是引入 PageRank 思想的识别算法，根据用户之间的关系构建社会网络，再利用网络结构算法分析用户之间的链接关系，计算用户的重要性排名，排名靠前的就是意见领袖。

---

① 丁兆云、贾焰、周斌、唐府：《社交网络影响力研究综述》，《计算机科学》2014 年第 1 期。

1. PageRank 算法

拉里·佩奇等在提出的 PageRank 的核心思想是通过计算某个页面被指向的总次数来表示这个页面的重要性。它将页面的重要性按照一定的权重值进行平局分配并传递给该页面所指向的其他页面，以此来评估其所指向页面的能力值。假设分别有两个页面 A 和 B，页面 A 被页面 B 链接，则页面 B 认为页面 A 是非常关键的网页，页面 B 指向页面 A 也就相当于页面 B 给页面 A 投了一票；如果页面 A 同时被多个其他的页面指向，就表示这些页面都认为页面 A 是非常关键的页面，相当于有多个其他的页面都给页面 A 投了一票。一个页面得到的投票数目越多，则意味着该页面的重要程度越高。换句话说，就是被许多其他的页面指向的页面一定是一个高质量的页面。

一个页面的 PageRank 值可以使用下面的公式计算得到：

$$PR(p) = (1 - d) + d\sum_{i=1}^{n} \frac{PR(T_i)}{C(T_i)}$$

其中，$PR(p)$表示网页 P 的 PageRank 值；T_i 表示所有指向网页 P 的网页集合；$d(0 < d < 1)$为阻尼系数，通常取值为 0.85。$1 - d$ 表示用户从某网页通过 *link* 随机到达其他网页的概率。

在一个网络图中，当节点 u 和节点 v 之间存在一条有向边（即网页 u 到网页 v 的一条链接）时，这条有向边可以当作是节点 v 对于节点 u 来说是一个非常关键的节点，若要计算网络图中某个节点的重要程度就可以将链接到该节点的有向边的总数量作为一个衡量指标。此外，如果指向节点 v 的节点 u 自身便有许多指向它的有向边，即节点 u 就是一个很关键的节点，那么可以认为节点 v 同样也是很关键的。总结以上论述可以得出，通过构建一个由节点彼此之间的相互关系组成的 n 维矩阵，然后对数据进行进一步的处理便可以定位网络图中的关键节点。

在 PageRank 算法中，转移矩阵是通过规范化邻接矩阵得到的：

$$\widetilde{A} = \frac{A_{ij}}{\sum A_{ij}}$$

其中，$\widetilde{A}$ 中元素 $\widetilde{A}_{ij}$ 表示从节点 jv 转移到节点 iv 的概率，PageRank 算法所依据的评分数是对应于转移矩阵的最大特征值所对应的特征向量，它可以通过幂法得到。幂法是将让一个非负的向量 x 不断地重复地左乘以转移矩阵 $\widetilde{A}$。在这个过程之后便会得到 PageRank 分数，根据特征向量中心性的定义，PageRank 评分越大，那么它在该网络中的重要性也越大。

PageRank 算法考虑了节点影响力的传播，需要迭代计算，但却忽略了节点自身特征，微博中用户行为表现复杂且用户规模数量庞大，仅依靠网络结构将忽略更加细粒度的影响力个体，比如，无法发现话题层次的影响力个体。相关学者针对这一问题，在 PageRank 算法的基础上，提出了结合个体特征与网络结构的影响力度量技术。

2. Personalized PageRank 算法

Haveliwala 等①考虑个体用户特征，在 PageRank 算法的基础上，提出了 Personalized PageRank 算法，计算公式如下：

$$\pi = aP^T \pi + (1 + a) r$$

Personalized PageRank 算法向量 r 表示个体对话题的偏好程度、个体发布信息的新颖程度与敏感程度等。

3. WIR 算法

吴凯等②在 PageRank 算法的基础上建立了 Weibo In fluence Rank 算法（简称 WIR 算法）：

$$WIR(j) = d + (1 - d) \sum_{i \in N_j} WIR(i) \times S_{ij}$$

$$S_{ij} = \frac{I(i,j)}{\sum a \in A_i I(i,a)}$$

其中，$WIR(j)$ 是节点 j 的 WIR 值，d 是阻尼系数，N_j 是节点 j 的粉丝集合，S_{ij}是 i 的影响力分配给 j 的比例因子，$I(i, j)$ 是节点 i 对节点 j 的影响值，A_i 是节点 i 的关注的用户集合，通过迭代到收敛为止，可以得到所有用户的 WIR 值。

4. 其他算法

J. Weng 等 ③将用户的影响力定义为他所有粉丝的影响力之和，借鉴

① Haveliwala, T., Sepandar, K., Glen, J., An analytical comparsion of approaches to personalizing PageRank [R/OL]. http://ilpubs.stanford.edu:8089/596/, 2003.

② 吴凯、季新生、郭进时、刘彩霞：《基于微博网络的影响力最大化算法》，《计算机应用》2013 年第 8 期。

③ Weng, J., Lim, E. P., Jiang, J. et al., TwiterRank: Finding topic sensitive influential tweeters [C]. The 3rd ACM International Conference on Web Search and Data Mining (WSDM' 10). New York, USA, February 2010, pp. 261-270.

PageRank 的算法设计了 TwitterRank 算法来识别意见领袖。宋晓丹等[①]运用 InfluenceRank 算法识别博客圈中的意见领袖。肖宇等[②]在 PageRank 的基础上加入情感权重，提出 LeaderRank 的意见领袖发现算法。Zhang 等[③]研究了类 PageRank 算法、Z－Score、Page－Rank 算法和 HITS 算法在 Java 论坛中的专家（Expertise）识别，发现这些算法的效果和人工判断几乎一样好。

四 总结

当前网络已经成为滋生谣言、渲染敌对、助长无知和伤害的“温床”，一系列的网络暴力事件、违法事件、网络群体性事件都是彰显网络媒介权力滥用的事实，为此，意见领袖的监控与舆情事件的监控同样的重要。

第一，防患于未然，有意识地培养一批富有正义和代表社会主流价值观的微博大 V，实现重大事件中舆论的引导，发挥示范效应。他们要具备良好的思想政治素质，敢于担当社会责任，良好的社会交往能力和文字表达能力，善于倾听公众意见，融入群众。

第二，建立网民诚信档案和行为记录系统，在实时监控过程中，发现有负面的意见领袖，就更应该加以正确引导。同时，微博运营商应该主动与意见领袖进行接触、交流，并且通过合适的方法“引导”意见领袖，如果某位意见领袖具有多次不良记录，可以封锁其社交号。

第三，提高个体网民媒介素养和社会道德意识，鼓励媒介创新、媒介互动、媒介融合，积极推动通信技术的发展实现工业化和信息化。

---

① Song, X. et al., Identifying opinion leaders in the blogosphere ［C］. In CIKM 07. 2007: ACM.

② 肖宇、许炜、夏霖：《一种基于情感倾向分析的网络团体意见领袖识别算法》，《计算机科学》2012 年第 2 期。

③ Zhang, J., Ackerman, M. S., Adamic, L., Expertise Networks in Online Communities: Structure and Algorithms ［C］. In: Proceedings of the 16th International Conference on World Wide Web. New York: ACM, 2007, pp. 221－230.

主要参考文献

1. 曾果：《基于K近邻的垃圾邮件过滤模型》，《铜仁学院学报》2008年第9期。

2. 曾润喜、徐晓林：《网络舆情突发事件预警系统、指标与机制》，《情报杂志》2009年第11期。

3. 曾润喜：《网络舆情突发事件预警指标体系构建》，《情报理论与实践》2010年第1期。

4. 巢乃鹏、黄娴：《网络传播中的“谣言”现象研究》，《情报理论与实践》2004年第6期。

5. 陈京民、韩永转：《基于虚拟社会网络挖掘的网络舆情分析》，《中国制造业信息化》2010年第3期。

6. 陈平、刘晓霞、李亚军：《基于字典和统计的分词方法》，《计算机工程与应用》2008年第10期。

7. 陈彦丽：《食品安全社会共治机制研究》，《学术交流》2014年第9期。

8. 程琳、郑军：《菜农质量安全行为实施意愿及其影响因素分析——基于计划行为理论和山东省497份农户调查数据》，《湖南农业大学学报》（社会科学版）2014年第4期。

9. 崔波、马志浩：《人际传播对风险感知的影响：以转基因食品为个案》，《新闻与传播研究》2013年第9期。

10. 邓刚宏：《构建食品安全社会共治模式的法治逻辑与路径》，《南京社会科学》2015年第2期。

11. 丁兆云、贾焰、周斌、唐府：《社交网络影响力研究综述》，《计算机科学》2014年第1期。

12. 董亚倩、邓尚民：《基于社会网络分析的网络舆情主体挖掘研究》，《情报资料工作》2011年第6期。

13. 杜杨沁、霍有光、锁志海：《政务微博微观社会网络结构实证分析——基于结构洞理论视角》，《情报杂志》2013 年第 5 期。
14. 杜仪方：《风险领域中的国家责任》，《行政法论丛》2011 年第 14 卷。
15. 范春梅、贾建民、李华强：《食品安全事件中的公众风险感知及应对行为研究——以问题奶粉事件为例》，《管理评论》2012 年第 1 期。
16. 谷悦：《日本的食品风险管理》，《中国食品》2015 年第 14 期。
17. 郭雪松、陶方易、黄杰：《城市居民的食品风险感知研究——以西安市大米消费为例》，《北京社会科学》2014 年第 11 期。
18. 韩蕃璠、钟凯：《数字与感知：风险事件特征在食品安全风险交流中的重要性》，《中国食品卫生杂志》2014 年第 26 期。
19. 何声武：《随机过程引论》，高等教育出版社 1999 年版。
20. 洪巍、吴林海等：《中国食品安全网络舆情发展报告（2013）》，中国社会科学出版社 2013 年版。
21. 侯瑜：《我国食品安全现状、差距及建议》，《食品研究与开发》2008 年第 29 期。
22. 胡艳丽、白亮、张维明：《网络舆情中一种基于 OLDA 的在线话题演化方法》，《国防科技大学学报》2012 年第 2 期。
23. 黄铭威：《食品安全社会共治实现的路径选择》，《辽宁工业大学学报》（社会科学版）2016 年第 3 期。
24. 贾凡、张文胜：《我国食品安全风险交流机制与对策研究》，《食品研究与开发》2014 年第 9 期。
25. 姜景、李丁、刘怡君：《基于微博舆论生态的突发事件管理策略研究》，《管理评论》2015 年第 4 期。
26. 姜胜洪：《突发公共事件中网络谣言的形成、传播与应对——以天津蓟县“6·30”大火为例》，《社科纵横》2013 年第 1 期。
27. 康伟：《基于 SNA 的突发事件网络舆情关键节点识别——以“7·23”动车事故为例》，《公共管理学报》2012 年第 7 期。
28. 兰月新、王芳、董希琳等：《公共危机事件网络舆情热度模型研究》，《情报科学》2016 年第 2 期。
29. 李雯静、许鑫、陈正权：《网络舆情指标体系设计与分析》，《情报科学》2009 年第 27 期。
30. 李卓卓、丁子涵：《基于社会网络分析的网络舆论领袖发掘——以大学生就业舆情为例》，《情报杂志》2011 年第 11 期。

31. 理查德·斯皮内洛：《铁笼，还是乌托邦》，北京大学出版社 2007 年版。
32. 廖卫东、时洪洋：《日本食品公人安全规制的制度分析》，《当代财经》2008 年第 5 期 。
33. 刘飞：《食品安全的风险感知与消费策略》，《华南农业大学学报》（社会科学版）2014 年第 3 期。
34. 刘健、张宁：《基于计划行为理论的高速铁路乘坐意向研究》，《管理学报》2014 年第 9 期。
35. 刘金荣：《基于 SNA 的突发事件微博谣言传播研究》，《情报杂志》2013 年第 7 期。
36. 刘军：《社会网络分析导论》，社会科学文献出版社 2004 年版。
37. 刘勘、李晶、刘萍：《基于马尔科夫链的舆情热度趋势分析》，《计算机工程与应用》2011 年第 47 期。
38. 刘文、李强：《食品安全网络舆情监测与干预研究初探》，《中国科技论坛》2012 年第 7 期。
39. 刘亚军、杨美芬：《德国食品安全监管体制的建构及其启示》，《德国研究》2014 年第 1 期 。
40. 罗季阳、张晓娟、李经津、陈志锋、罗祎：《欧盟食品安全风险交流机制和策略研究》，《食品工业科技》2011 年第 7 期。
41. 马颖、张园园、宋文广：《食品行业突发事件风险感知的传染病模型研究》，《科研管理》2013 年第 9 期。
42. 门玉峰：《北京市食品安全的媒体适度监督作用研究》，《中国商界》2010 年第 4 期。
43. 聂恩伦、陈黎、王亚强、秦湘清、金宇：《基于 K 近邻的新话题热度预测算法》，《计算机科学》2012 年第 6 期。
44. 彭京、杨冬青、唐世渭、付艳、蒋汉奎：《一种基于语义内积空间模型的文本聚类算法》，《计算机学报》2007 年第 8 期。
45. 彭倩：《风险分析——食品安全性管理的新趋势》，《科技风》2009 年第 6 期。
46. 彭亚拉：《论食品安全的社会共治》，《食品工业科技》2014 年第 2 期。
47. 平亮、宗利永：《基于社会网络中心性分析的微博信息传播研究》，

《图书情报知识》2010 年第 6 期。

48. 戚建刚：《风险规制过程合法性之证成——以公众和专家的风险知识运用为视角》，《法商研究》2009 年第 5 期。

49. 钱爱兵：《基于主题的网络舆情分析模型及其实现》，《现代图书情报技术》2008 年第 28 期。

50. 强月新、余建清：《风险沟通：研究谱系与模型重构》，《武汉大学学报》（人文科学版）2008 年第 4 期。

51. 施聪莺、徐朝军、杨晓江：《TFIDF 算法研究综述》，《计算机应用》2009 年第 S1 期。

52. 宋永津、樊永祥：《食品安全风险分析·国家食品安全管理机构应用指南》，人民卫生出版社 2008 年版。

53. 孙茂松、肖明、邹嘉彦：《基于无指导学习策略的无词表条件下的汉语自动分词》，《计算机学报》2004 年第 6 期。

54. 孙颖：《风险交流——食品安全风险管理的新视野》，《市场监管风险管理》2015 年第 8 期。

55. 唐相艳、朱燕丽、于泠、陈波：《意见领袖筛选方法研究》，《情报探索》2013 年第 7 期。

56. 唐晓纯、赵建睿、刘文、李强、戴岳、李笑曼：《消费者对网络食品安全信息的风险感知与影响研究》，《中国食品卫生杂志》2015 年第 4 期。

57. 陶宏：《风险分析在食品安全国家标准制定中的应用研究》，硕士学位论文，清华大学，2012 年。

58. 王春婷、蓝煜昕：《社会共治的要素、类型与层次》，《中国非营利评论》2015 年第 1 期。

59. 王二朋：《食品安全事件冲击下的消费者食品安全风险感知与应对行为分析——以三聚氰胺事件的冲击为例》，博士学位论文，南京农业大学，2012 年。

60. 王芳、陈松、钱永忠：《发达国家食品风险分析制度建立及特点分析》，《中国牧业通讯》2009 年第 1 期。

61. 王国华、方付建、陈强：《网络谣言传导：过程、动因与根源——以地震谣言为例》，《北京理工大学学报》（社会科学版）2011 年第 2 期。

62. 王冀宁、陈淼、陈庭强：《基于三方动态博弈的食品安全社会共治研究》，《江苏农业科学》2016 年第 5 期。

63. 王建华、葛佳烨、朱湄：《食品安全风险社会共治的现实困境及其治理逻辑》，《社会科学研究》2016 年第 6 期。

64. 王来华、陈月生：《论群体性突发事件的基本含义、特征和类型》，《理论与现代化》2006 年第 5 期。

65. 王丽、王权：《风险时代的大众传媒与食品安全——一个基于实证研究的视角》，《新闻前哨》2011 年第 6 期。

66. 王名、蔡志鸿、王春婷：《社会共治：多元主体共同治理的实践探索与制度创新》，《中国行政管理》2014 年第 12 期。

67. 王希佳、彭菲、张琳、曹慧：《食品安全风险交流途径的分析与研究》，《上海食品药品监督情报研究》2014 年第 4 期。

68. 王岩：《面向金融领域 BBS 的话题发现和热度评价》，硕士学位论文，哈尔滨工业大学，2010 年。

69. 王耀忠：《食品安全监管的横向和纵向配置——食品安全管理的国际比较与启示》，《中国工业经济》2005 年第 12 期。

70. 王怡、宋宗宇：《日本食品安全委员会的运行机制及其对我国的启示》，《现代日本经济》2011 年第 5 期。

71. 王怡、宋宗宇：《社会共治视角下食品安全风险交流机制研究》，《华南农业大学学报》（社会科学版）2015 年第 4 期。

72. 魏益民：《食品安全风险交流需法律支持》，《光明日报》2014 年第 5 期。

73. 吴殿廷、李东方：《层次分析法的不足及其改进的途径》，《北京师范大学学报》（自然科学版）2004 年第 4 期。

74. 吴凯、季新生、郭进时、刘彩霞：《基于微博网络的影响力最大化算法》，《计算机应用》2013 年第 8 期。

75. 吴林海、钟颖琦、山丽杰：《公众食品添加剂风险感知的影响因素分析》，《中国农村经济》2013 年第 5 期。

76. 巫强、陈梦莹、洪颖：《加拿大食品检验署风险管理的创新驱动机制研究与启示》，《科技管理研究》2014 年第 18 期。

77. 肖宇、许炜、夏霖：《一种基于情感倾向分析的网络团体意见领袖识别算法》，《计算机科学》2012 年第 2 期。

78. 谢康、肖静华、杨楠堃、刘亚平：《社会震慑信号与价值重构——食品安全社会共治的制度分析》，《经济学动态》2015 年第 10 期。
79. 信春鹰主编：《中华人民共和国食品安全法解读》，中国法制出版社 2015 年版。
80. 徐信贵：《政府公共警告的法律问题研究》，法律出版社 2014 年版。
81. 薛庆根、高红峰：《美国食品安全风险管理及其对中国的启示》，《世界农业》2005 年第 12 期。
82. 言靖：《食品安全舆情视阈下的网络道德伦理建设》，《河南工业大学学报》（社会科学版）2011 年第 2 期。
83. 杨频、李涛、赵奎：《一种网络舆情的定量分析方法》，《计算机应用研究》2009 年第 26 期。
84. 喻国明：《网络舆情热点事件的特征及统计分析》，《人民论坛》（中）2010 年第 4 期。
77. 袁杰、徐景和主编：《〈中华人民共和国食品安全法〉释义》，民主法制出版社 2015 年版。
85. 岳改玲：《欧洲食品安全局的风险交流机制及启示》，《新闻界》2013 年第 13 期。
86. 曾莉娜：《中国食品安全风险分析机制研究——基于国际比较的视角》，硕士学位论文，上海师范大学，2010 年。
87. 张红、张再生：《基于计划行为理论的居民参与社区治理行为影响因素分析——以天津市为例》，《天津大学学报》（社会科学版）2015 年第 6 期。
88. 张虹、赵兵、钟华：《基于小波多尺度的网络论坛话题热度趋势预测》，《计算机技术与发展》2009 年第 4 期。
89. 张虹、钟华、赵兵：《基于数据挖掘的网络论坛话题热度趋势预报》，《计算机工程与应用》2007 年第 43 期。
90. 张金荣、刘岩、张文霞：《公众对食品安全风险的感知与建构——基于三城市公众食品安全风险感知状况调查的分析》，《吉林大学社会科学学报》2013 年第 2 期。
91. 张曼、唐晓纯、普莫喆、张璟、郑风田：《食品安全社会共治：企业、政府与第三方监管力量》，《食品科学》2014 年第 13 期。
92. 张庆民、吴海燕、王春梅：《基于熵权—离差聚类法的城市公共安全舆情评估》，《中国安全科学学报》2012 年第 9 期。

93. 张伟：《基于复杂社会网络的网络舆情演化模型研究》，博士学位论文，哈尔滨工业大学，2014 年。

94. 张雯靓：《公众人物在风险传播中对受众风险感知的影响研究——以崔永元、方舟子转基因食品论战为例》，硕士学位论文，西北大学，2015 年。

95. 张一文、齐佳音、方滨兴、李欲晓：《非常规突发事件网络舆情热度评价指标体系构建》，《情报杂志》2010 年第 29 期。

96. 张一文、齐佳音、方滨兴、李欲晓：《非常规突发事件网络舆情热度评价体系研究》，《情报科学》2011 年第 29 期。

97. 张钰、刘云：《基于 BP 神经网络的 BBS 上帖子回复数预测》，《电脑与电信》2008 年第 14 期。

98. 赵谦、周健华：《消费者参与食品安全社会共治的逻辑诠释》，《湖北警官学院学报》2015 年第 162 期。

99. 赵艳丽：《网络舆论监督：打造同一个舆论场》，《青年记者》2007 年第 16 期。

100. 朱梦：《我国微博"意见领袖"形成及舆论影响研究——以新浪微博为例》，硕士学位论文，中南大学，2013 年。

101. Ajzen, I., "The Theory of Planned Behavior", *Organizational Behavior and Human Decision Processes*, Vol. 50, No. 2, 1991, pp. 179 – 211.

102. Ajzen, I., "From Intentions to Actions: A Theory of Planned Behavior". In J. Kuhl and J. Beckman (eds.), *Action – control: From Cognition to Behavior*, Heidelberg, Germany: Springer, 1985, pp. 11 – 39.

103. Bennett, P., Calman, K., *Risk Communication and Public Health*, Oxford University Press, 1999: 3 – 7, 20 – 65.

104. Borgattls, P., Mehra, A., Brassd, J. et al., "Network Analysis in the Social Sciences", *Science*, 2009, 323 (5916): 892 – 895.

105. Burt, R. S., *The Social Structure of Competition*, Cambridge, MA, Harvard University Press, 1992.

106. Covello, V. T., "Risk Communication: An Emerging Area of Health Communication Research", *Communication Yearbook*, 1992, 15 (1), pp. 359 – 373.

107. Eijlander, P. , "Possibilities and Constraints in the Use of Self – Regulation and Co – Regulation in Legislative Policy: Experiences in the Netherlands – Lessons te Be Learned for the EU?", *Journal of Applied Sciences Research*, 2005, 17 (4), pp. 899 –902.

108. Girvan, M. , Newman, E. J. , "Community structure in Social and Biological Networks", *Proceedings of the National Academy of Sciences*, 2002, 99 (6), pp. 7821 –7826.

109. Harold, R. , "Property in Cyberspace", *University of Chicago Law Review*, 1996, p. 761.

110. Haveliwala, T. , Sepandar, K. , Glen, J. , An Analytical Comparsion of Approaches to Personalizing PageRank, http: //ilpubs. Stanford. edu: 8089/596/, 2003.

111. J. Borgatti, R. Brilliant, CFA Art, Likeness and Beyond : Portraits From Africa and the World, *Ssrn Electronic Journal*, 2006, 8 (3), pp. 258 –268.

112. Katz, E. and Lazarsfeld, P. F. , *Personal Influence*, Glencoe: Free Prees, 1995.

113. Macoueen, J. , *Somc Mcthods for Classification and Analysis of Multivariate Observations*, Berkeley, University of California Press, 1967, pp. 281 –297.

114. Mary, M. C. , Mary, B. , "Food Risk Communication – Some of the Problems and Issues Faced by Communicators on the Lsland of Lreland (IOI)", *Food Policy*, 2009 (34), pp. 549 –556.

115. P. Soucy, G. , W. Mineau, Beyond TFIDF Weighting for Text Categorization in the Vector Space Model, *International Joint Conference on Artificial Intelligence*, 2005, 26 (2): 1130 –1135.

116. Pavlou, P. A. , Fygenson, M. , Understanding and Predicting Electronic Commerce Adoption: An Extension of the Theory of Planned Behavior, *Mis Quarterly*, Vol. 30, No. 1, 2006, pp. 115 –143.

117. S. Cope, L. J. Frewer, J. Houghton, G. Rowe, A. R. H. Fischer, J. de Jonge, "Consumer Perceptions of Best Practice in Food Risk Communication and Management: Lmplications for risk Analysis Policy", *Food Poli-*

cy, 2010, 35, pp. 349 – 357.

118. Sandman, P. M., "Responding to Community Outrage: Strategies for Effective Risk Communication", *Amer Lndustrial Hygiene Assn*, 1993.

119. Song, X. et al., Ldentifying Opinion Leaders in the Blogosphere, In CIKM 07. 2007: ACM.

120. Watts, D. J., Small Worlds, Princeton: Princeton University Press, 1999, pp. 25 – 30.

121. Weng, J., Lim, E. P., Jiang, J. et al., TwiterRank: Finding Topic Sensitive Influential Tweeters, The 3rd ACM Lnternational Conference on Web Search and Data Mining (WSDM' 10). New York, USA, February 2010, pp. 261 – 270.

122. Xu Chen, Hui Gao, Yan Fu, "Situation Analysis and Prediction of Web public Sentiment", Lnternational Symposium on Lnformation Science and Engineering, 2008, pp. 707 – 710.

123. Yang, J., "The Evolution of Risk Perceptions Related to Bovine Spongiform Encephalopathy – Canadian Consumer and Producer Behavior", *Journal of Toxicology and Environmental Health*, 2011, Part A, 74 (2), pp. 191 – 225.

124. Zhang, J., Ackerman, M. S., Adamic, L., Expertise Networks in Online Communities: Structure and Algorithms, In: Proceedings of the 16th Lnternational Conference on World Wide Web. New York: ACM, 2007, pp. 221 – 230.

后　记

食品安全谣言在网络中广泛传播，不仅会影响公众对食品安全风险的正确认知，还会对相关食品行业产生负面影响，甚至造成毁灭性的打击。分析食品安全谣言得以广泛传播的原因，主要包括以下几个方面：首先，网络的自由性、开放性、隐蔽性等特征为食品安全谣言的传播提供了“温床”；其次，媒体为了吸引公众的注意力，发布与传播夸大和虚假的食品安全信息；最后，公众的食品安全专业知识相对匮乏，在面对相关食品安全谣言信息时，往往持有“宁可信其有，不可信其无”的心态，轻信与传播食品安全谣言信息。食品安全风险治理充分发挥各方力量，形成社会共治。食品安全网络舆情在食品安全社会共治中扮演重要的角色。需要深入分析食品安全网络谣言的传播过程，探讨构建健康有序的食品安全网络舆情的有效途径，引导公众客观看待食品安全风险与科学参与食品安全风险治理。

《报告》作为教育部批准立项的研究重大经济社会问题的哲学社会科学研究发展报告培育资助项目，是第五次出版的年度报告。《报告》重点关注我国食品安全网络舆情的发展状况，以食品安全网络舆情的核心参与主体——网民为研究的切入点，在深入分析网民对食品安全的认知与行为、网民的食品安全风险感知、网民参与食品安全风险治理的行为意愿的同时，探讨食品安全网络谣言的传播过程、食品安全风险交流模式，探寻食品安全网络舆情的预测与监控方法，研究网络舆情大数据背景下的食品安全风险社会共治，以系统、全面地展现食品安全网络舆情的发展状况与一般规律。

《报告》是由江南大学江苏省食品安全研究基地、江苏省高校哲学社会科学优秀创新团队（中国食品安全风险防控管理研究）牵头，清华大学、亚太食联（北京）食品质量技术开发中心、中国技术监督情报协会、中国食品安全舆情研究中心、南京邮电大学、中国食品安全报社等多个单位合作、共同完成的实证性、研究性学术专著。参加研究工作的主要有：山丽杰、马晔风、王建华、王忠国、王晓莉、王虎、史敏、朱长学、孙越、孙燕、李国梁、李峰、李德顺、吕煜昕、杨毓洁、吴治海、吴祐昕、张强、张秋琴、张萌、赵健如、洪小娟、夏爱民、徐协、徐新、徐立青、徐玲玲、徐盛、浦徐进、黄卫东、黄伟伟、彭奇志等。

对上述相关学者与同行们富有成效的努力与无私的支持，表示由衷的感谢。

在问卷调查组织、报告资料收集、数据处理与研究成果的最后汇总、图表制作、文字校对、格式调整等诸多环节中，曲阜师范大学尹世久，北京交通大学牛亮云，苏州大学朱淀，江南大学李清光、陆姣、陈秀娟，南京农业大学侯博，浙江大学钟颖琦，曲阜师范大学徐迎军，南通大学童霞，江南大学王虎、吕煜昕、许国艳、李艳云、胡其鹏、秦沙沙、谢旭燕等研究生做出了积极的努力。

《报告》也是江苏省高校哲学社会科学优秀创新团队（中国食品安全风险防控管理研究）的重要成果，并且是2014年国家自然科学基金青年项目“食品安全网络舆情演化机理与应对策略研究”（71303094）和2012年江苏省自然科学基金青年项目“基于复杂网络的食品安全舆情的演化机理与动力学仿真研究”（BK2012126）的研究成果。在此，感谢国家自然科学基金委以及江苏省科技厅的资助。

我们在研究过程中参考了大量的文献、资料，并尽可能地在文中列出，但也有疏忽或遗漏的可能。我们对被引用的文献作者表示感谢。

感谢中国社会科学出版社和卢小生老师等为出版《报告》所付出的辛勤劳动。

《报告》由江南大学江苏省食品安全研究基地洪巍副教授、邓婕与首席专家吴林海教授共同负责，总体设计、确定大纲，并最终统稿完成。洪巍副教授、邓婕和吴林海教授对报告的真实性、科学性负责。

洪　巍　邓　婕　吴林海

2016年12月